食料安全保障の研究

襲い来る食料途絶にどう備えるか

山下一仁
Kazuhito Yamashita

日本経済新聞出版

はじめに

問われる食料危機への対応

2027年に中国の習近平国家主席が台湾統合のためになんらかの行動を起こすという見方が高まっている。最近の国際情勢の変化で注意しなければならないのは、誰も想定しなかったロシアのウクライナ侵攻のように、われわれはこれまでの常識や予測が通じない不確実性の時代に突入していることである。国際社会では、欧米の民主主義への信頼さえ揺らいでいる。われわれの隣には、中国、ロシア、北朝鮮という独裁者が支配する国がある。これらの独裁者は合理的な行動や意思決定を行わない可能性がある。このように行動するだろうというわれわれのシミュレーションが独裁者には当たらない可能性が高い。しかし、どのような事態になろうとも、飢餓が生じないような対策や体制を整えておくことは国家の役割である。想定外の事態が生じても、国民を餓死させるわけにはいかない。

わが国は、戦中・戦後と未曽有の食料危機を経験した。同様の食料危機が生じた場合に、この貴重な経験や知識は役に立つはずである。しかし、80年前のことであり、米麦の配給制度など、この時の政策に関する知見は今の政府にはほとんど残っていない。戦中・戦後の物資が乏しい状況に対処するため、企画院や経済安定本部という各省の上に立つ総合官庁が存在したことを知っている官僚は、今では少ないだろう。この時代を生き延びて、その記憶がある人も、90歳を超えている。

もちろん、当時と現在では、取り巻く状況は異なっており、過去の政策をそのまま適用することは適切ではない。当時と現在の状況を分析・整理し、当時と比べて有利な点と不利な点を比較検討することによって、現在の日本において食料安全保障に最善の政策を研究する必要がある。ただし、決定的に不利な点が二つある。戦時中はコメ消費の8割は自給し2割をタイなどから輸入していた。その輸送船をアメリカに攻撃されて日本は万策尽きた。しかし、現在日本の食料自給率は38％に過ぎず、カロリー摂取の6割も海外に依存している。次に、戦後の食糧難はアメリカからの食糧援助によって救われた。しかし、シーレーンが破壊されると、アメリカからの援助は届かない。これらをどう克服したらよいのだろうか？

食料・農業政策への誤った理解の広がり

食料安全保障を検討する際に大きな問題がある。それは、食料・農業政策がウソと矛盾の塊になっていることである。国際的な食料問題についても、農林水産省や専門家と称する人から間違った認識が示されることが少なくない。国内の農業、農家、農村は１９６０年以降、ドラスティックに変化した。コメは簡単に作れる作物になったし、農家は貧しくてかわいそうな存在ではない。農村では農家は少数派になっている。こうしたファクツを多くの国民は知らない。農政当局などによって、多くのウソやフェイクニュースが語られても、農業から離れて久しい国民は批評する知識も能力も持たない。そのウソやフェイクニュースの多くは、国民のためではなく特定の既得権のための農政上の目的をカモフラージュしているのである。

「令和のコメ騒動」の背景

２０２４年、令和のコメ騒動と言われるコメ不足が起きた。農林水産省は、民間備蓄は十分あるので需給は逼迫していないとして、備蓄米の放出を拒否した。しかし、２０２４年7月末の在庫は前年同期より40万トン少ない82万トンと、近年にない低水準（前年の3分の2）だった。すでに、在庫から相当な量がコメ不足に充当されていた。在庫には金利や倉庫料の負担が伴う。在庫はできる限り持たないに越したことはない。それなのに在庫を持っているのは、継続的に特定の実需者に供給しなければならないなどの特別の理由があるからである。在庫があってもスーパーマーケットでの不足を埋めるために直ちに使えるものではない。

自由に在庫が処分できるのであれば、米価が高騰しているのだから、卸売業者は在庫から小売りに販売するはずである。現にスーパーマーケットの棚にコメがないのだから需給が逼迫していないわけがない。実は、ＪＡ農協（農業協同組合）と農林水産省は3年前から減反（生産調整）を強化してコメ生産を減少させ、米価を5割も引き上げることに成功していた。備蓄米を放出することで、彼らの成果である高米価を下げてしまうことを恐れたのである。農林水産省は、その政策動機をカモフラージュするために民間在庫は十分あるというウソをついたのだ。

農林水産省は２０２４年産の新米が供給されるとコメ不足は解消するというが、それならなぜ新米が出回った後もコメの値段（米価）は下がらないのだろうか？　米価は需要と供給で決まる。米価が下がらないのはコメ不足が続いている証拠ではないのか？　新米の供給で短期的にスーパーマーケットの棚にコメが戻っても、それは本来後で食べるコメを早食い（先食い）しているだけなので、翌年の端境期にはまた不足にならないだろうか？

食料安全保障についても同じである。食料難の時代、苦しい経験をしたのは農家ではなく都市生活者だった。食料自給率の向上は本来消費者の主張なのに、これを最も熱心に唱えるのはＪＡ農協をはじめとする農業団体である。農業団体は善意で多額の広告費を払って主張しているのではないのに、国民はこのおかしさに気が付かない。穀物価格の上昇によって、農林水産省は盛んに買い負けると主張する。しかし、日本が買い負けることはあるのだろうか？

廃止されていない減反政策

２０１４年、安倍首相は減反を廃止すると国民にアピールした。マスメディアもそのまま報道した。これが政権浮揚のためのフェイクニュースだと気付く人は少なかった。しかし、減反とは「農家に補助金を出してコメの供給を減らして米価を高く維持する政策」である。減反廃止が本当なら米価は大きく低下する。農民の大抗議運動が起きるはずだが、そのようなことは起きなかった。農業界以外で「おかしいのでは」というシンプルな疑問を発することができる人は少なかった。しかし、この時の政策変更の当事者だったＪＡ農協だけでなく農家も、これが減反の廃止ではなく強化だとわかっていた。ＪＡ農協の傘下にある日本農業新聞は、減反の廃止ではないと農林水産大臣の発言を引用しながら報道していた。安倍首相の主張どおり「減反を廃止」したが、米価は下がらなかった。それどころか、２０２４年には農林水産省やＪＡ農協による減反の強化が功を奏して米価は上昇し、１９９５年に廃止された食糧管理制度時代の高米価の水準をも上回った。アメリカの大統領だけではなく、その盟友だった日本の首相もフェイクニュースを流したのだ。残念ながら、マスメディアも含め減反は廃止されたと思っている人が多い。

農政にはウソだけでなく矛盾も多い。水田を水田として利用するからこそ、水資源の涵養や洪水防止などの多面的機能を発揮できるのに、水田を水田として利用しない減反補助金が50年も支払われている。この矛盾に、国民は気が付かない。コメ生産を維持するには、農家のために米価を維持しなければならないと主張されるが、その手段としてコメ生産を減少させる（減反である）ことは目的と矛盾していないだろうか？

市場に介入することで大きな歪みも生じる。農林水産省は減反実施のための転作作物に困って、あられ・せんべい用、輸出用、米粉用、飼料用などのコメを転作作物と位置付け、主食用米とこれらの用途の価格差を転作（減反）補助金として支払ってきた。コメをコメの転作作物としたのである。同じコメが用途によって一物五価となっている。このため主食用以外の安いコメを購入して主食用に横流しして利益を得るという事件が起きている。

長年農政を見てきた専門家でもこれらに気付かないで騙されることが多い。今の農政は、ウソ、矛盾や歪みだらけの伏魔殿のようだ。幸か不幸か、私は半世紀近く農政と付き合ってきた。名探偵ではないが、ウソや矛盾だけでなく、内部にいた者として、なぜ農政がそのようなことをするのかという動機についても指摘できる。

既得権に阻まれた効率的で収益性の高い農業の実現

既得権の目的は何だろうか？

戦後の農地改革は、ＧＨＱ（連合国軍最高司令官総司令部）の力は借りたが、農林省が発案し推進した。これが成功した後、農林省は戦前からのもう一つの課題である零細農業構造の改善に取り組もうとした。農業の構造改革である。これこそ、１９００年に農商務省に入省した柳田國男（１８７５～１９６２年）が最も重視した課題だった。規模が小さい農家は販売量が少なく十分な農業所得を上げられなかったからである。農家の規模を拡大して低コスト生産を実現できれば、農家の所得を向上させることができるばかりか、国民に安く食料を供給できる。〝農地改革から農業改革へ〟が農林省内の合言葉になった。その理想を実現しようとしたのが、１９６１年農業基本法だった。

しかし、農地面積が一定で一農家の規模を拡大するためには農家戸数を減少させなければならない。これは農家戸数を維持したいＪＡ農協から優良農家の選別政策と強硬に反対された。逆に米価の引き上げで多数の兼業農家を維持したＪＡ農協は、兼業収入（給与所得）や農地の転用利益を活用し預金量１００兆円を超える日本有数のメガバンクに発展した。しかし、ＪＡ農協が栄える一方で、効率的で収益性の高い農業経営の実現は妨げられ、農業・農村は衰退した。

最近では、農業人口が減少するのでコメの生産は需要を満たさなくなるという主張が公共放送で大々的に報道された。しかし、それが本当なら、生産を増やさなければならないのに、なぜ政府は生産を減らす減反を推進するのだろうか？　過去30年間で農業就業者人口は7割も減少したのに農業生産額は1割減っただけである。ファクツに反する。農家の6割がコメを作っているのに、農業生産額に占めるコメの割合は16％に過ぎない。コメについては、まだ農家が多すぎる。公共放送の裏に、農家戸数、特に零細なコメ兼業農家を維持したいとするＪＡ農協の意思が働いているのではないだろうか。

農業保護でも日本はガラパゴス化

農業基本法に代わる１９９９年の食料・農業・農村基本法は２０２４年に見直された。これは食料安全保障のために行うとされたが、長年農業政策の中核となってきた減反政策は、食料安全保障を著しく脅かすものなのに、検討すらされなかった。減反を廃止すべきであるという意見は審議会で無視された。

減反を廃止して米価を下げても、欧州連合（EU）のように政府から主業農家に直接支払いをすれば、農業に影響はない。現状では農業所得がマイナスとなっている零細な兼業農家も、主業農家に農地を貸せば、プラスの地代収入を得ることができる。それなのに、どうしても米価を高く維持したい特定の利益集団のために農政は運営される。価格支持より直接支払いが好ましいのは、世界の経済学者のコンセンサスであり、世界農政の潮流なのに、日本の農政だけはガラパゴス化している。

既得権益を維持・確保するために、農業は歪められてきた。減反・高米価政策によって、本来退出するはずの零細な農家が大量にコメ農業に滞留した。政治家はJA農協によって組織された農業票を無視できない。2024年、コメ不足の最中に開かれた自民党総裁選、立憲民主党代表選、衆議院選挙でも、コメは争点にならなかった。

ファクツとロジックに基づいて食料安全保障のための政策を提言

私は1977年農林省に入省直後、米麦の戦時統制法だった食糧管理法（1942年制定）の解釈・運用・改正に携わった。また、1980年代には内閣官房・総合安全保障関係閣僚会議担当室に出向して、食料だけでなく日本の安全保障全般にも関わった。1993年には、ガット・ウルグアイ・ラウンド交渉において、WTO（世界貿易機関）農業協定の最終ドラフティング交渉に参加し、日本が最も重要視した、コメの関税化の特例措置や輸出制限を規律する規定の導入に努力し成功した。この交渉に参加したのは世界で10名だけだった。その後も、ＥＵ、ＷＴＯ、ＯＥＣＤ（経済協力開発機構）やＡＰＥＣ（アジア太平洋経済協力）などの協議や交渉に参加するなかで、国際的な農産物貿易の実情や各国の食料・農業政策について理解を深めた。食料安全保障政策の研究のために、他の人が得られないような貴重な経験や知識を積み上げることができたと思う。

食料危機を煽るだけでは、問題の解決にはならない。台湾有事などに備えるためには減反を直ちに廃止すべきだが、それだけでは国民を飢餓から守ることはできない。本書の目的は、戦中・戦後の食料事情とそれを解決するために工夫された政策を分析し参考としながら、台湾有事などでシーレーンが破壊され、わが国への食料やエネルギーの輸入が途絶した場合にも、国民を生存させるための政策を研究することである。その際、農政当局や既得権者のウソや矛盾に邪魔されず、またこれらを排除して、ファクツとロジックに基づき、真に必要な食料安全保障政策を提示したい。

２０２４年12月

山下　一仁

第2章

誰のための食料安全保障か
――食料・農業・農村基本法改正で危機に対応できるのか

第3章

日本に起こる食料危機
――ガザは他人事ではない

第4章 アメリカによる食料封鎖の教訓
――食をめぐる太平洋戦争

第5章 戦後の食糧難の教訓

＊本文中では敬称は省略した。

食料安全保障の研究

襲い来る食料途絶にどう備えるか

序　章

食料安全保障の焦点

異なる意味の食料安全保障

食料安全保障（Food Security）という言葉が、国連食糧農業機関（FAO）で使われるときと日本で使われるときとでは、意味合いが異なることをご存じだろうか。

２０２４年7月現在、世界の飢餓人口は、アジアやアフリカの途上国を中心に7億３０００万人いると言われている。これらの人は、所得が低かったり紛争が生じたりして満足な食事をとれないでいる。先進国では飽食や肥満が問題視される一方、途上国では必要なカロリーを摂取できなくて栄養失調で生死をさまよっている人がいる。国際連合などの国際機関では、これらの人の飢餓を解消するために食料安全保障が唱えられている。特に、国際的な穀物価格の高騰は収入の半分以上をコメやパンに支出している人に大きな打撃を与える。その対策は、短期的には食料援助であり、中長期的には食料生産の向上に加え貧困や紛争の解決である。

先進国はどうか。アメリカ、カナダ、欧州連合（ＥＵ）、オーストラリアといった先進国は、生命・身体の維持に必要なカロリーを供給する穀物や大豆などの輸出国でもある。国内の生産が不作になっても、消費が増えても、輸出量を少なくすれば国内への供給に問題はない。１９９３年と２０２４年に日本で起きたようなコメ不足は生じない。国内消費以上に生産して輸出していれば、輸出で調整できる。食料自給率は生産を消費で割ったものだから、輸出すれば１００％を超える。穀物などの農産物が食料費に占める割合は10％程度なので、穀物価格が高騰しても食料費はわずかしか上昇しない。これらの国では低所得層を除いて食料安全保障は問題ではない。

日本も他の先進国と同様、食料を十分に買う資力はあるので穀物価格高騰の影響はほとんど受けない。しかし、日本は先進国でありながら、カロリーベースの食料自給率は40％を切り、海外にカロリー供給の6割以上を依存している。シーレーンが破壊され物理的に輸入ができなくなれば、多数の餓死者が出てしまう。先進国でも日本は特殊である。

このように、日本の食料安全保障は国際連合などで議論されるものとは異なる性質のものである。私はEU日本政府代表部で勤務していた際、欧州委員会の人たちと議論してこれを肌で感じた。食料の供給確保という点では同じであるが、日本の食料安全保障は国際社会が対応するものではなく、あくまでも日本が対処しなければならない特別な課題である。他の国の政策は、それほど参考にならない。そうであれば、日本自身が独自にそれに必要な対策を検討・研究しなければならない。

二つの食料危機とシーレーン破壊

FAOは食料安全保障を「すべての人が、いかなる時にも、活動的で健康的な生活に必要な食生活上のニーズと嗜好を満たすために、十分で安全かつ栄養ある食料を、物理的、社会的及び経済的にも入手可能であるとき (physical, social and economic access to sufficient, safe and nutritious food) に達成される状況」と定義している。特に、この中で重要な要素は、経済的にも入手（アクセス）可能、つまり食料を買えるだけの経済力があること、および物理的にも入手（アクセス）可能、つまり食料が手に届くところにあることである。

ロシアのウクライナ侵攻で、国際市場へのウクライナ産小麦の供給が減少し価格が高騰したので、レバノンやサブサハラの国々ではパンが買えなくなって飢餓が生じた。経済的なアクセスが困難な場合である。スーダンでは長年にわたる紛争で住民は食料に物理的にアクセスできなくなっている。イスラエルの攻撃にさらされているパレスチナのガザ地区では食料は援助されているのに、住民に食料が届かなくなって飢餓が生じている。途上国では、経済的かつ物理的の両面で危機が生じている。

日本で起きる危機とはどのようなものなのだろうか？　経済的なアクセスに関して、問題が起きることはない。戦後に穀物の実質価格が最も高騰した１９７３年、石油危機と重なったにもかかわらず、日本に買えなくなることによる飢餓は生じなかった。農林水産省は、盛んに買い負けることを強調するが、高級マグロを中国の金持ちに買い負けても穀物を買い負けることはない。

他方、日本が物理的に食料にアクセスできなくなると深刻な危機が発生する。日本は周囲を海に囲まれている。ウクライナと異なり、軍事侵攻は難しいが海上封鎖は容易である。防衛のための武器や装備を充実するだけでは国は守れない。戦時においては、食料、弾薬、エネルギーという兵站が不可欠である。第一次世界大戦ではイギリスによりドイツが、第二次世界大戦ではアメリカにより日本が、海上封鎖を行われることにより食料が枯渇して敗北した。台湾有事などで、シーレーンが破壊され食料輸入が途絶する場合、今の食料供給では国民は半年生存できるかどうかわからない。しかも、この状況は農林水産省によって引き起こされている。

農林水産省は現在の農地でもイモを植えれば必要なカロリーを供給できるという試算を30年以上にわたり公表してきた。これまで農業界は、食料供給に不可欠な農地資源を転用などで大量に潰してきた。農地は年々減少し続けてきたのに、輸入が途絶してもその時々の農地があれば国民は餓死しないと言うのだ。しかし、サツマイモは5月に植え付け10月に収穫する。4月に危機が生じると10月の収穫まで、6月に危機が起きると翌年の10月まで、イモは食べられない。それまでに国民は餓死してしまう。また、戦中・戦後のようにコメは毎食でも食べられるが、毎食イモを食べることは、よほど切迫しない限り難しい。当時、配給のほとんどがイモや雑穀となった都市住民は、白米に憧れた。

さらに重要なことは、食料が途絶するときは、石油や肥料原料の輸入も途絶する。これらがないと、農業機械、化学肥料や農薬は使えない。面積当たりの収量(単収)は大幅に減少する。農林水産省の試算は、シーレーンが破壊されて食料は輸入できなくなるが、石油などは輸入できるというあり得ないシナリオに基づいている。農地を転用などで大幅に減らしているので、石油なども途絶すると、九州と四国を合わせた面積の農地を追加しないと1億2000万人の国民を養えない。どうすればよいのだろうか？

なぜ食料自給率は低下したのか

政府は国民を助けてくれるのだろうか？　食料供給を担当する農林水産省は、長年農政の目的に食料安全保障を掲げてきた。国際的な貿易交渉の場で、食料安全保障を最も声高に唱えるのはわが国である。私自身、日本政府の一員として、ガット・ウルグアイ・ラウンド交渉などで、国内農業を守り食料安全保障を確保するためには輸入制限や高い関税が必要だと主張してきた。

政府（農林水産省）は１９９９年制定の食料・農業・農村基本法で食料自給率の向上を掲げ、２０００年、当時の40％を45％に引き上げるという閣議決定を行った。以来25年間、この食料自給率向上目標を掲げ続けている。しかし、食料自給率は上がるどころか38％で低迷している。

努力しても食料自給率が上がらなかったのではない。これを上げようとすると、国内生産を拡大しなければならない。コメについては国内の需要が減少しているとして、コメの転作作物として自給率の低い小麦や大豆の生産を振興してきた。しかし、その効果はなく、食料自給率は逆に低下した。

わが国で最も生産能力が高く品質面でも世界的に評価の高い農産物はコメである。しかし、農林水産省が行ってきたのはコメの生産縮小だった。食料自給率とは生産を消費で割ったものだから、輸出するほど生産していれば１００％を超える。これまで、戦後日本の農政は国内市場しか考えてこなかった。コメを増産して輸出すれば、食料自給率を70％に引き上げることは可能である。しかし、農林水産省をはじめとする日本の農業界は、その選択肢を拒否してきた。

ＥＵも日本も農家を保護しようとして農産物価格を上げたので供給が需要を上回り、過剰農産物を抱えた。しかし、ＥＵは生産を減じることなく過剰農産物を輸出で処理した。フランスの食料自給率は１００％を超える。

戦後の食糧難を経験した日本は、1960年代中頃まで官民挙げてコメの増産に努めた。農家も農地面積当たりどれだけ収量を増やせるかを競い合った。〃米作日本一〃というコンクールの優勝者は、現在のコメの平均単収（面積当たりの収量）の2倍近い収量を上げていた。コメの生産量は1945年の600万トン弱から1967年と1968年の両年には1445万トンまで倍以上に拡大した。

ところが、1970年以降コメの過剰に直面した日本は、国内生産の減少、いわゆる〃減反〃（生産調整）で過剰を処理しようとした。輸出という選択肢もあった。1918年のコメ騒動は輸出の増加による国内供給の減少が引き金だったし、1953年まで国内の米価は国際価格より低かった。しかし、1960年代に米価をあまりに上げすぎたこともあったかもしれないが、誰も輸出を行って生産を維持するという発想をしなかった。以降、国内のコメ需要の減少に合わせて、年々コメ生産を減少させている。そうしないと米価が下がるからだ。この政策の隠された目標は、現在では米価を60キログラム当たり1万5000円程度に維持することである。主食用のコメ生産は、ピーク時から2024年の683万トンに半分以上も減少した。

1961年から世界のコメ生産は3・5倍に増加している。しかし、日本は補助金を出してコメの生産を減少させた。1961年に比べると4割の減少である。国内生産を減らすのだから、食料自給率低下は当然である。

農業界は、1960年の食料自給率79％から今の38％への減少を、食生活の洋風化によるコメ消費の減少のためだという。しかし、国内消費が減少しても輸出していれば、食料自給率は下が

図表0-1　コメ生産量の推移

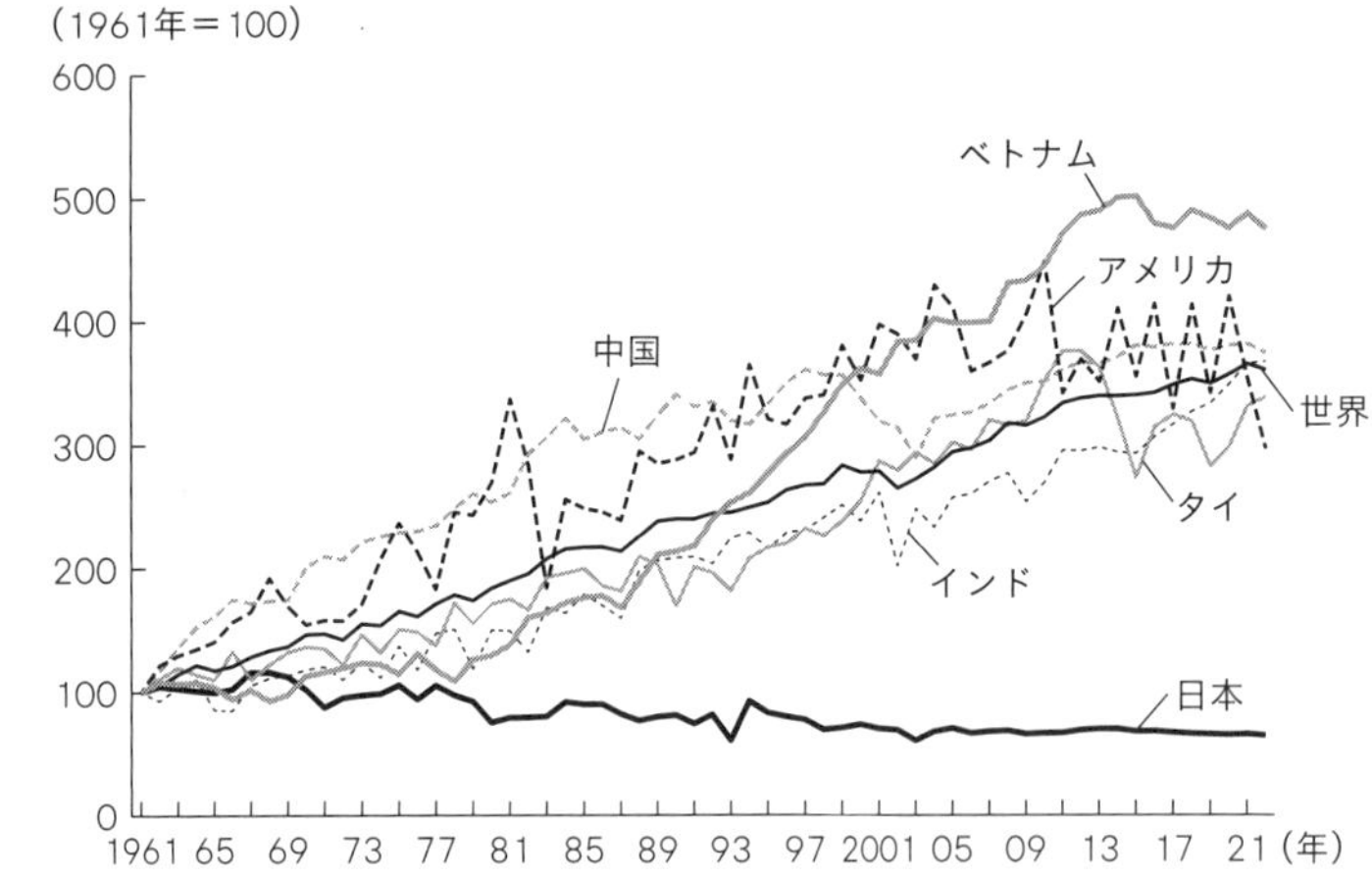

出所：FAOSTATより筆者作成

らない。この主張は国内のコメ消費の減少に合わせて生産を減らしてきたことを隠している。食料自給率低下の原因はコメ消費の減少ではなくコメ生産の減少なのである。最も効果的な食料安全保障政策は、減反廃止によるコメの増産とこれによる輸出である。平時にはコメを輸出し、輸入途絶という危機時には輸出に回していたコメを食べるのだ。平時の輸出は、財政負担がいらない無償の備蓄となる。

農林水産省で勤務した者として白状するが、食料安全保障も食料自給率の向上も、われわれが真剣に考えたことはない。農業保護・予算を維持・拡大する方便として利用しただけである。低い食料自給率を強調するのも、カロリー供給の6割も海外に依存していると聞くと、国民が農業予算を増やそうと思ってくれると期待してのものだ。

減反の目的は、補助金で供給を減らして市場で決まる価格より高く米価を維持することである。それがJA農協の利益であり、この既得権に依存する農林水産省や農林族議員の利益にかなったからである。私は、『農協の大罪』という著書の中で、JA農協、農林水産省、農林族議員の利益共同体を〝農政トライアングル〟と呼んだ。

これはきわめて強力な利益共同体だった。農協は多数の農民票を取りまとめて農林族議員を当選させ、農林族議員は政治力を使って農林水産省に高米価や農産物関税の維持、農業予算の獲得を行わせ、農協は減反・高米価などで維持した零細農家の兼業収入を預金として活用することで日本トップレベルのメガバンクに発展した。

2024年、食料危機に備えるとして食料・農業・農村基本法を見直したが、早くも農政トライアングルは農業予算の拡充が必要だと主張し、国会質問で岸田総理（当時）に念を押し、言質をとっている。農政トライアングルの本音は、食料安全保障の確保でも食料自給率の向上でもない。

半年で国民は餓死

農政トライアングルが半世紀以上も継続してきた高米価・減反政策に国民は無関心だった。しかし、今のコメ生産では、台湾有事になると半年経たないうちに大多数の国民が餓死する。この時になって初めて、国民は農政トライアングルに食料・農業政策を任せてしまった愚かさに気が付くに違いない。国民が餓死するという事態を前にしては、JA農協の既得権など吹き飛んでしまう。しかし、その時では遅すぎる。

戦時中もコメが過剰から不足になると、農政は農業保護から消費者保護に一気に転換した。危機が発生すると、減反政策は直ちに廃止される。国民が生きるか死ぬかというときに、生産を減少させて既得権者を守る余裕はない。というより、減反政策を行う意味がなくなるから、自動的に消滅すると言ったほうが正確かもしれない。小麦など他の食料の供給が輸入途絶で減少するのでコメへの需要が高まり、米価は大幅に上昇する。農家はコメを作ったほうが利益になる。補助金をもらっても、減反なんかしない。

しかし、危機が発生した際に利用できるのは減反により生産された前年産のコメなので、今危機が起きると国民が必要とするコメの半分しかない。多くの餓死者が出る。仮にこれをしのいだとして、減反をやめすべての水田を活用してコメを増産しようとしても、農業界は必要な種もみなどを用意していない。それがあったとしても石油や化学肥料などの生産資材が十分に使えないので、単収は減少する。必要量の半分くらいしか生産できない。さらに、コメの収穫まで1年ほど（危機の発生時によっては1年半）待つ必要がある。餓死者は増える。農林水産省は省益のみを考え国益を考えてこなかった。その時になって暴動を起こしても、誰も国民を救ってくれない。亡国農政のツケは、同省の行動を止めなかった国民に回ってくる。

食料・農業政策は、農家の問題ではない。国民・消費者すべての問題なのだ。国民は農政トライアングルから食料・農業政策を奪還しなければならない。

図表0-2　コメ備蓄量の推移－中国と輸出上位3カ国－

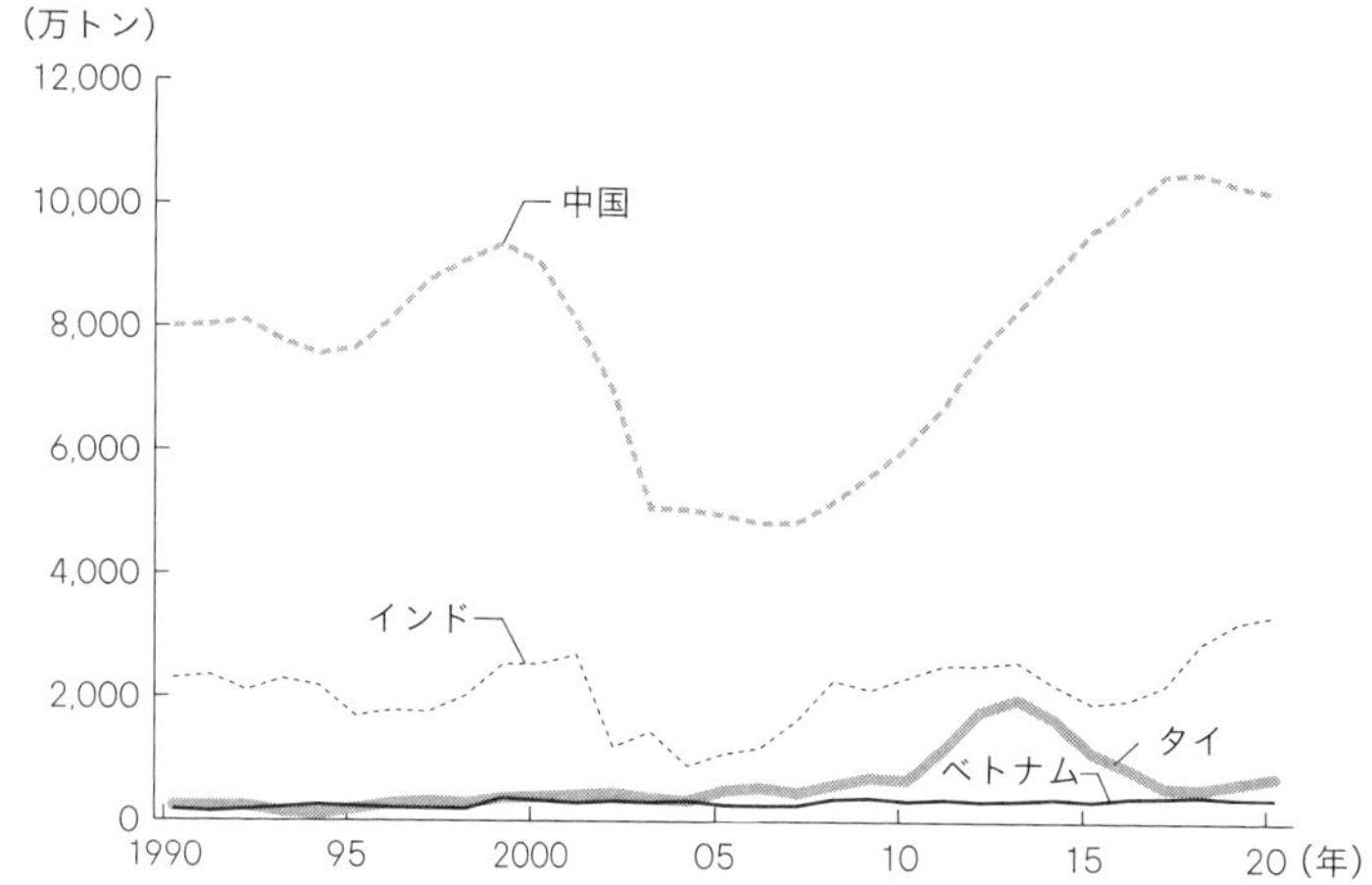

出所：OECD-FAO Agricultural Outlookより筆者作成

食料安全保障に真剣な中国

日本と対照的に中国は食料安全保障に真剣である。主食のコメを減産した日本に対し、中国は1961年以降、コメは4倍、大豆は3倍、小麦は9倍、トウモロコシは14倍に生産を増やしている。また、さらなる生産増加が必要と考えているのだろうか、ゲノム編集を研究させるため、アメリカの研究機関に優秀な人材を多数派遣している。

図表0－2からわかるように、中国は2005年以降穀物備蓄を増強している。しかも、その水準は世界の三大輸出国を大きく上回っている。中国は何に備えているのだろうか？　国際価格が高騰しても、日本が買い負けを恐れるほどの中国が輸入できなくなることはない。中国が備えようとしているのは、経済的には輸入できても、物理的に輸入できなくなる

図表0-3　小麦備蓄量の推移－中国と輸出上位3カ国－

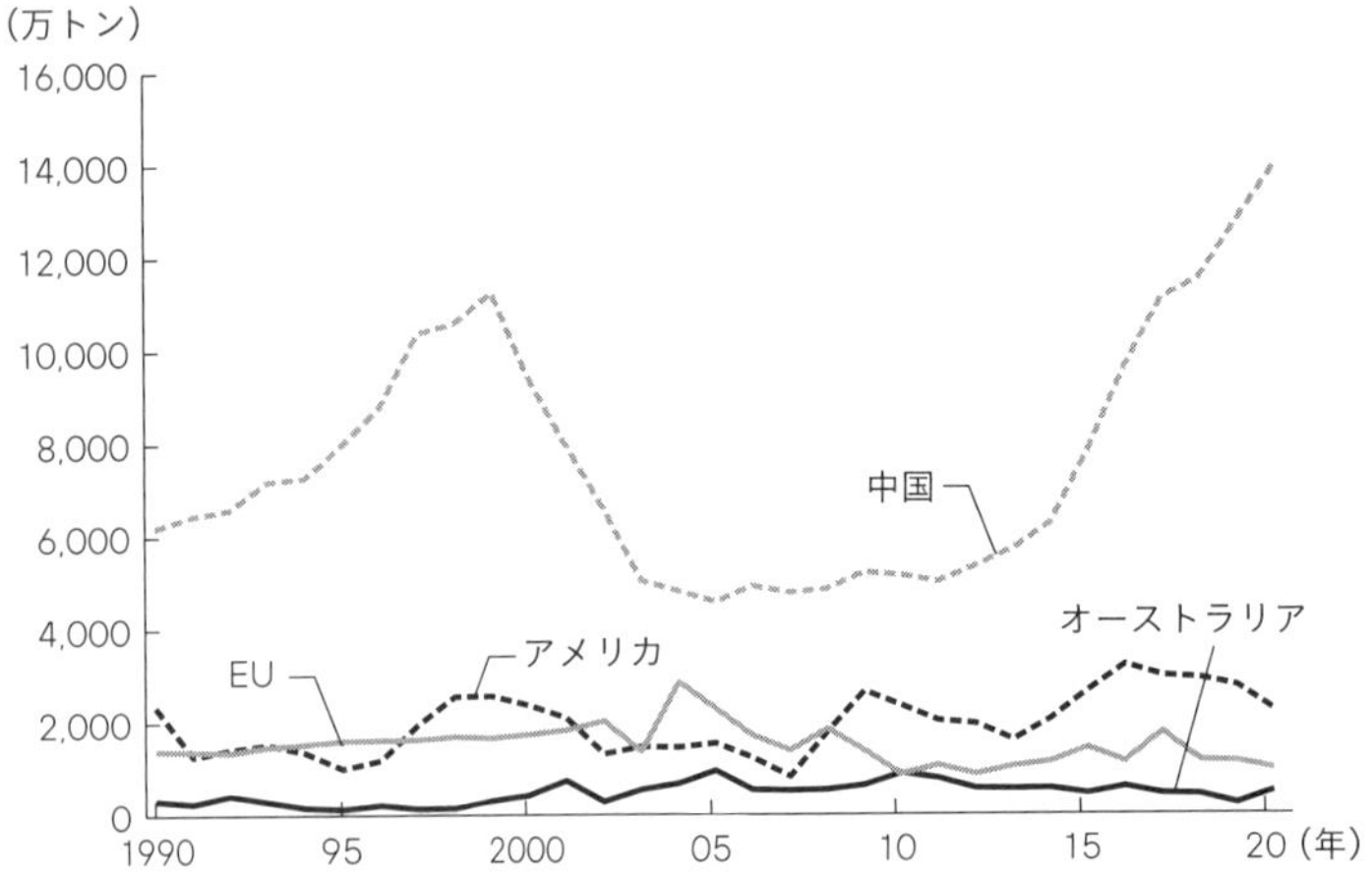

出所：OECD-FAO Agricultural Outlookより筆者作成

図表0-4　大豆備蓄量の推移－中国と輸出上位3カ国－

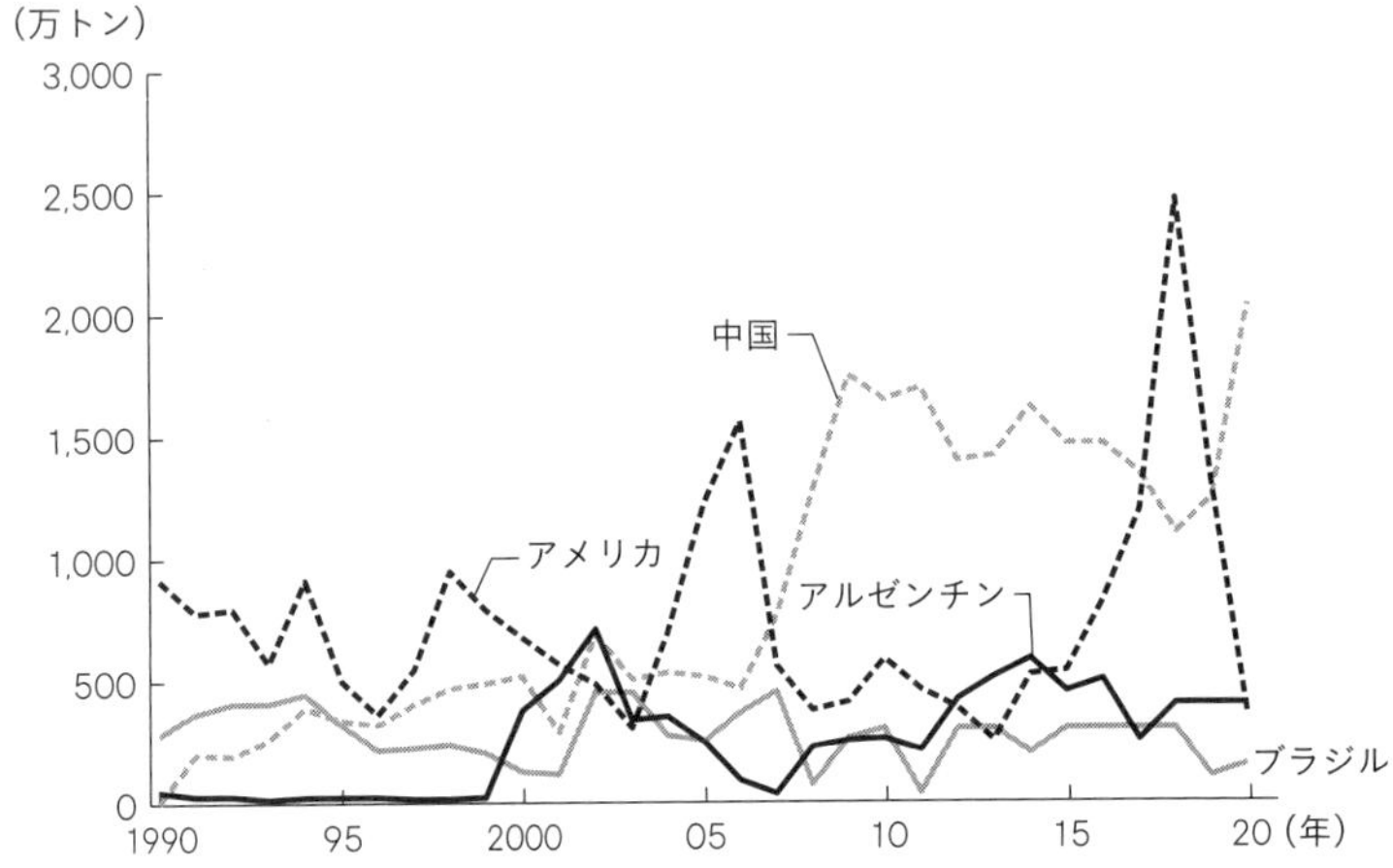

出所：OECD-FAO Agricultural Outlookより筆者作成

図表0-5　トウモロコシ備蓄量の推移ー中国と輸出上位3カ国ー

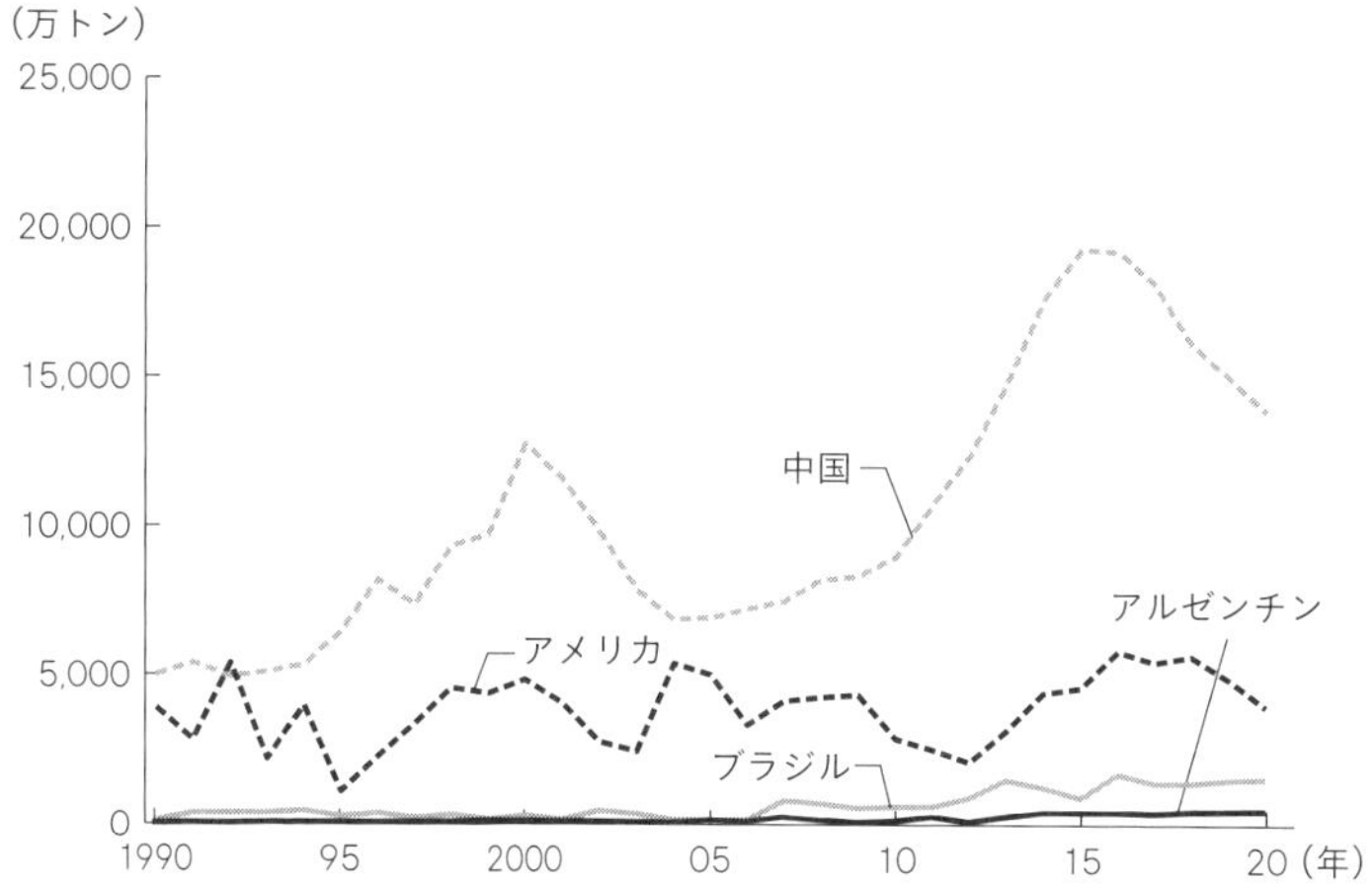

出所：OECD-FAO Agricultural Outlookより筆者作成

場合ではないか。それは中国にとってもシーレーンが破壊されてアメリカなどからの輸入が途絶する場合、つまり、台湾有事ではないだろうか？

なお、アメリカの大豆備蓄量が2018年に突出して上昇しているのは、米中貿易戦争でアメリカが世界最大の大豆輸入国である中国へ輸出できなくなったため、農家の庭先まで売れなくなった大豆が積み上がるという事態が生じたからである。輸出国が輸出制限をすれば、これと同様の事態が生じる。過去の教訓からアメリカは二度と輸出制限をしない。

何をすべきか

日本のコメの潜在的な生産力は1700万トンくらいと考えられる。これで終戦時の配給米（2合1勺）の量は賄える。しかし、2024年の今、国民が騙されていたことに気付き、減反を廃止したとしても、畑地化した水田の回復や高収量の種もみの開発・確保などで、コメ生産が潜在的な生産力を回復するためには数年かかる。また、農業生産に不可欠な生産要素は農地資源であるが、農林水産省が農家による大規模な宅地転用を防止してこなかったため、終戦時に比べ人口は7割も増加しているのに、農地は3割も減少し7割しか残っていない。ある国会議員によれば、地元からの農林水産省への要望で一番多いのは、転用規制を緩やかにして自分の農地を宅地に転用させてほしいというものだった。さらに、台湾有事で石油が途絶すると、農業機械も化学肥料も農薬も使えない。石油利用が前提の今の農業生産は激減する。農業生産の減少を抑制するために、どのような方法があるのか？ また、乏しい食料をどのようにして食いつなぐのか？ 国民が生き延びるための課題は少なくない。

第1章

なぜ、食料安全保障政策が必要なのか

——体験的安全保障政策論

読者は、農林水産省で勤務した私がなぜ同省の政策を批判するのか不思議に思われるかもしれない。それは既得権者に奉仕するものであって、国民の利益を大きく損なうものだからである。私だけでなく、JA農協や農林族議員の言うままになっている現在の農林水産省を快く思っていない職員や同省ＯＢも少なくない。

実は、JA農協は農林省が作り保護してきたもので、戦後しばらくの間大きな政治運動は行わなかった。しかし、１９６１年農業基本法によって農家の規模拡大による構造改革が推進されようとすると、JA農協はすべての農家を平等に扱う一人一票制の組織原理からもこれを選別政策として批判した。JA農協は、農林族議員の力も利用して農林省と対立し、米価を上げて農家所得を増やそうとした。その後は農林水産省内に構造改革をめぐる対立が生じた。構造改革をして農家戸数を減らすより、農家戸数が多いほうが予算獲得にも都合が良いという人たちが増えてきたのである。農政トライアングルが形成されたのは、最近のことである。

ここで、私がなぜ食料安全保障に関心を持つようになったのか、農林水産省在籍時を含めどのようにこの問題と関係してきたのか、時間を追って話したい。半世紀にわたる農林水産省の歴史と同時に、大きな政策を変更させることができなかった私の懺悔の記録でもある。と同時に、振り返ってみると、かなり重要な仕事に関係していたと思う。

私が農林水産省の前身の農林省に入省したのは、１９７3年に大学に入ると同時に世界的な穀物危機が起きたからだった。石油危機と同時期に起きたこの危機は最近の食料危機をはるかに上回るものだった。価格変動を除いた同年の穀物実質価格は、名目価格では記録的な高価格と言われた2022年の2倍の水準だった。終戦直後を除き、第二次世界大戦後最高の価格高騰だった。当時、主要な新聞の農業関係の社説は食料自給率を上げろの一色だった。両親から戦後の食糧難の体験をしばしば聞かされていた私は、必要な食料を国民に供給するのは国の責務だと思った。法学部進学予定の教養学部1年の時には農学部のゼミを受講した。

1 食糧管理制度と減反

構造改革から米価引き上げへ

1977年の入省後、食糧庁に配属された。食料の供給が減少して価格が高騰すると、市場経済では金持ちしか食べられなくなる。食糧庁は、戦中・戦後の食糧難の時代に、貧しい人も含め国民に米麦などの主要食糧を平等に分配(「配給」と言う)することを目的とした食糧管理制度(1942年創設)を所管する官庁だった。食糧難時代の基幹的な官庁であり制度だった(なお、政府用語では、「食糧」とは米麦などの穀物を言い、「食料」は食べ物全般を言う)。食糧庁は農家から米麦を買い入れ卸売業者や製粉業者に売り渡していた。農林水産省の中でも食糧庁の位置付けは高く、2003年に廃止されるまで、食糧庁長官が事務方ナンバーワンの事務次官になるのが慣例となっていた。

私の最初の仕事は、1973年以降高まった食料自給率向上の世論を受けて行った生産者麦価引き上げのための政令改正だった。コメは減反していたが、麦は輸入しているので生産拡大の余地はあると考えられた。このため、麦の値段を上げることで麦作振興を行おうとしたのである。単なる係員だったが、食糧庁在籍時かなり重要な仕事を任されたように思う。

食糧管理制度の政府買い入れ制度を利用して、1960年代以降、政府はコメの政府買い入れ価格（生産者米価と言われた）を引き上げた。農業票に依存する自民党は、ほとんどの農家が作っているコメの値段を上げて農家所得を向上させようとしたのだ。JA農協が先頭に立った米価闘争は初夏の一大政治イベントだった。7月は米価の季節と言われ、主要新聞各紙一面には米価関連の記事が載った。最後は、官邸で自民党三役と官房長官、大蔵大臣、農林大臣ら政府首脳との折衝が行われ、政治決着した。私は米価の閣議決定文書を持って官邸で待機した。

当初農林省は農家の規模を拡大してコストを下げることで農家所得を向上させようとした。つまり農業の構造改革である。しかし、農地面積が一定の下で個々の農家の規模を拡大することは、農家戸数を減らすこと、農業票を減らすことである。これは政治的に受け入れられない。農家所得を増やそうとすれば、コスト削減よりも米価を上げるほうが手っ取り早い。こう考える自民党やJA農協の政治圧力に農林省は抵抗できなかった。

米価引き上げがもたらしたコメの生産過剰と減反

米価を上げた結果、需要は減り供給は増えてコメは過剰になった。農業にも経済原理は貫徹する。政府は売れないコメを買い入れた結果、在庫として溜まった過剰米を巨額の財政負担によって海外援助やエサ米などに処理した。農林省がJA農協や農林族議員の圧力に屈して米価を上げたツケは、結局、納税者である国民が払うことになった。

1970年からは、生産を減らせば政府が買い入れる量を制限できると考えて、農家に補助金を出して生産を減少させる「減反」が始まった。減反も納税者の負担による事前の過剰米処理だった。過剰米処理が続けば食糧管理制度が倒れ食糧庁も廃止される。数万人にも及ぶ職員を抱える食糧庁を潰すわけにはいかないというのが、農林省の考えだった。

しかし、農協は減反に応じなかった。戦後の食糧難の時代には、できる限り多くのコメを政府に供出するよう農家に督促したり強制したりしていたという事情があった。農協は、政府が作ったコメを全量買い上げるのは当然だと主張した。それで過剰が生じても、それを処理するのは政府の責任だという考えである。食糧管理制度の全量買い入れ（農協の理解であり食糧管理法にはそのような規定はない）の下では減反に反対するというのが、農協の基本的な立場だった。

このため、減反の代償に多額の補助金を要求した。自民党の政治家も選挙に勝つために農協に空約束をした。農協に突き上げられた自民党と減反補助金総額を抑えたい大蔵省（当時）との間で、大変な政治折衝となった。これは、自民党幹事長だった田中角栄が、減産すべき150万トンのコメのうち50万トンに相当する水田を宅地などに転用することで減反総面積を圧縮し、大蔵省向けには減反補助金総額を抑えながら、農協向けには面積当たりの補助金単価を増やすという、とんでもない案をひねり出すことでやっと収拾した。

最初の4年間は完全な休耕も認めていたが、何も作物を生産しないのに補助金を出すというのでは、世間の批判を浴びる。このため、食料自給率向上という名目をつけ、輸入に依存している麦や大豆などに転作した場合に補助金を与えることとした。つまり、減反と転作は同じで、減反補助金＝転作補助金である。

しかし、1973年以降の食料自給率向上の世論を背景に、1973〜1975年には供給過剰なのに米価を引き上げるとともに、1975〜1977年には減反の目標面積を緩和してしまった。これによって前回の740万トンの過剰米処理に加え、600万トンの第二次過剰米処理を行わざるを得なくなった。減反による負担を除いて、過剰米処理に要した財政負担は3兆円に上った。自民党でも、中川一郎、渡辺美智雄などの若手議員の中から、さすがに米価引き上げ一辺倒ではまずいと考える人が出てきた。1985年以降、米価は抑制的に決定されることになった。

最初は、減反に価格維持という役割はなかった。価格は政府が決めていたからである。しかし、1995年食糧管理制度が廃止されて以降、米価を高く維持するため、減反が価格決定の役割を果たすことになった。農家に補助金を出して供給量を削減すれば、米価は市場で決定される以上の水準となる。農協は、食糧管理制度の時には、政府への販売量を増やすため減反反対を唱えていたが、同制度廃止後は米価維持の唯一の手段となった減反政策の積極的な支持へ立場を変更している。

30年ぶりの食糧管理法改正

1960年代以降、食糧不足時代に作られた食糧管理制度は空洞化し、生産者のために米価を引き上げる手段としてのみ機能していた。そもそも不足に対処するために作られた制度を過剰の時代に運用することは不可能だった。真夏日にストーブを使って温度を下げるようなものだった。制度的には配給制度を前提とした戦前の統制経済のままだった。生産者から政府への販売は、農協と商人系の登録された集荷業者に限られ(農協のシェアは95%)、政府から卸売業者に販売されたコメは卸売業者と結び付いた昔ながらの小売業者にしか販売されなかった。小売業者の新規参入は厳しく規制され、地域で人口が増えると認めるというやり方だった。今と違い、コメを扱えないスーパーが多かった。過剰を解消するためにコメの消費拡大を推進したが、自由にコメが販売されないのでは限界があった。

1950年頃までコメの配給通帳は命の次に重要なものと言われた。これがないとコメを買えないし食べられないからだった。しかし、1960年代以降これを使ってコメを買う人はいなくなっていた。配給通帳自体、ほとんどの人は見たこともなく、地方出身者が上京する際、身分証明書の代わりに時折使われることがあるだけだった。東京都民の配給通帳は都庁の倉庫にうずたかく積み上げられていた。食管赤字が増えたこともあって、食糧管理制度に対する批判は高まった。どのような意図があったのかわからないが、作詞家の永六輔氏がコメの配給通帳を使いましょうという運動を起こしたりした。

食糧管理法（1942年制定）は、コメ農家やJA農協への政治的な配慮から、1952年の麦の間接統制（コメのように生産者に政府への売り渡し義務を課すのではなく、市場流通を前提に政府への売り渡しは任意とした）への移行以来、憲法と同じく一切の改正を許さない〝不磨の大典〟と化していた。しかし、世論の批判を受けて、さすがに改正せざるを得なくなった。農林水産省・食糧庁は過剰、不足のどちらにも対応できるよう、1981年に食糧管理法を改正した。私は、改正法の原案を書いて1980年夏、アメリカに留学した。

2 なぜ、食料安全保障は総合安全保障でなければならないのか

大平総理の総合安全保障構想とその限界

1984年に内閣官房の総合安全保障関係閣僚会議担当室に出向した。この担当室は、高坂正堯京都大学教授を座長とする「平和問題研究会」の事務局を務めていた。同研究会は防衛費の国

内総生産（GDP）1％枠を突破する報告書を中曽根首相に出したことで注目を集めた。

総合安全保障とは大平内閣のブレーンの人たちが主張したもので、軍事的な安全保障だけではなく食料やエネルギーなども含めて国の安全保障を総合的に確保しようというものだった。背景には、1973年の石油危機と食料危機があった。

農林水産省としては、予算を獲得するにも、食料危機が起こるという主張をすることが重要だった。そのために世界同時不作などさまざまな危機を考えた。これまで現実には、これらによって日本への食料供給が危うくなる事態が発生したことはない。戦後最悪の1973年の世界食料危機の時ですら、日本が飢餓に苦しむことはなかった。しかし、食料危機が起こるという主張は農林水産省の省益確保のために必要だった。今の農林水産省の後輩の主張を聞くと、相変わらず当時のわれわれと同じことをしていると思う。その意図がよくわかるのだ。

振り返ってみれば、総合安全保障は、1973年の石油危機と食料危機に引きずられたのだろう。総合安全保障と言っても、軍事、食料、エネルギー、それぞれが別個に起きることを想定・前提としていた。今でも、農林水産省が食料危機として想定しているのは、当時と同じケースである。

軍事、食料、エネルギーなどの危機が同時に発生することへの対処は考慮の外だった。振り返ると、これは奇妙なことだった。第二次世界大戦は国のすべての人的・物的資源を投入した総力戦だった。軍事面で国の存立が危うくなるような事態では、食料やエネルギーの供給も危うくなる。ヨーロッパの第一次世界大戦を研究した日本の軍部や政府関係者は、現代の戦争は総力戦になると判断し、同大戦後に〝国家総動員〟という言葉も編み出していた。戦前は、貴重な物資を軍事や食料生産などに優先的に割り当て・配分する企画院という各省庁の上に立つ役所も作られていた。戦争に勝利するためには、戦闘に必要な食料・弾薬などの物資を供給すること（兵站である）が重要であり、戦闘に参加する軍隊だけでなく、国内に残るすべての国民に対しても、戦争遂行に必要な物資を生産・供給するための〝銃後の守り〟が強調された。

戦後は、おそらく米ソ対立時代の日米安全保障体制の下で、軍事だけでなく食料などについてもアメリカが助けてくれるという安易な思考があったのだろう。また、核の時代を迎え、過去の大戦やベトナムのような通常兵器を使った戦争は、米ソの間では起こらないし、日本がこれに巻き込まれることはないと考えていたのかもしれない。核弾頭を持つミサイル攻撃をいかに抑止するかに関心が集まり、核の先制攻撃を受けてもやり返す能力を持っていれば相手側は攻撃してこないという〝相互確証破壊〟という戦略が議論されていた。レーダーに捕捉されにくい巡航ミサイルや長期間潜航できる原子力潜水艦などに関心が向いていた。さらに、悲惨な戦争を経験し、これについて思い返すこともしたくないという気分もあったのだろう。軍事は防衛庁、食料は農林水産省、エネルギーは通商産業省というタコツボの組織で安全保障対策は検討された。総合安全保障と言いながら、総合性はなかった。

最近議論されている経済安全保障も、概念的には幅広いものであるが、半導体の供給確保、軍事技術・物資の流出防止、サイバー攻撃への対処など、軍事面での装備やオペレーションの観点からだけの狭い視野となっては問題である。経済安全保障と言ってもすべての経済活動を防衛する必要はない。しかし、紛争に巻き込まれた場合、食料やエネルギーがなければ、軍事面だけを議論しても国は守れない。兵站の重要性を理解しなかった日本軍はインパール作戦で敗北した。後述するように、第二次世界大戦で、アメリカは日本が持つこの弱点を突いて勝利した。

検討されていない台湾有事における食料危機への対応

しかし、ロシアのウクライナ侵攻は、こうした思考を一変させている。この戦争は2年以上経っても終わらない。ウクライナにとっては、総力戦になっている。

また、東アジアでは、以前は考えもしなかった事態が起こる可能性が出現している。中国の台頭による台湾有事である。これによってシーレーンが破壊されると、食料もエネルギーも輸入は途絶する。食料自給率38％の日本はひとたまりもない。農林水産省の文書を読むと、起きる可能性のある食料危機の一つとしか捉えていないようである。しかし、それによって生じる危機は、彼らの想像をはるかに超える。リスクはきわめて高い。しかも、シーレーンが破壊される危機は台湾有事に限らない。日本の周辺には、中国だけでなく北朝鮮もロシアもある。

食料を輸入に依存し海に囲まれている日本は、海上封鎖に弱い。日本に食料という脆弱性があることを認識している国は、われわれの弱点を突いてくるだろう。ウクライナが2年以上も持ちこたえているのは、食料を自給しているため、飢餓によって国民の士気が落ちることはないからである。また、東欧諸国と陸続きなので、陸路から物資を輸入できる。これが日本との決定的な違いである。

これは台湾有事に限らない。一般には知られていないが、第二次世界大戦においてアメリカ軍は、日本の食料輸入の脆弱性を突こうとして海上封鎖（blockades）による軍事作戦を立て成果を上げた。その名も〝飢餓作戦（Operation STARVATION）〟であった。

これまでもわが国は防衛力の整備に努めてきた。日本を巻き込んだ軍事的な紛争が起きる可能性は低くても、起こると大変な被害を受けるので、それに備えてきたのである。リスクとは、起こるかもしれない被害の程度とその発生の確率の関数である。わが国のシーレーンの全面破壊という可能性が高くなくても、被害が国民の生命に及ぶほど大きなものであれば、リスクは高くなる。われわれは、これに備える必要がある。

不思議なことだが、日本が戦争状態に巻き込まれるという想定での防衛力の整備は行っても、同じ状態の下での食料供給力の整備は検討もされない。日本の防衛は兵站なしで行われることになる。軍備は防衛省、食料は農林水産省、エネルギーは経済産業省と、それぞれがタコツボ化してしまい、総合的な視点で日本の防衛を検討することができなくなってしまっている。

台湾有事に際しても軍事的な紛争と同時に起こる食料危機に対する対策は、ほとんど検討もされていない。何十年も食料安全保障を主張しながら、農林水産省は食料危機への対応策を検討してこなかった。数年前、私が食料危機に備えた有事法制の整備を主張してもほとんど反応はなかった。２０２４年になってようやく内容に乏しい法案（食料供給困難事態対策法）を国会に提出しただけである。食料安全保障を主張する狙いが農業保護の拡大にあるのだから当然と言えば当然だろう。

農林水産省は戦後の食糧難時代に先輩たちがどのように対応したのか、研究しているのだろうか？　多数の俊才が集まった戦前・戦後の農林省と今の農林水産省を比べるのは酷かもしれない。しかし、台湾有事によって引き起こされる危機は、多数の餓死者を出した戦後を超える未曽有の危機となる可能性がある。農林水産省自身の政策によって、当時と比べ食料生産力は大幅に低下している。シーレーンが破壊されるとアメリカからの助けは期待できない。農林水産省の先輩たちを超える知恵が求められる。

3 自由貿易と食料自給率

アメリカは輸出制限をしない――ガット・ウルグアイ・ラウンド交渉

農産物、なかでも穀物の国際貿易は、各国の政策によっても左右される、きわめて政治的な市場である。貿易実務に習熟していても、各国の政策を知らなければ、理解は深まらない。食料安全保障のために、輸出制限を規制すべきだという主張がある。すでに世界貿易機関（WTO）農業協定第12条にその規定はある。これは、ガット・ウルグアイ・ラウンド交渉の最終局面で日本が提案した結果、導入された規定である。後に総理になる有力な政治家から、「コメの関税化の特例措置だけでは、日本は食料安全保障の主張を貫徹したことにはならない」と主張されて、１９９３年の秋、交渉終了まで2カ月を切った時点で提案したものである。

私は、これを実現すべくスイス・ジュネーブで各国との交渉に当たった。交渉する前、私は、これは輸出国を規制する規定なので輸出国アメリカが反対するのではないかと心配した。アメリカに反対されれば、提案は実現できない。不安を持ったまま、おそるおそる提案した。驚いたことに、アメリカは全く反対しなかった。私のアメリカのカウンターパートは、「問題ない。輸出制限などしないから安心しろ。自由貿易こそが最高の食料安全保障だ」と言ったのだ。私は拍子抜けしてしまった。当時、私はアメリカの真意を読めなかった。しかし、今ならわかる。アメリカは輸出制限しないのではなく〝できない〟のだ。また、残念ながら、われわれ交渉団の努力にもかかわらず、この規定は効果のない空文である。これらの理由は後に説明する。

ガット・ウルグアイ・ラウンド交渉において、わが国の最大の関心事はコメについて関税化の例外を勝ち取ることができるかどうかだった。関税化とは、輸入数量制限などの非関税障壁を関税に置き換えることを言う。われわれ交渉団は、関税化した場合の最低輸入量（ミニマム・アクセス、１９８６～１９８８年の消費量の5％）よりも多くの量を輸入することを条件に、例外を獲得した。

例外を主張する国は代償を払わなければならないというガット（ＧＡＴＴ：関税及び貿易一般協定）などの通商交渉のルールからすれば、当然の結果だった。後に関税化したが、遅れたことの代償として、今でも加重された量（77万トン、１９８６～１９８８年の消費量の7・2％）を輸入している。交渉に参加した者として、これには責任を感じている。しかし、農林水産省の省益には反するが、この輸入量を減少、さらには解消する方法はある。ガット・ウルグアイ・ラウンド交渉が終了して数年経ってから、私はその方法をある信頼できる同省幹部に相談したが、残念ながら受け入れられなかった。

中山間地域等直接支払い制度と食料自給率向上

1988年、私はベルギー・ブラッセルでのEU（欧州連合）日本政府代表部の勤務から帰国した。その直後に、地域振興課長に命じられ、中山間地域等直接支払い制度の導入を担当した。これは中山間地域の傾斜農地などと条件の良い農地との生産条件の格差を是正するためのものだが、以前から農業界からは中山間地域の農家の所得を補償するものとして期待が高かった。しかし、私の課長就任時、農林水産省には、どのような制度にするのかについてのアイデアはなかった。白紙の状態からスタートした私は、制度の設計から農林水産省内、財務省、総務省、自民党農林部会などとの折衝、2000年度の制度の導入・定着まで、すべてを担当した。以来25年が経過しているが、この制度は中山間地域の耕作放棄の防止や集落の活性化に貢献している。

これは、1999年の食料・農業・農村基本法の目玉の政策だった。同じく目玉または争点になっていたのが、株式会社の農地取得だった。これを認めない農林水産省は、長年マスメディアや経済界から批判を受けていた。しかし、農業界からは、株式会社に農地取得を認めると農地が転用されるという根拠のない批判があった。農地を大規模に転用してきたのは農家自身だったのだが、自民党農林族議員から反対されると、農林水産省は抵抗できなかった。このため、同省は、農業界に一定の制限の下で株式会社の農地取得を認めさせるという苦い(?)薬を飲ませる代わりに、二つのアメを用意した。それが、中山間地域等直接支払い制度の導入と食料自給率向上だった。食料自給率向上を基本法で規定することで、農業界は農業保護の維持・増加を期待した。

4 減反との闘い――減反廃止は食料安全保障の一丁目一番地

減反の推進者

１９７０年に減反を始めた農林省の担当者は一時的な措置だと考えていたはずだった。私が入省した１９７７年の減反面積は21万ヘクタールで全水田の７％程度だった。それが50年以上も続き、今では水田面積の４割に及ぶ。なんとかしたいと思った私は、農林水産省在籍時の２０００年からその廃止を省の内外で主張してきた。コメ政策を担当する食糧庁の総務課長時代には、私の主張についてＪＡ農協から上司の食糧庁長官に抗議文が出されたりした。農政トライアングルが最も重視する減反政策の廃止を主張する人物が、省内で出世できるはずがなかった。

私は長い間、減反は財政負担を軽減しようとする大蔵省(財務省)の発案だと思っていた。ところが、ある講演で減反廃止を主張した際、減反導入時に担当の主計局農林係主査だった人から、

「私も減反には反対だった。しかし、押し切られた」と聞いた。農林省が、食糧管理制度と食糧庁という組織を守りたかったのだ。

私が退官した直後の2008年、世界で食料危機が起きたとき、町村信孝官房長官は減反を廃止すべきだと主張した。彼は私の主張を知っていた。これに対して、若林正俊農林水産大臣は、転作をして麦や大豆を植えているので減反ではないと主張した（2008年6月13日記者会見）。「減反イコール休耕で、後ろ向きのイメージがある。生産調整は他作物への転作なので減反ではない」という理解なのだ。

しかし、前述のとおり、減反と転作は同じである。減反補助金の正式名称は、稲作転換奨励金（1969年度）、米生産調整対策費（1970～1973年度）、稲作転換対策費（1974、1975年度）、水田利用総合対策費（1976、1977年度）などで、現在の名称は「水田活用の直接支払交付金」である。くるくる政策が変わることを〝猫の目農政〟と言われたが、それは名称にも表れている。いずれにしても、減反という名称を政府は使ったことはない。マスメディアが作った言葉だった。1970年の本格導入当初から政府の正式名称は「生産調整」だ。生産調整というより減反というほうが言いやすいから、マスメディアだけでなくわれわれもこれを使ってきただけである。若林大臣も2007年の国会でのやり取りでは安易に減反という表現を使っている。

〝生産調整対策〟だった1971年度の調整面積54万1000ヘクタールのうち、転作は24万7000ヘクタール、休耕は29万4000ヘクタールである。生産調整対策でも休耕が過半だった。要するに、農林水産省は減反という言葉を嫌うが、休耕でも転作でも生産調整でも減反でも、コメの生産を減らすことが目的であり、これらは同義なのだ。

「減反廃止」はフェイクニュース

２０１４年、農政トライアングルによって減反政策の見直しが行われた。これは国から都道府県などを通じて生産者まで通知してきたコメの生産目標数量を廃止するだけで、減反政策のコアである補助金は逆に拡充された。

ところが、官邸はこれを政権浮揚に使おうとした。この政策変更にほとんど関与しなかったのに、安倍首相は「40年間誰もできなかった減反廃止を行う」と大見栄を張った。１９７０年以降の歴代総理よりも自分のほうが偉いと言ったのだ。政府関係者で減反という言葉を公的に使ったのは、安倍首相が初めてだ。若林農林水産大臣の主張どおり生産調整が減反ではないなら、安倍首相はないものを廃止したことになる。

この時、減反（生産調整）政策を見直した自民党農林族幹部も、大臣をはじめ農林水産省の担当者も、「減反の廃止ではない」と明白に否定していた。面白いことに、２００７年に安倍内閣は全く同じ見直しをして撤回していたのである。40年間誰もやらなかったどころか、「6年前にあなたがやっていた」のである。しかし、２００７年当時は、誰も減反廃止とは言わなかった。廃止ではなかったからだ。

しかし、正確な報道をしたのは、ＪＡ農協の機関紙である『日本農業新聞』だけだった。ほとんどのマスメディアは安倍首相が言うままに、「減反廃止」と報じた。見出しが命の新聞記者にとって「減反見直し」では上司が記事として採用してくれないからだ。政府や業界の主張を咀嚼して国民に伝える役割を果たすべきマスメディアの記者も、2年ほどで担当省庁をくるくる変わるので、これらの主張を鵜呑みにして報道するだけとなってしまう。政府が素人を騙すのは簡単である。こうして行われもしない「減反廃止」が定着した。

この時、私は空間経済学者である藤田昌久経済産業研究所所長（当時）から「山下さん。あの報道は本当なのですか？　戦後農政の中核である減反・高米価政策が簡単になくせるとは思えない」と質問された。さすがだと思った。減反政策の本質は、補助金で生産（供給）を減少させて米価を市場で決まる水準より高くすることである。減反廃止が本当なら、米価は暴落する。JA農協が1200万人の反対署名を集めたTPP（環太平洋パートナーシップ協定）交渉参加どころではない。農業界は蜂の巣をつついたような騒ぎになり、永田町はムシロバタで埋め尽くされる。もちろん、そんなことは起きなかった。

問題は、マスメディアの記者の誰も、藤田所長のような本質を理解したシンプルな疑問を発することができなかったことだ。後に安倍首相は、私の論文をもとに国会の予算委員会で減反廃止を否定する自民党農林族議員との主張の違いを指摘され、「違いはない。私はわかりやすく言っただけ」と発言を撤回した。これは、NHKテレビで中継された。

私は、安倍首相の責任問題に発展すると思った。しかし、誤報したマスメディアは、これを報道しなかった。後に誤報を訂正できない新聞は「減反は廃止されたが生産調整は続いている」というわけのわからない説明をした。減反と生産調整は同義だ。そもそも、安倍首相を除いて、政府が減反という表現を公式に使ったことはない。マスメディアが勝手に生産調整を減反と呼んでいただけである。さらに、2024年のコメ不足の根本原因は減反であるという私の指摘を受け、「減反は廃止されたが、事実上の減反は続いている」という言い方に変えている。

また、国から農家に対する生産目標数量の通知はやめているが、農林水産省は毎年、翌年産米の〝適正生産量〟を決定・公表し、これに基づいてJA農協などは農家にコメ生産を指導している。具体的には、都道府県、市町村の段階で、JA農協や行政などが参加する農業再生協議会という組織が作られ、農林水産省の適正生産量に基づき、当該地域の水田でコメや他の作物をどれだけ作るかを決定し、これを生産者に通知している。つまり、生産目標数量は廃止したが、実態は全く変わっていないのである。

減反廃止は完全なフェイクニュースだった。最初は安倍官邸の主張に農林水産省もJA農協も反発し、これを否定していた。しかし、評判の悪い政策はなくなったことにしたほうが有利と判断したのだろう。今では、減反廃止という報道をあえて否定しないようになっている。農林水産省やJA農協のずるさ、したたかさである。

農家からのコメ集荷を拒否したJA農協

ここで、2007年になぜ「減反廃止」が撤回されたのか経緯を記しておこう。当時、これは農業界では大問題となったからだ。

2007年、米価が低下した。JA全農は、農家への概算金(実質的な米代金)を、前年の1万2000円から7000円へと大幅に減額した。全農に売ると7000円しか払わないという、組合員に対する事実上の集荷拒否だった。売れないコメを抱えると、金利・保管料を負担しなければならないからだ。全農は、組合員農家より自己の利益を優先した。コメ業界でこれは7000円ショックと言われた。関係者は「農家の組織がそこまでするか」と思った。

さらに、農協は政治力を発揮して、政府に34万トンを備蓄米として買い入れ・保管させ、米価の底上げを行ったほか、約1600億円だった減反補助金を補正予算で500億円上積みさせ、翌年の減反を10万ヘクタール強化して、110万ヘクタールとした。

この時から、エサ米を転作作物として補助金を出すようになった。コメから麦や大豆への転作は難しいが、コメからコメへの転作は簡単だからである。安倍首相が減反廃止と言った2014年の見直しでは、このエサ米の補助金を大幅に拡充した。主食用のコメ代金とほぼ同額をエサ米の補助金としたのである。減反補助金の大幅拡充が安倍首相によって減反廃止と主張されたのだ。

2007年の生産目標数量の廃止という政策変更は、実施初年度で撤回され、農林水産省、都道府県、市町村が全面的に実施するという従来どおりの体制に戻った。選挙を意識した自民党農林族幹部の指示により、「生産調整目標の達成に向けて考えられるあらゆる措置を講じる」など4項目にわたる「合意書」に、全国では農林水産省局長と農協など関係8団体のトップが、地方でも地方農政局長と関係団体がそれぞれ連名で署名するなど、減反の歴史のなかでも異例の対応を行った。

5 専門家に騙されないために

国民もメディアも農業の実態を知らない

専門分野の知識がない人をその分野で生きている人が騙すことは簡単である。農業や農業政策にはウソが多い。減反廃止の報道を多くの人が信じた。

農家が農地を貸したがらないのは先祖伝来の土地だからと農林水産省は説明する。しかし、農地を貸すときは先祖の霊が妨害し、農地を転用・売却する（所有権を譲渡する）ときは先祖の霊はどこかにお隠れになるようだ。便利な先祖の霊である。少し考えれば、農林水産省のウソを見破れるのに、マスメディアは信じてしまう。

明治時代から1960年頃まで、日本農業不変の三大数字と言われるものがあった。農業従事者数1400万人、農家戸数550万戸、農地面積600万ヘクタールだ。しかし今では、農業従事者数271万人、農家戸数175万戸、農地面積427万ヘクタールに大きく変化した。農政トライアングルは、かなりの国民が農村から離れ、高度成長期以降ドラスティックに変化した農業や農家の実態を知らなくなっていることを利用する。

国民の多くは、戦前のように農家は貧しいと思っているので、農家所得向上のために補助金が必要だと言われると納得してしまう。1965年以降、農家所得は勤労者世帯の所得を上回っている。所得が2000万円を超える農家もある。所得の低い一般国民の税金で所得の高い農家への所得補塡が行われている。つらい汚い作業のはずの稲作も、今では機械を使うので標準規模の1ヘクタールの水田なら年間27日働くだけで十分だ。手を使って田植えや稲刈りはしない。もう今の農村には、腰の曲がったおばあさんはいない。農村にいるのは農家だと思われているが、農村集落の7割は農家戸数が30％未満（つまり70％以上が非農家）である。地方にいて農村を訪れても、その実態はわからない。スーツを着た会社員は昼間、農村にいないからだ。

自らの主張にとって都合の悪いファクツを示さない、あるいは頰被りする場合もある。

2022年以降、トウモロコシなど穀物の国際価格が上昇して、それを飼料として使う畜産経営が苦しくなっていると報道される。「このままでは多くの酪農家が離農する」という専門家のコメントに多くの人が納得する。

しかし、重要なファクツが見逃されている。2008年以前は酪農家の所得が800万円を上回ることは少なかった。それが2014年1153万円、2015年1570万円、2016年1670万円、2017年1700万円、以降2020年の1603万円まで1600万円台が続き、2021年に飼料価格の上昇でいくぶん低下したものの、1317万円となっている。酪農団体から飼料価格が高騰して経営が悪化・赤字化したと主張される2022年でも697万円で平均的な国民所得を大幅に上回っている。

以上は農林水産省畜産局の公表値である(2023年「畜産の動向」より)。規模の大きな酪農家の所得は5000万円ほどだった。乳価や副産物であるオス子牛価格の上昇、安い輸入飼料によって、酪農バブルと言われるほど、酪農経営は絶好調だったのである。国民の平均所得が400万円程度なのに、酪農家は15年間もその2~4倍の所得を稼いでいた。2022年でもこれを上回る。ある酪農家によれば、現在離農している酪農家は酪農バブルで得た利益が目減りしないようにしているだけだという。経営が苦しいのではなく、〝損切り〟である。飼料価格が上昇しても、輸入飼料への依存度が酪農よりも高い養豚農家の経営問題は議論されない。

ある農業経済学者は、日本は小麦を押し付けられたなど、アメリカにやられてばかりいると主張する。しかし、日本の学校給食についても、アメリカはコメを輸出したいと主張したのに、小麦にしてくれと頼み込んだのは日本だった。さらに、コメの消費を減少させ、小麦の消費を増加させるような価格政策を行ったのは、戦後の農政トライアングルである。

これは農業に限らない。TPPに参加すれば、日本の遺伝子組み換え食品・農産物の規制はアメリカの緩やかな規制に代えられてしまうと、大学教授や経済評論家という人たちが根拠もなく主張した。前記の農業経済学者は、食品の安全性基準がアメリカ並みに引き下げられると主張した。彼は食品の安全性基準が決められる方法さえも知らなかったし、彼が問題視した農薬の安全性基準はアメリカのほうが高かった。TPPに加盟すると関税自主権が侵されるという主張もあった。今ではガット第2条によってどの国も自由に関税を決められない。TPPに加盟しなくても、日本政府は自動車に1円の関税もかけることはできない。これらは国際経済法の観点からは明らかなウソだとわかる主張だったが、消費者団体の人たちをはじめ多くの人が信じた。アメリカに対する被害者意識が強いうえ、専門家と称する人の主張の真偽を一般人は判定できないからだ。

しかし、遺伝子組み換え食品・農産物については、ＴＰＰから脱退する前年の２０１６年、当のアメリカが日本と同じ規制に変更した。これだけではない。ＴＰＰについては、アメリカに一方的に攻撃されるなど事実と異なる多くのウソや主張が信じられた。日本で流布された心配とは逆に、アメリカが日本やＴＰＰを恐れて脱退したのである。それなのに、ＴＰＰ反対の書籍を出版した人たちは今でも同様の活動をしている。大学教授や経済評論家たちのファクト・チェックは行われないようだ。

ファクツとロジックの重視を

「経済学を勉強するのは経済学者に騙されないようにするためだ」というケンブリッジ大学ジョーン・ロビンソン教授の有名な言葉がある。かつてＴＰＰ反対の本が、世間の常識と逆の主張をすれば売れるという出版社の想定で、多数刊行された。これらは、国際経済学や国際経済法について全く知識のない人たちによって書かれており、ほとんどの主張は事実や理論上の根拠のない思い込みや間違い、または反米論などによるものだった。しかし、当時は多くの人がこれを信じた。

食料・農業についても、大学教授、研究者、専門家や農家によって多くの書籍が出版されている。しかし、価値のある本は少ない。パラパラと2、3ページめくっただけで読まないほうがよいと思うものもある。テレビで専門家と紹介される人のコメントにも首を傾げるようなものが多い。マスメディアの報道も同じである。2024年のコメ不足に関連したクイズ形式のニュース番組は、コメの減反、流通、関税、ミニマム・アクセスなど大部分がファクツに反する誤りや思い込みで作られていた。杜撰な取材だったが、この番組だけが例外ではないだろう。食料や農業問題について、正しい見方と知識を身につけなければ、これらの主張を鵜呑みにする危険がある。

今の農政はウソと矛盾の体系となっている。一般の人だけでなく農業界にいる人もウソや矛盾に気が付かずに納得してしまう。まさか政府（農林水産省）がウソをつくはずはないと思い込んでしまうのだろう。時々私も意外に思うのだが、長年農業を取材したり研究したりしている人が、農業政策の基本や本質的な要素を知らないことが多い。本書では、食料・農業政策などについて専門知識を持たない人に代わって、農林水産省をはじめとする農業界の主張のファクト・チェックをしたい。

専門家に騙されないようにするためにも、知らないで正しい政策を実現できなくなることがないようにするためにも、ファクツとロジック（理論）が必要となる。これは、私が東京大学公共政策大学院の「食糧安全保障と農業政策」という講義の中で学生に強調していることでもある。本書では、ファクツとロジックを踏まえて食料安全保障についての正しい政策を提案したい。それが、私が農林省に入省して以来、取り組んできたことであるし、残念ながら実現できていない政策でもある。

そして、読者の方には、それがなぜ実現できないのか、実現するためには何をすべきかを考えていただきたい。それは、公共政策大学院での講義の最後に私が学生に問いかける質問でもある。

補論

JA農協とは何か

JA農協は私が農政トライアングルと呼ぶ既得権益の中心にいるアクターである。しかし、同じく圧力団体と言っても、JA農協は日本医師会や欧米の農業政治団体とは異なる。それ自体が経済活動を行う特殊な組織である。これが日本の農政を世界の中でもきわめて特殊なものとしている。JA農協がわからなければ、日本の農政は理解できない。町で見かけるJA農協が実際に何を行っているのか知らない人が多いのではないだろうか？　JAバンクの全国団体である農林中央金庫（農林中金）が外債で大きな損失を被ったというニュースが流れたが、なぜ農業の金融機関がウォールストリートで資産運用しているのか、農業界の中でも知っている人は少ないのではないだろうか？

それだけではない。農政に多大な影響力を行使してきたJA農協には、次のように、多くの疑問や謎がある。

JA農協がなぜ米価闘争を主導したのか？　なぜ減反を推進するのか？　農業が衰退するのに、なぜ農協は日本トップクラスのメガバンクに発展するのか？　100兆円を超えるJAバンクの貯金はどこから来てどこで運用されるのか？　なぜ農林中金がウォールストリートで知らない人がいないほどの日本最大級の機関投資家となっているのか？　農家戸数が大幅に減少するのに、

図表1-1　農協組織図(2022)

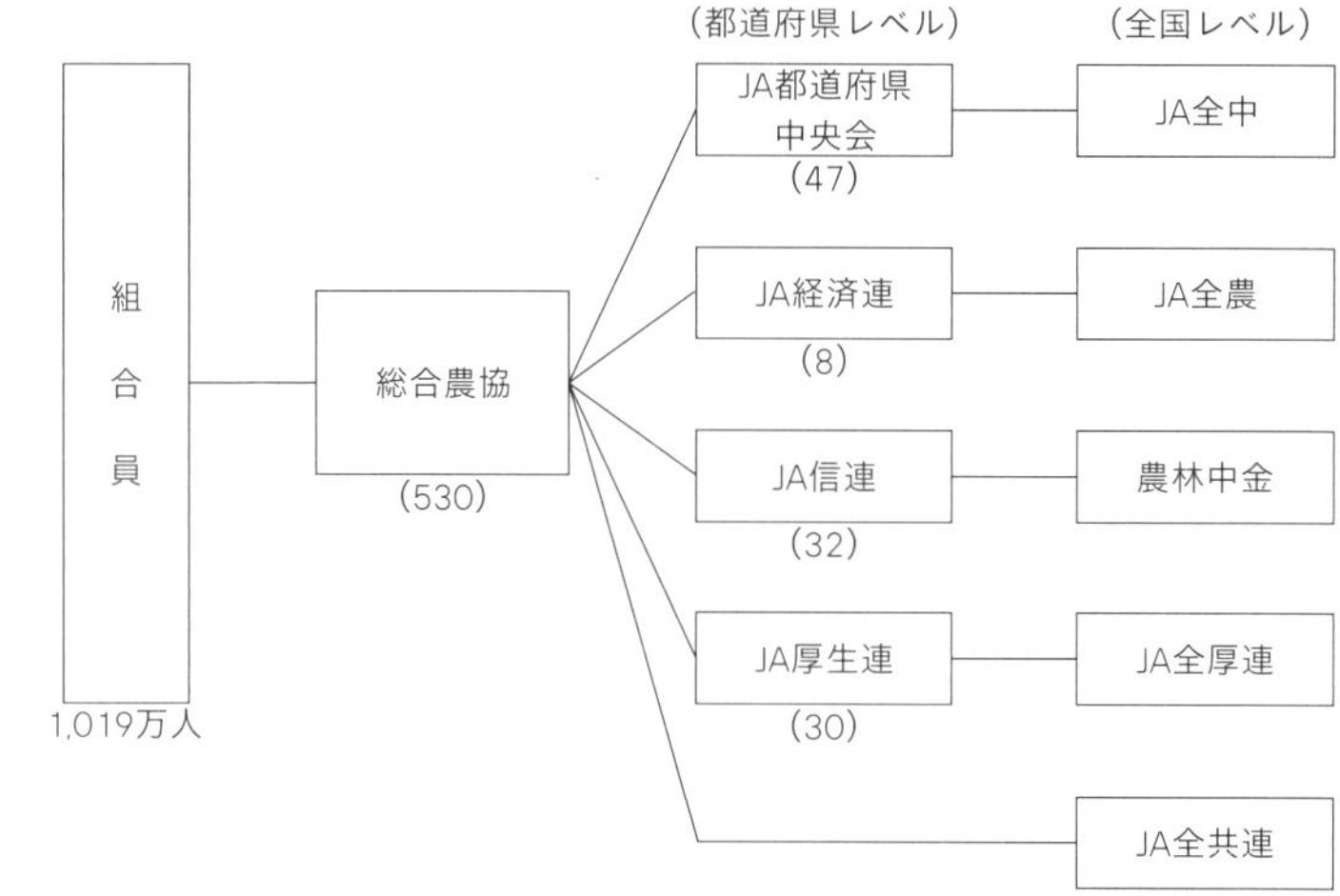

注：カッコ内は農協、連合会の数
出所：農林水産省「総合農協統計表」、JA全中ホームページにより筆者作成

なぜ農協の組合員は大きく増加するのか？農業人口は減少しているのに、なぜ農協は大きな政治力を持つのか？

ＪＡ農協の組織構造

信用（銀行）事業を行う農協を総合農協と呼び、それ以外の農協を専門農協と呼ぶ。総合農協はＪＡ農協と同じである。地域のＪＡ（総合）農協はすべての事業を行うが、都道府県レベル以上の連合会は専門化している。全中系統は政治活動や農協監査、全農系統は農産物の販売や農業資材の供給、農林中金系統はＪＡバンク（信用事業）、全厚連系統は医療、全共連は保険（共済）を担当している。都道府県レベルで一つずつあった連合会は、中央会を除き徐々に、共済はすべて、全国連に吸収されている。

ＪＡ農協の特殊な生い立ち

戦前、農業には「農会」と「産業組合」という二つの組織があった。

「農会」は、農業技術の普及、農政の地方レベルでの実施を担うとともに、地主階級の利益を代弁するための政治活動を行っていた。農会の政治活動の最たるものは、米価引き上げのための関税導入だった。農会の流れは、現在農協の営農指導・政治活動（ＪＡ全中の系統）につながっている。地主階級が米価引き上げや保護貿易を推進したのと同様、農会を引き継いだＪＡ農協は、高度成長期の激しい米価闘争を主導したし、ガット・ウルグアイ・ラウンド交渉、ＴＰＰなどの貿易自由化交渉においては、農産物の貿易自由化反対運動を展開した。

「産業組合」は、組合員のために、肥料、生活資材などの購入、農産物の販売、農家に対する融資など、現在農協が行っている経済事業（ＪＡ全農の系統）と信用事業（ＪＡバンク、農林中金の系統）を行うものだった。ＪＡ共済事業は、職員に過酷なノルマを課すことで、勧誘がうまくできないと自分で保険に加入したり他人の保険料を負担したりする自爆営業を行わせていることが問題となっている。これは戦後追加されたもので、本来農業と関連するよう考えられたが、今の事業は、一般の生命保険や損害保険と変わらない。キャッチコピーは〝「ひと・いえ・くるま」の総合保障〟で、この中に〝農業〟はない。

当初、産業組合は地主・上層農主体の信用組合に過ぎず、１９３０年の段階でも、零細な貧農を中心に４割の農家は未加入だった。しかし、農産物価格の暴落によって、娘を身売りする農家も出た昭和恐慌を乗り切るために、1932年農林省は、「農山漁村経済更生運動」を展開する。産業組合は、全町村の全農家を加入させ、かつ経済・信用事業すべてを兼務する組織に拡充された。これを農林省は全面的にバックアップした。特に支援したのはコメの集荷（倉庫建設への補助）と肥料の販売だった。今でもJA農協は〝米肥農協〟と呼ばれるほど、この二つはJA農協にとって重要である。これに圧迫されたコメ商人や肥料商人から激しい〝反産（産業組合）運動〟が起こされた。

農山漁村経済更生運動の大きな目標は、農民の負債整理だった。この手段として、産業組合が活用された。産業組合中央金庫は、その全国団体として半分が政府の出資として設立された。これが、今の農林中金である。産業組合中央金庫は、政府の出資金を利用して農業に低利で融資するものだったため、高橋是清蔵相は金融体系を乱すものとして設立に反対した。それを、経済更生部長として運動を推進した小平権一（後に農林次官）が、「あんなもの、頼母子講に毛が生えたようなものですよ」と高橋を煙に巻いて認めさせた。大きな頼母子講になったものである。

農会と産業組合という二つの組織は第二次世界大戦中、統制団体〝農業会〟として統一される。農業会は、農業の指導・奨励、農産物の一元集荷、農業資材の一元配給、貯金の受け入れによる国債の消化、農業資金の貸し付けなど、農業・農村のすべてに関係する事業を行う国策遂行機関だった。

看板を書き換えた統制団体

戦後、ＧＨＱの意向は、戦時統制団体である農業会は完全に解体するとともに、農協は加入・脱退が自由な農民の自主的組織として設立すべきだというものだった。だが、そうはならなかった。戦前の産業組合は、地主階級の利益を反映していた。産業組合の農業倉庫は、地主が小作人から小作料物納制によって徴収したコメの貯蔵庫として、出来秋に搬入されるコメを端境期に有利に販売するという役割を果たしていた。

しかし、終戦直後の食糧難の時代、農家は高い値段がつくヤミ市場にコメを流してしまう。そうなると、貧しい人にもコメが届くように配給制度を運用している政府にコメが集まらない。このため、農林省は農業会を農協に衣替えし、この組織を活用して農家からコメを集荷し、政府へ供出させようとした。食糧管理制度の下で商人系の集荷団体も認められたが、同制度が存続している間、農協は95％程度のシェアを維持していた。これがＪＡ農協の起こりである。当時、農協は農業会の「看板の塗り替え」と言われた。

農業協同組合法の施行は１９４７年12月。わずか3カ月後の１９４８年3月には、ほとんどの農協が設立を完了するというスピードだった。設立された単協は1万３０００で、概ね一町村一農協であり、府県段階の連合会、全国段階の連合会も１９４８年中には設立を完了した。単協と呼ばれる末端の農協ができないうちから、府県段階の連合会が設立されようとしたこともあった。農家が自主的に設立する組織だったら、考えられないことである。

後述する東畑精一の弟で第一次農地改革時の担当課長だった東畑四郎（後に農林次官）の証言である。

「農協が生産や土地に直接関与しないで、主として流通や金融を扱う協同組合になったのもその根源はこの時からだ。

だから、農協法を占領軍がつくる時に実際は新しくつくったんじゃない。あの機会に農業会をすげかえた。それは米の供出が重大な政策だったからだよ。そのためにどうしてもあの組織をこわすわけにはいかなかったというのが、将来の禍根になるのか、ならないのか、にわかに結論はでないけれど、これは農協の発展史の一つのポイントだね。

しかし、農業会から農協になった。その時本来の農協というのは、じっくりと農民の意思によってつくればいいんで、食管（筆者注：食糧管理制度）の代行みたいなものは別個の団体でやったらいいじゃないか、あれは農協じゃないんだという和田博雄説は卓見だったね。しかし、そういう観念論をいったって、当時の現実問題にははまらなかったし、少数説だった。

だから農協法ができたって実は中身はちっとも変わらない。それがずうっとつづいているから、農林中金といい農協といい、やっぱり食管と不可分だよ。それ、ダッコとかオンブとかいうじゃないか。

米の政府買入れ前渡金（中略）を食管が中金を通して前渡したわけだ。（中略）末端で米を農協を通して買うとき、同時に農民に買入代金を渡さなきゃいかん。そうするためには、数日前に現金を末端まで送金しなきゃいけない。それを中金を通して行なったのだ。そこでその資金を一時コール市場に出して運用することができたわけだ。これは中金に対するたいへんなバックアップになったわけだ。食管のおかげで農林中金も発展し、農協もまた米のおかげで経営が伸びたわけだよ。したがって当初の農協はその後の米価運動のような政治活動はしなかったんだ。政治活動をやりだしたのはずっとあとだ。高度経済成長の頃でしょうね。あの時の所得不均衡が誘発したわけだ」

（東畑・松浦〔1980〕274〜276ページ参照）

ヤミ市場が縮小して農家の政府への売り渡し量が増えると、集荷の95％のシェアを持つ農協の取り扱い量が増え、農協の販売手数料収入が増えた。農協は、政府からのコメなどの代金を代理受領してコール市場に出して運用するとともに組合員の農協口座に振り込み、そこから肥料・農薬代などを差し引き、残る余剰もできる限り農協貯金として活用した。営業をしなくても預金が自動的に増える仕組みである。

食糧管理制度は農協の経営にプラスとなった。このような事情から、1950年以降、市場（ヤミ）価格よりも安い政府買い入れ価格がなくなるので農家にとって有利だと思って与党政治家が提案した統制撤廃（食糧管理制度廃止）論に、農協は強く反対した。この頃から、農家の利益と農協の利益は一致しなくなってきたのである。

GHQが反対したJA〝総合農協〟

ヨーロッパやアメリカの農協は、酪農や青果などの作物ごと、生産資材購入や農産物販売などの事業・機能ごとに、自発的組織として設立された専門農協である。これに対し、農業会を引き継いだJA農協は、作物を問わず、全農家が参加し、かつ農業から信用（銀行）・共済（保険）まで多様な事業を行う〝総合農協〟となった。欧米では、金融事業などなんでもできる農協はない。日本でも銀行は不動産や製造業など他の業務の兼業を認められていない。

農協法の前身の産業組合法も、当初は信用事業を兼務する組合を認めなかった。戦後、農協法を作る際にGHQが意図したのは、欧米型の作物ごとに作られた専門農協だったし、GHQは、信用事業を農協に兼務させると、信用事業の独立性や健全性が損なわれるばかりか、農協が独占的な事業体になるとして反対していた。アメリカの協同組合に、信用事業を兼務しているものはない。アメリカからの訪問者は、信用事業を兼務する協同組合が日本にあることに、みな驚いたと言われる。

しかし、農林官僚が日本の特殊性を強調し、総合農協性を維持した。銀行事業と他の業務の兼務が認められている法人は、JA農協（と漁協）以外には、日本に存在しない。

農協だけに認められた准組合員

農協の正組合員は、農業者である。農業者のための協同組合だから、当然である。しかし、農協には、地域の住民であれば誰でもなれる准組合員という独自の制度がある。

正組合員と異なり、准組合員は、農協の信用事業や共済事業などを利用することができるが、農協の意思決定には参加できない。ＪＡ農協の前身だった産業組合は、農業に従事しない地主を含め地域の住民を組合員にしていた。しかし、農協法を作る際、ＧＨＱは地主を排除するため、組合員資格を〝農民〟とすることにこだわった。それで元の産業組合のように、地域の住民であれば誰でも農協を利用できるようにするため、他の協同組合にない准組合員という制度を作ったのである。利用者が組織をコントロールするという協同組合原則からは完全に逸脱するものだが、歴史的な経緯から、例外的に認められた制度だった。

このほかに、正准組合員以外も協同組合を利用できる。これを員外利用といい、20％（信用事業は25％）までなら認められている。かつて信用事業について、員外利用が25％を超えているという指摘がなされたことがあった。その時、ＪＡ農協は員外利用している人を准組合員にすることで、つじつまを合わせた。准組合員も組合員なので、准組合員が増加すると、正組合員と合わせた事業量に20％が乗じられ員外利用も拡大する。一石二鳥の対応だった。

それにしても、組合員が利用することを目的として設立したＪＡバンクやＪＡ共済が、有名俳優を使って、組合員でもない不特定多数の人にその利用を呼びかけることは、組合員が利用するという協同組合原則に反するのではないかと思うのだが、どうなのだろうか？

米価引き上げの予期せぬ利益

戦後JAバンクは、食糧管理制度の政府買い入れ制度の下、政府から受け取ったコメ代金をコール市場で運用して大きな利益を得た。

さらに、肥料メーカーには、独占禁止法の適用除外を認めた「肥料価格安定臨時措置法」によって1964年から1986年までカルテル価格が認められた。本来の趣旨は、国際市場での価格競争のため安くなる輸出向け肥料の損失を、国内向け価格を上げて補塡することがないようにするというものだった。しかし、制度の運用結果は、正反対のものとなった。

1964年当初は輸出向け価格と同水準であった硫安（硫酸アンモニウム）の国内向け価格は、1986年には輸出向け価格の3倍にまでなった。この法律は5年間の時限立法であったが、制度の継続・延長を繰り返し要望したのは、肥料産業というより、肥料販売の最大シェアを持つ農協だった。1986年当時、国産肥料は輸入肥料の2倍の価格で販売された。

高い価格を払うのは農家だ。ところが、政府が農協を通じて農家からコメを買い入れていた食糧管理制度の時代、肥料や農薬、農業機械などの生産資材価格は、政府が買い入れる際の価格（生産者米価）に満額織り込まれた。農協が農家との利益相反となるような行為を働いても農家に批判されない仕組みが、生産者米価の算定方式によって制度化されていた。2024年、食料・農業・

農村基本法の見直しの目玉として導入された〝適正な価格形成〟の食糧管理制度バージョンである。

肥料などの農業資材を農家に高く販売すると、生産者米価も上がる。農家にとってヤミに流すうまみが薄れ、農協を通じて政府に売り渡す量が増える。このため、農協のコメ販売手数料収入は価格と量の両方で増加する。農協は、農家への資材の販売、農家の生産物の販売という両面で、手数料収入を稼いだ。

高いコメ代金はＪＡバンクに預金される。また、農林中金は、高い肥料価格を保証された肥料産業へ融資した。１９５６年から10年間で、農林中金から肥料産業への融資額は13・5倍に増大し、農協の肥料販売シェアは、１９５５年の66％から２００３年には90％まで増加した。

農業の生産額を超えて拡大したＪＡバンク貯金

米価引き上げで、コストの高い零細な兼業農家もコメ産業に滞留した。酪農家の80％が農業で生計を維持している主業農家であるのに対し、コメ農家の75％は副業農家で、主業農家は８％しかいない。これらの農家の主たる収入源は兼業収入と年金収入である。農家全体で見ると、多数のコメ農家の存在を反映して、２００３年当時で農業所得に比べ兼業所得（農外所得）は４倍、年金収入は2倍である。これらは、ＪＡバンクの口座に預金された。

また、地価高騰による宅地などへの巨額の農地転用利益もＪＡバンクに預金された。農地面積

図表1-2　農家の所得内訳の推移

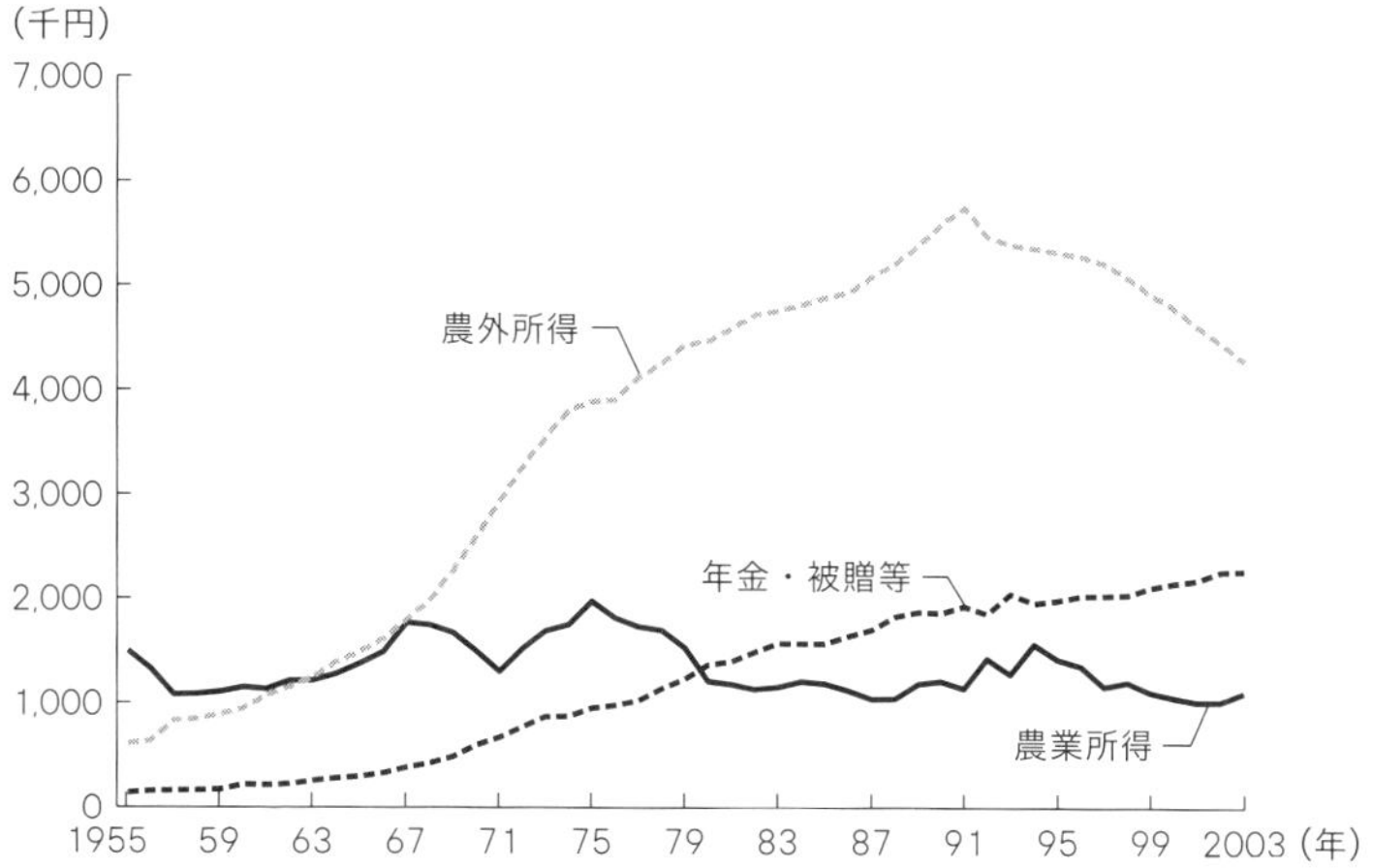

注：国民経済計算のGDPデフレータを用いて2005年基準の実質値とした
出所：農林水産省「農業経営動向統計」より作成

は1961年に609万ヘクタールに達し、その後の公共事業などで約160万ヘクタールを新たに造成した。770万ヘクタールほどあるはずなのに、427万ヘクタールしかない。食料安全保障に最も重要なものは農地資源である。日本国民は、造成した面積の倍以上、現在の水田面積232万ヘクタールを凌駕する340万ヘクタールを、半分は転用、半分は耕作放棄で喪失した。160万ヘクタールを転用したとすれば、農家は少なくとも200兆円を超える転用利益を得たことになる。

JAは、急増した預金量を農業や関連産業への融資では運用しきれなくなった。このため、JAは、農協だけに認められた准組合員制度を活用して農家以外の人を組合に積極的に勧誘し、他の都市銀行に先んじて住宅ローンなどの個人融資を開始した。いまや准組合

図表1-3　総農家戸数とJA組合員数の推移

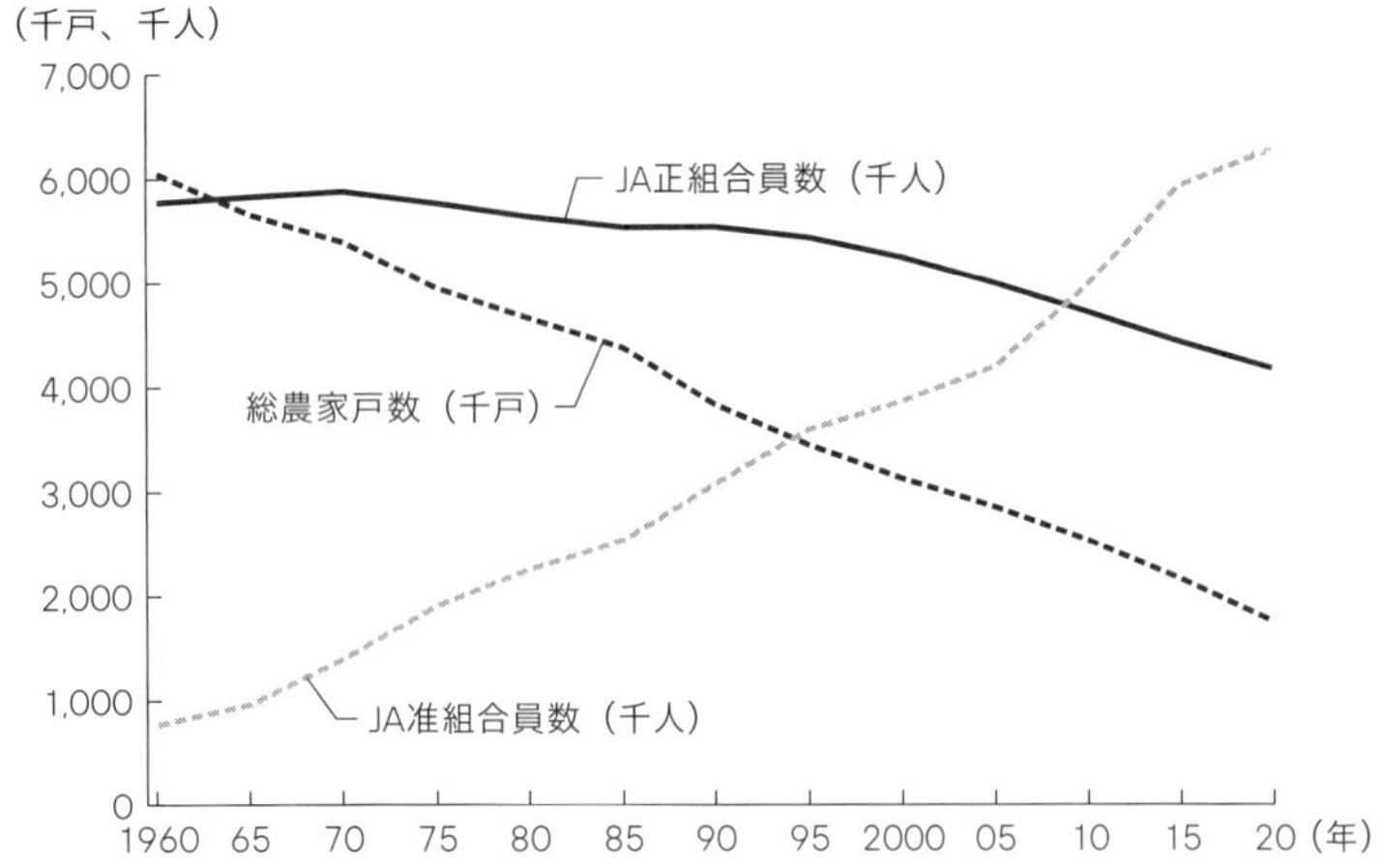

出所：総農家戸数は「農林業センサス」より、JA組合員数は「総合農協統計表」より筆者作成

員は634万人で農家組合員の1・6倍に達する。また、准組合員はローンや共済を利用するだけでなく、預金もしてくれるので、さらに預金額は増える。農家組合員もすでに農業をやめているものが半数ほどを占める。JAは農家以外の組合員が多い〝農業〟協同組合となった。少し前のキャッチコピーは〝マチのみんなのJAバンク〟だった。「ムラのみんな」ではないのである。

図表1－4は、農業産出額とJAバンクの貯金総額の推移である。1960年頃は、JAバンクの貯金額が農業産出額を下回っていたが、1970年頃から逆転し、今では10倍以上もの開きがある。JAが農業に融資したくても、貯金額に比べて農業の規模はあまりに小さい。さらに、農業には、政府系の日本政策金融公庫による長期低利の制度資金がある。また、大きな農業法人のメインバンクは地銀となっている。

図表1-4　農業産出額、JA貯金平均残高の推移

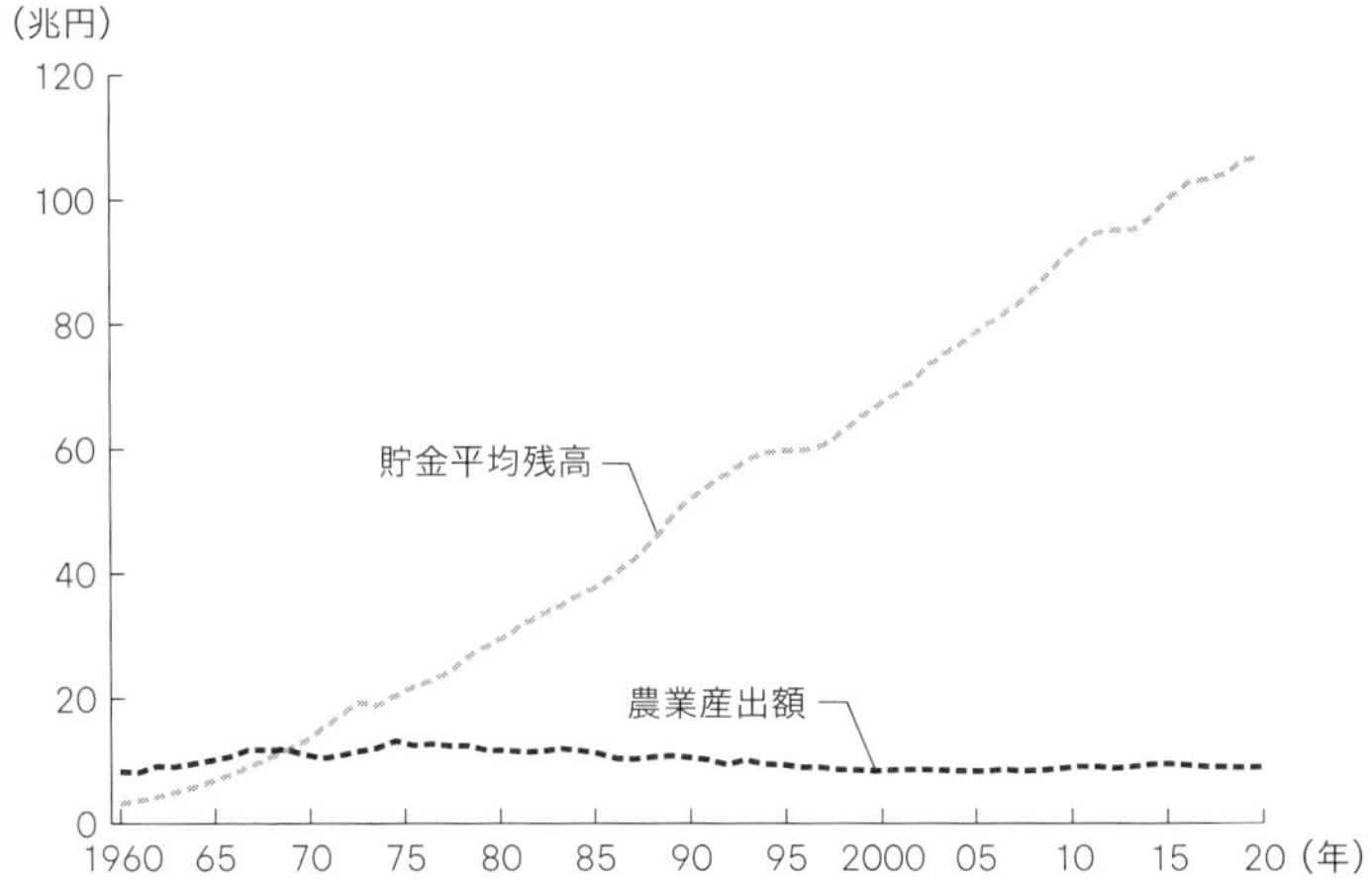

注：1998年・1988年以前は「1998年度国民経済計算（1990年基準・68SNA）」に、1999年・1999年以降は「2024年1-3月期2次速報値2015年基準」に基づく
出所：農林水産省「総合農協統計表」、「生産農業所得統計」より作成

ＪＡバンクの農業融資は、これらの金融機関と競合する。このため、ＪＡバンク全体の農業への融資は貯金総額の１％程度に過ぎない。

現在ＪＡバンクの貯金量は１０９兆円に上る。以前から、ＪＡバンクの貯貸率（預金に対する貸し出しの比率）は３割程度であり、他の銀行に比べて著しく低いことが指摘されてきた。ＪＡは、准組合員向けの住宅ローンや自動車ローン、農家が農地転用した土地に建設するアパート建設資金への融資などで努力しているが、30兆～40兆円程度しか融資できない。

この結果、融資できていない60兆円超の運用を任せられた農林中金は、日本有数の機関投資家として海外有価証券市場で大きな利益を上げ、預金集めの見返りとして傘下のＪＡに毎年３０００億円の利益を還元してきた。２０２４年、ＪＡが簡単に１・３兆円の資本

図表1-5　JAバンクの貸し出しの内訳(2011年)

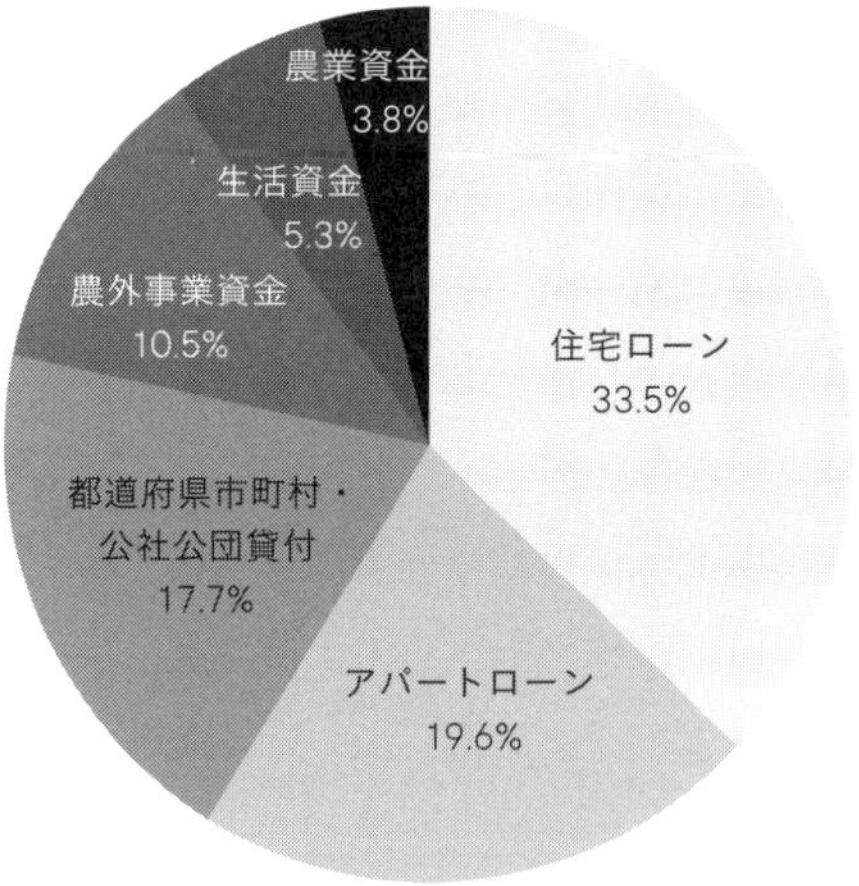

注：対象農協は329組合
出所：農林中金総合研究所「農協信用事業動向調査」

増強に応じるのも、今までの受益の蓄積があるからだ。逆に、JAに利益を還元するためには、国内ではなく収益の高い海外で運用するしかなかった。しかし、農林中金の2025年3月期の最終赤字額が、2024年にFRB（米連邦準備制度理事会）がインフレ抑制のため金利をなかなか引き下げず債券価格が低下したことに伴う外国債券の損失処理により1兆5000億円規模に拡大する見通しとなり、今までどおりの資産運用はできなくなっている。

　2022年のJAの収益は、信用（銀行）事業で2425億円、共済（保険）事業で1160億円の黒字、これに対して、農業関係事業は1223億円、生活・その他事業は229億円の赤字である。JAの農業関係事業は零細な組合員のために農業資材を供給したりするので非効率でコスト高なものにならざるを得ない。それを金融事業から補填している。これも零細な

図表1-6　農協の部門別当期事業利益（2022年）

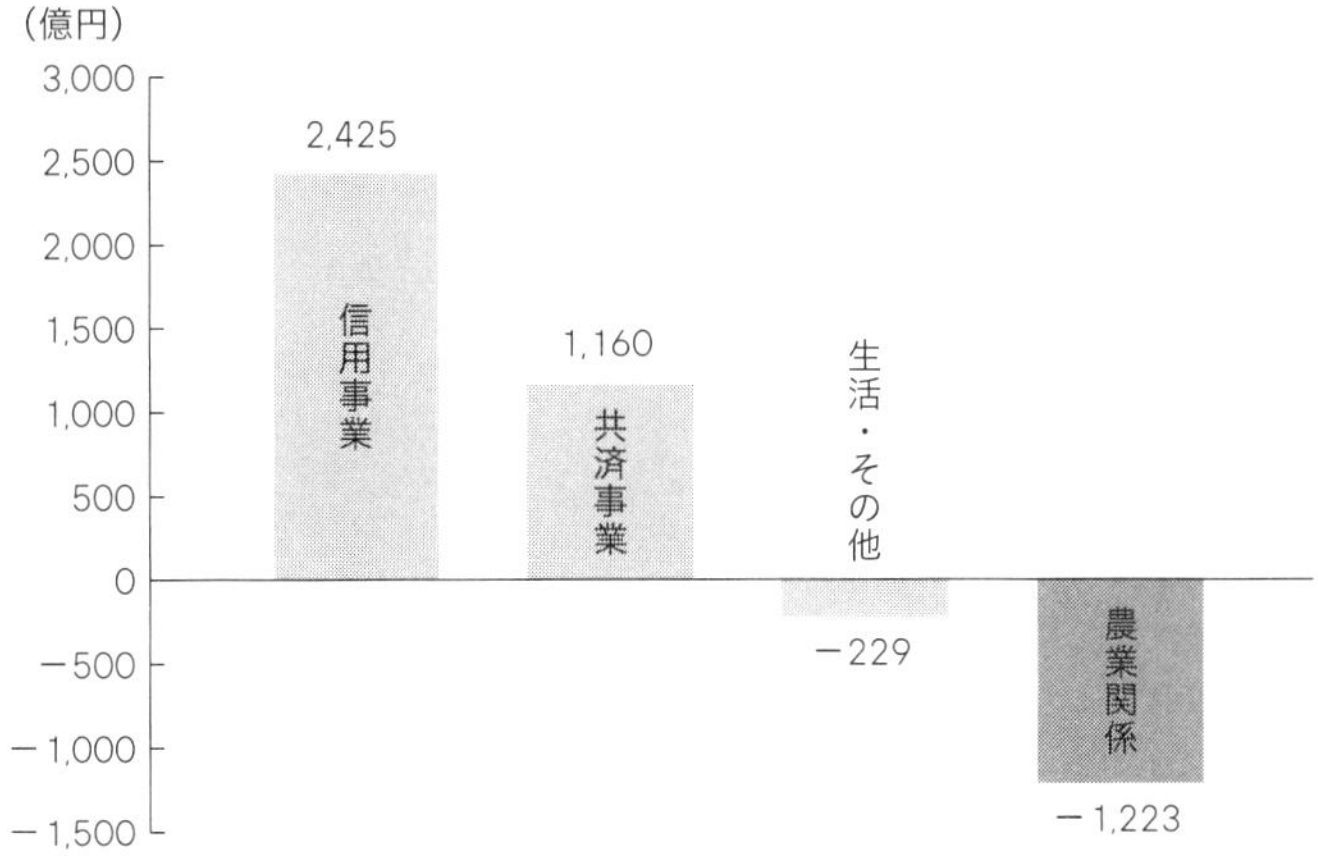

出所：農林水産省「総合農協統計表」より筆者作成

農家組合員の維持につながり、JAの金融事業の基盤になっている。

別の見方をすれば、大手商社も農業資材分野で活動しているにもかかわらず、JA農協が肥料で8割、農薬や農業機械で6割の圧倒的な販売シェアを維持しているのも、この補塡による効果があるからだろう。JA農協が参入して、私の郷里の葬祭業者は店をたたんでしまった。住民が葬式を出そうとするとJA農協に頼むしかない。いまやJAは地域の独占的な企業体となっている。競争者がいなくなれば、自由に独占的な価格設定を行える。しかし、表面的には、JAがなければ地域が成り立たないように見えてしまう。このような事例は全国いたるところにある。

2024年の農林中金赤字の根源には農家や農協の〝脱農業化〟がある。〝本籍〟農業のJAを支えるのは農林中金中心の金融業や不動産業である。信用事業の預金は公務員・会社員勤務などによる給与所得と農地転用利益から成り立ち、その運用先は准組合員の住宅ローンと元農家のアパート建設資金およびウォールストリートであり、どちらも農業とは関係ない。JA農協は、農業と縁の薄い〝農業〟協同組合となった。米価を上げたことと農協に認められた万能の権限が、農協を〝脱農業〟で発展させた。

JA農協の信用事業の利益は、農林中金による利益還元のおかげで生まれている。しかし、共済事業の自爆営業も、農林中金のマネーゲームも、持続可能（サステナブル）ではない。これらが縮小・消滅していくと、JA農協は倒産・崩壊の危機に直面する。

なぜ、日本の農政は価格支持にこだわるのか

私は「欧米では農業保護のやり方を高い価格ではなく財政からの直接支払いという方法に転換したのに、なぜ日本ではできないのですか？」という質問をよく受ける。農家にとっては、価格でも直接支払いでも、収入には変わらない。なぜ、日本の農政は価格に固執するのか？　欧米になくて、日本にあるものがあるからである。JA農協である。

JA農協と同じく、アメリカにもEUにも農家の利益を代弁する政治団体はある。しかし、これらの団体とJA農協が決定的に違うのは、JA農協それ自体が経済活動も行っていることである。このような組織に政治活動を行わせれば、農家の利益より自らの経済活動の利益を実現しようとする。その手段として使われたのが、高米価・減反政策である。

米価を下げても主業農家に直接支払いをすれば、主業農家だけでなくこれに農地を貸して地代収入を得る兼業農家も利益を得る。しかし、直接支払いが交付されない農協は利益を受けない。価格低下で販売手数料収入は減少するし、零細兼業農家が農業をやめて組合員でなくなれば、ＪＡバンクの貯金も減少する。

構造改革とは選別政策である。規模拡大による構造改革をすれば農村は所得が向上し救済されるが、農家戸数が減少するので農協は政治的にも基盤を失う。こうしてＪＡ農協は構造改革に反対してきた。

ＪＡ農協が持つさまざまな特権

最後に、他の事業体に与えられていないＪＡ農協のさまざまな特権のうち主なものを整理すると次のとおりである。

1 銀行事業と他事業の兼業が認められた日本唯一の法人。
2 銀行事業のほか生命保険も損害保険も兼業できる。
3 法人税は中小企業並みの軽減税率、固定資産税（事業所や倉庫）は非課税、法人事業税にも優遇措置。
4 員外利用も、農協だけの准組合員制度も、認められている。

5 地域の農協だけでなく全農も独禁法の適用除外となっている。このため、大手商社もしのぐガリバー企業体（市場シェア：肥料8割、農薬、農業機械6割）であるＪＡグループは、全農を含め、商社はできないカルテルを形成できる。ＪＡ農協には准組合員がいるので本来独禁法の適用除外とはならないはずなのに、農協法第8条により救済されている。

6 中小農家の組織として、補助金や低利融資を受給。これによるコメの乾燥・貯蔵施設など共同利用施設については不動産所得税、固定資産税、事業所税の軽減措置がある。

これらの特権は中小の農家の連合体であるからという理由で与えられたものであるが、大手商社も太刀打ちできない全農にも認められている。

第 2 章

誰のための
食料安全保障か

――食料・農業・農村基本法改正で
危機に対応できるのか

1999年に制定された食料・農業・農村基本法（以下「新基本法」という）は、農政の基本理念や政策の方向性として⑴食料の安定供給の確保、⑵農業の有する多面的機能の発揮、⑶農業の持続的な発展、⑷その基盤としての農村の振興を掲げた。2024年、食料危機が高まっているとして、農林水産省は新基本法を改正し、食料・農業・農村政策の基本理念に〝食料安全保障の確保〟を特記した（同法第1条）。「食料の安定供給」という表現を「食料安全保障」に変え、これを第1条の目的規定に明記したのである。それは、食料安全保障に役立つものだろうか？　農林水産省をはじめとする農政トライアングルの真意は何なのだろうか？　ファクト・チェックをしよう。

1 農業構造改革の挫折――1961年農業基本法の命運

構造改革を目指した農政官僚

まず、これを説明するために、戦後から今回の新基本法見直しまでの農政の流れを振り返ってみよう。

戦前の農家が貧しかったのは、収穫したコメの半分を現物で地主に小作料として納めさせられたことと、「三反百姓」（反は10アールで1000平方メートル）という言葉があるように耕作規模が零細だったためである。農地改革は、戦前から小作人解放のために努力した農林官僚の執念が実現したものだった。戦後の経済改革の中で、農地改革だけは唯一日本政府の発案によるものである。

しかし、これによって自作農＝小地主が多数発生し、零細農業構造が固定されてしまった。農家の規模が小さければ、農業によって生計を立てることはできない。農家は貧困から抜け出せない。

農政官僚たちは、農地改革の後に零細な農業構造改善のために〝農業改革〟を行おうとしていた。1948年の農林省「農業政策の大綱」は「今において農業が将来国際競争に堪えるため必要な生産力向上の基本条件を整備することを怠るならば、わが国農業の前途は救いがたい困難に陥るであろう」と述べている。この時、すでに国際競争が意識されていたことは注目に値する。

当初、農地改革に関心を示さなかったマッカーサーのGHQは、その政治的な重要性に気付く。終戦直後、小作人の解放を唱え、燎原の火のように燃え盛った農村の社会主義・共産主義勢力は、農地改革によって小地主となった旧小作人が保守化したため、急速にしぼんでいった。これを見たGHQは、保守化した農村を共産主義からの防波堤にしようとして、農地法（1952年）の制定を農林省に命じた。農業改革に進みたいとする農林省は、零細農業構造の固定になるとして抵抗したが、押し切られた。農地法が目的としたのは、〝自作農〟という農地改革の成果を固定することだった。農地法は、小農固定による強力な防共政策であり、保守党の政治基盤を築いた。

経済活動も政治活動も行うＪＡ農協の発足

この保守化した農村を組織し、自民党を支持したのが、戦後作られたＪＡ農協だった。農協が原則とする〝一人一票制〟（大きな農家も小さな農家も投票権は一票）は、農家規模が均等になった農地改革後の農村を組織化するのに適していた。戦後の食糧難時代、政府は貧しい消費者にも豊かな消費者にも均一にコメを割り当てる配給制度を実施していた。しかし、農家は価格の良いヤミ市場にコメを販売してしまうので、政府にコメが集まらない。このため、農林省は１９４８年、戦時中の統制団体だった「農業会」を食糧の供出団体として活用するため、農業協同組合に改組した。農協には、他の法人には禁止されている銀行業務と他の業務の兼業が認められ、これが農協発展の基礎となった。それればかりではない。戦前、政治活動を行っていた「農会」と経済活動を行っていた「産業組合」（協同組合）を統合した統制団体、農業会を引き継いだ農協は、経済活動を行うとともに政治活動も行う団体となった。ここに、戦後の日本政治を規定する最大の圧力団体が出現したのである。

日本医師会も圧力団体だが、それ自体が経済活動を行うわけではない。戦前の農業団体も、欧米の農業の政治団体も同じである。しかし、ＪＡ農協は政治活動に加え経済活動も行う。したがって、その政治運動は、農家の利益というより自己の組織の利益を考慮したものになる。高米価で滞留した兼業農家は、その給与所得などをＪＡバンクに預金し、ＪＡバンクは預金量１００兆円を超える日本有数のメガバンクに発展した。ＪＡ農協が高米価・減反政策を推進する理由はここにある。

規模拡大と生産性向上を狙った小倉武一と農業基本法

1961年の農業基本法も今回の新基本法見直しも、ヨーロッパの立法に影響を受けている。歴史は繰り返す。

1950年代になり、農産物の国際需給が緩和し、外貨事情も好転すると、効率を無視して食料を増産する必要性が乏しくなった。農業予算額も一般会計に占める農業予算のシェアも縮小し（1953年度の1500億円、14・6%から1955年度800億円、7・9%へ）、米価も頭打ちとなった。1960年頃になると食料増産が達成され（コメの生産量は、1945年587万トン、1946年921万トンから1960年1286万トンに増加）、農村地域出身の国会議員は、農業関係の予算がさらに縮小されるのではないかという危機感を持つようになった。

西ドイツで基本法が作られ農業予算が増額されたことを知った農業関係議員は、基本法制定を政府に要求した。農業予算増額という政治的な動機も、今回の新基本法見直しと共通する。

今回はフランスの立法に着目し〝適正な価格形成〟を実現すべきだと要求されている。適正な価格形成とは、石油、飼料、肥料、農薬などの農業資材などの価格が上昇するなら、それを価格に転嫁しようというものである。コストが上がれば価格も引き上げるべきだという生産者保護の主張である。食料安全保障という基本理念と関連付けるのなら、食料安全保障のためには、農家の所得を補償できる価格で国内の農業生産を維持しなければならないと言うのだろう。これは、農業界の常套文句である。

しかし、所得補償は価格だけでなく直接支払いでもコストダウンでも実現できる。コメ生産の維持のために高米価が必要だと言うが、その手段として減反＝コメ生産の減少を行うのは矛盾していないだろうか？　農政トライアングルは、看板に〝コメ農業維持〟を掲げながら〝コメ殺し〟を実践しているのである。

前回との違いは農政当局の対応だ。今回は農政トライアングルの利益が見え隠れするが、農業基本法の際には、自民党農林族議員やＪＡ農協という連合勢力と農林省との間には協力というより緊張関係があった。農業票が欲しい自民党農林族議員や農家を丸抱えしたいＪＡ農協と、農家戸数を減らして規模拡大・構造改革を進めたい農林省では、大きな思想の対立があった。

農業基本法の検討が始まる前の１９５７年の『農林白書』は、日本農業の赤信号として、①農業所得の低さ、②食糧供給力の低さ、③国際競争力の弱さ、④兼業化の進行、⑤農業就業構造の劣弱化を挙げ、「農業の生産性の向上を基礎としないかぎり、将来に明るい展望はない」と結んだ。農業関係議員は農業予算の減少を懸念したが、農林省は日本農業の生産性の低さを懸念した。

農業基本法の検討に当たっては、既得権や政治的な圧力に囚われず、農林省内で農業振興のために真剣な議論が行われた。農業予算を増やしたいという政治的な思惑や背景に多くの役人が尻込みするなかで、後に政府税調会長を16年も務める小倉武一（１９１０〜２００２年）が担当に名乗りを上げた。農林省内では、〝小倉学校〟と言われるほど、職員が研究を重ね活発な議論を交わした。小倉はフランス語に堪能で後に次官となる後藤康夫を連れてパリに長期間滞在し、フランスの基本法を研究した。

ケインズと並ぶ経済学者シュンペーターの高弟、東畑精一東京大学教授（1899〜1983年）を会長とする農林漁業基本問題調査会でも、小倉らを交えて真剣に議論された。なお、東畑精一は、ノーベル経済学賞候補に挙げられた宇沢弘文東京大学教授（1928〜2014年）が尊敬した農業経済学者であり、本書の中でも、その本質を突く鋭い分析を引用させていただく。

戦後工業生産が大きく減少するなかで、工業に比べて落ち込みが激しくなかった農業に対する課税によって経済復興が推進された。しかし、経済、なかでも工業が復興するにつれ、1960年頃には農業所得が工場勤労者の所得を下回るようになっていた。このため、農林省は、〝農工間の所得格差是正〟を農業基本法の目的に掲げ、農業だけで他産業並みの所得を達成できる〝自立経営農家〟を育成しようとした。所得は、価格に生産量を乗じた売上高からコストを引いたものである。価格または生産量を上げるかコストを下げれば所得は増える。

人為的に価格を上げれば、貧しい人は食料を買えなくなる。市場を歪曲し過剰が生じるので、その処理に財政負担が必要となる。国民や消費者に迷惑をかけない方法は、価格を上げるのではなくコストを下げることである。コメについては農家規模を拡大してコストを削減すればよい。そのためには、先輩の農政学者・柳田國男が主張したように、他の農業や産業への就労などで農家戸数を減少させなければならない。経済発展の過程で、多くの農家が工場などに勤務するため農村を離れていくだろうと考えられた。また、農業内部でも、コメから需要拡大が予想される畜産や果樹への転換を提案した。これは〝選択的拡大〟と呼ばれた。これらによって、コメ農家の戸数を減少させて、その規模を拡大しようとしたのである。

農工間の所得格差是正も、生産者の視点に立った発想だと言えなくもない。しかし、農業基本法は規模拡大や生産性向上によってコストを下げることで農家の所得向上を実現しようとした。コスト上昇をそのまま価格に反映しようとする今回の適正な価格形成論とは逆の方向の政策である。

農産物価格を上げて農家所得を増加することは貧しい国民を苦しめるので、柳田國男たちが否定したことだった。柳田の後輩で『貧乏物語』の著者として有名な河上肇（1879〜1946年）は、「一国の農産物価格を人為的に騰貴せしめ、之によりて農民の衰頽を防がんとするが如きは、最も不健全なる思想」（河上〔1905〕181ページ参照）と主張した。なお、前述の宇沢弘文は、河上肇の著作を読んで数学から経済学に専攻を変えている。

与野党の国会議員たちによる反対

しかし、このような農業基本法は与野党の国会議員たちの考えていたものとは異なっていた。彼らは、農業の発展よりも、農業保護・予算の確保に関心があった。最大野党の社会党は、農家戸数を減ずることに対し〝貧農切り捨て反対〟というイデオロギー的な主張を行い、基本法に反対した。貧農を救うための構造改革論が貧農を理由にして否定されたのだ。組合員を丸抱えしたいＪＡ農協も、基本法の構造改革を農家の〝選別政策〟だと非難した。

農林省は孤立した。高度成長で労賃が上昇するなかで、農協は「米価は農民の春闘（労賃引き上げ）だ」と叫び、生産者米価引き上げの大政治運動を展開した。規模を拡大してコストを下げて所得を上げるという間接的な方法より、米価を上げたほうが手っ取り早く所得を上げられる。政治家も票田を意識して支援した。自民党やＪＡ農協の政治力に押され、農政は構造改革ではなく食糧管理制度を利用した生産者米価引き上げに走った。同時に、都市との格差是正のため、１９６２年に新産業都市建設促進法が制定され、地方に工場が積極的に誘致された結果、農家は農村に居ながら工場に勤務できるようになった。

これらが零細兼業農家にコメ作りを継続させた。農業には、「経営耕地面積が30ａ未満かつ農産物販売金額が50万円未満」と定義される自給的農家が多数存在する。自給的農家のほとんどはコメ農家で、作ったコメを家庭で食べたり、親類や友人などに縁故米として譲渡したりするものが多い。総農家戸数１７４万７０００戸のうち自給的農家は71万９０００戸で41％も占めている（２０２０年）。

自給的農家が多数を占めるのはなぜか？　１俵当たりコストが１万５０００円で生産者米価が５０００円だとすると、コメを作れば１万円の赤字となる。コメを作らなければ、２０００円の地代を得て町で小売価格８０００円のコメを買うと、６０００円の支出（赤字）で済む。コメを作らないほうが得だ。ここで生産者米価が１万円に引き上げられると、コメ作りの赤字は５０００円に縮小する。町の小売価格も１万３０００円に上がる。コメ作りをやめて２０００円の地代を得ても、町でコメを買うと1万1000円の支出（赤字）になる。自分でコメを作ったほうが赤字は少ない。零細農家が赤字でもコメ作りをやめないのは高米価のためである。よくある農業界の主張のように、「これらの農家は低米価で肥料や農薬代などのコストを賄えないのに、あえて国民のためにコメを作っている」のではない。経済合理的に考え、米価が高いからコメを作っているのである。さらにコメ農業の赤字を損金算入して給与所得者として納付した税の還付を受ければ、ここでも利益が出る。

さらに、機械化の進展で米作への投下労働時間が大幅に減少し、工場勤務者などの週末労働だけでコメは簡単に作られるようになった。こうして、農村に零細な兼業農家が大量に滞留してしまい、主業農家の規模拡大は実現しなかった。

米価が市場に任せられていれば、他の農業と同様に零細な農家は農業をやめて、農地を主業農家に貸し出し、地代所得を得ようとするはずだった。米価引き上げは、兼業農家の滞留、コメ消費の減退、コメ過剰による減反の実施をもたらし、コメ農業を衰退させた。

1965年以降、農業以外の給与所得と農業所得を合わせた農家所得は、勤労者世帯を上回るようになった。しかも、農家所得のほとんどは給与所得となった。農工間の所得格差是正は、農業の構造改革ではなく、農家の兼業化（給与所得）によって実現した。この兼業収入はJAバンクの口座に振り込まれ、JAバンクは日本有数の預金量を持つメガバンクに発展した。

農業基本法による零細農業構造の改善には、工業の発展に伴い農家は都市へ流出し、農家戸数が減少していくだろうという見込みがあった。しかし、農村が工業化され、農家は農村を離れな

図表2-1　零細農家が赤字でもコメを作る理由

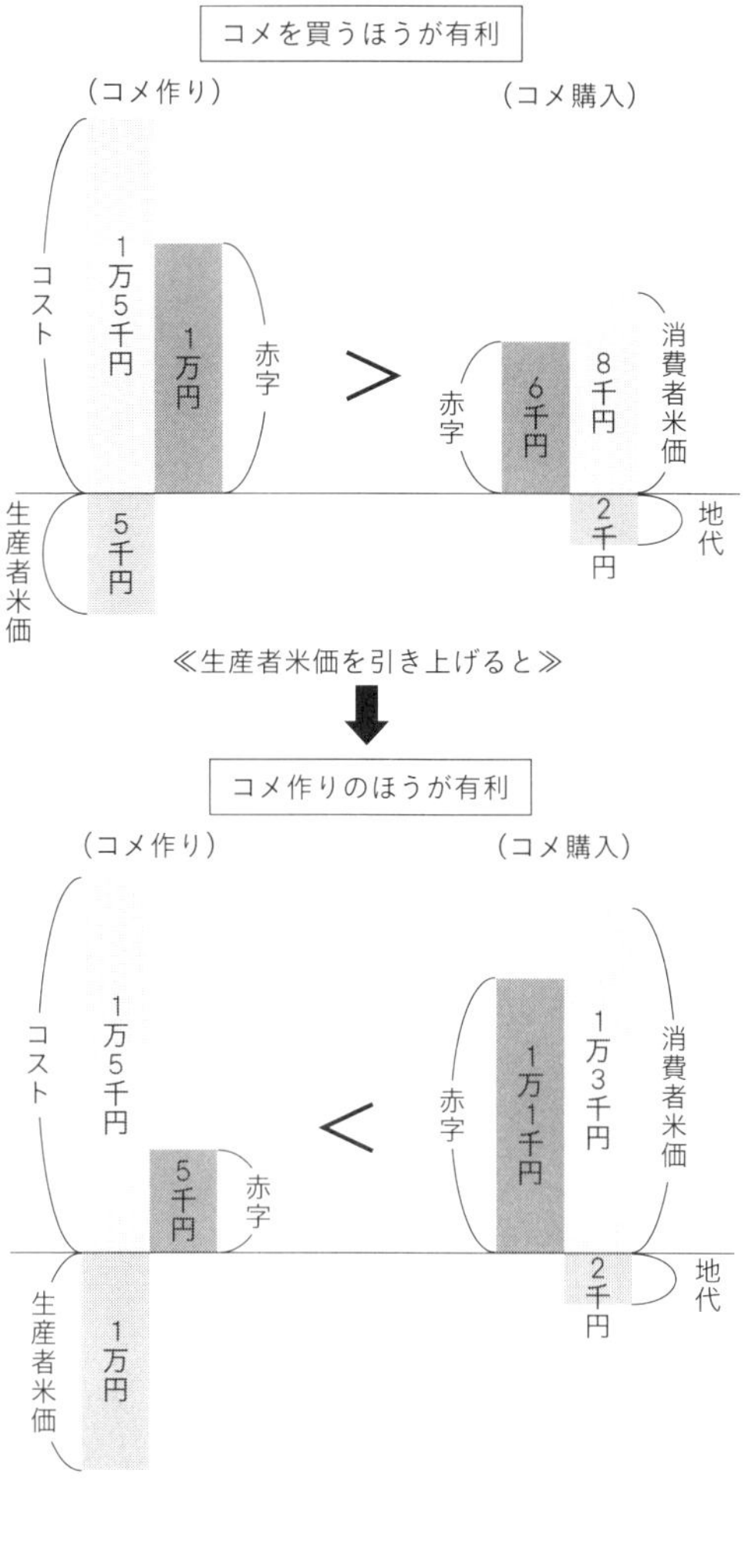

出所：筆者作成

かった。さらに、日本ではフランスのような厳格な土地利用規制（ゾーニング）がないため、容易に宅地などに転用できる。これで農地価格が宅地や工場用地の価格と連動して上昇した。農地価格は農業の収益還元価格を大幅に上回るようになり、農地の売買による規模拡大も困難となった。他方で、農地法は、戦前の小作人の地位改善という観点から、賃借（小作）権を強く保護したので、所有者は貸したら返してもらえないと思い、賃借による規模拡大も進まなかった。高米価政策と農地制度が農業の構造改革を阻んだ。

農林省自体も農業基本法を無視

農業基本法は、制定後10年も経たないうちに、農林省からも顧みられなくなった。1977年入省の私も、仕事で農業基本法を読んだことも参考にしたこともなかった。零細農業構造を改善して規模を拡大しようとすると、農家戸数を減少させなければならない。そうなると農業の政治力が低下して、農業予算を獲得できなくなるし天下りもできなくなると考える人たちが、農林省内に出現するようになった。彼らは、農家戸数を減らしたくないという点で同じ利益を共有する自民党農林族議員やJA農協にすり寄った。農政トライアングルの芽生えだった。

経済学者の大内力東京大学教授（1918－2009年）は、基本法農政を次のように総括している。

「基本法そのもの、ないしその制定時に背後におかれていた諸構想や見通しにも問題のあったことは事実であるが、それよりもその後のさまざまの現実の事情におされて、現実の政策が基本法の理念を貫いていくことができなかった―あるいは当事者がそういう努力をまじめにしなかったということが、はるかに大きな責任を負っている。（中略）こうした立法と現実の行政との齟齬という問題は、基本法に特有のことではない。（中略）ただ基本法の場合、それがきわめて大掛かりな準備のうえに雄大な構想をもって組み立てられたものであっただけに、また他方でその制定後の現実の事態の変動がきわめて急激でありかつ根本的であっただけに、この齟齬がいちじるしく目立つのである」。

（大内（1992）179〜180ページ）

現実の農政は基本法の理念を真面目に実現しようとしなかったと残念がっているのだ。当時の米価引き上げの延長線上に今回の適正な価格形成論がある。自民党の〝農政復古〟と言ってよい。

米価引き上げで1960年代後半からコメが過剰となり、3兆円もかけて過剰米をエサや援助用などに処理するとともに、1970年からは減反政策を本格的に実施するようになった。

減反は単なるコメ減らしではなく、コメから他の作物へ転作することに対して補助金を払うことで食料自給率を高めるのだと主張された。しかし、麦や大豆へ転作するには新しい機械や技術が必要である。週末しか農業をしない兼業農家はこのような対応はできないので、転作補助金をもらうため、麦などの種まきをするだけで収穫しない〝捨て作り〟という対応をした。50年以上も10兆円もの転作補助金を出しているのに、食料自給率は上がるどころか低下している。

それだけではない。小麦の国産自給率は10〜15%程度で低いからという理由で農林水産省は麦作振興を進めてきた。しかし、国産小麦はうどんにしか向かない品質的に問題の多いものである。パンやスパゲティには向かない。うどん用としても、品種改良に努力しなかったので、讃岐うどんの原料小麦はオーストラリア産のASWという小麦に置き換わってしまった。

自動車にも需要の高い車とそうでない車があるように、小麦と言ってもさまざまな種類のものがある。製粉企業は品質面で劣る国産小麦を引き取ろうとしなかった。小麦全体では輸入するほど不足していても、国産小麦は過剰だった。私が入省した当時の食糧庁総務部長は、「生産担当部局が転作推進と言うが、何を農家に作らせるのか?」と私につぶやいた。麦の流通を所管する食糧庁としては、売れないものを作ってもらっては困るのだった。

まともに転作しようとすれば、野菜や果樹を作るしかなかったが、コメ農家がこれらの作物を作ることは麦以上に難しかった。また、これらはカロリーが少ないので、カロリーベースの食料自給率向上には貢献しなかった。

2 1999年新基本法と2024年の見直しの問題点

改めて農業の構造改革を目指す

国際価格よりも高い国内価格で農家を保護しようとする農政は、安い輸入農産物から国産農産物を守るために輸入数量制限や高い関税を必要とする。このような農政は、1980～1990年代の日米交渉やガット・ウルグアイ・ラウンド交渉などに対応できなかった。

極めつけが、コメの輸入制限の関税化を避けるための代償として、毎年77万トンの輸入を義務付けられたコメのミニマム・アクセスだ。毎年多額の財政損失を出しながら輸入を続けている。2022年度の損失額は674億円、これまでの累計損失額は6033億円に上る。しかも、今後も納税者の負担は続く。これは、農業の振興にも、何の役にも立たない無駄金である。高い国内価格を維持しようとした後始末を国民納税者が負担しているのである。

この苦い経験から、今後は構造改革を行い農産物のコストを削減しなければ農業は守れないと考えられた。このような視点に立って、農業基本法に代わり1999年に食料・農業・農村基本法（新基本法）が作られた。

新基本法が理念として掲げたのは、農家所得の向上ではなく、食料安全保障と多面的機能であ

図表2-2　コメのミニマム・アクセスによる各年の財政負担および累計損失

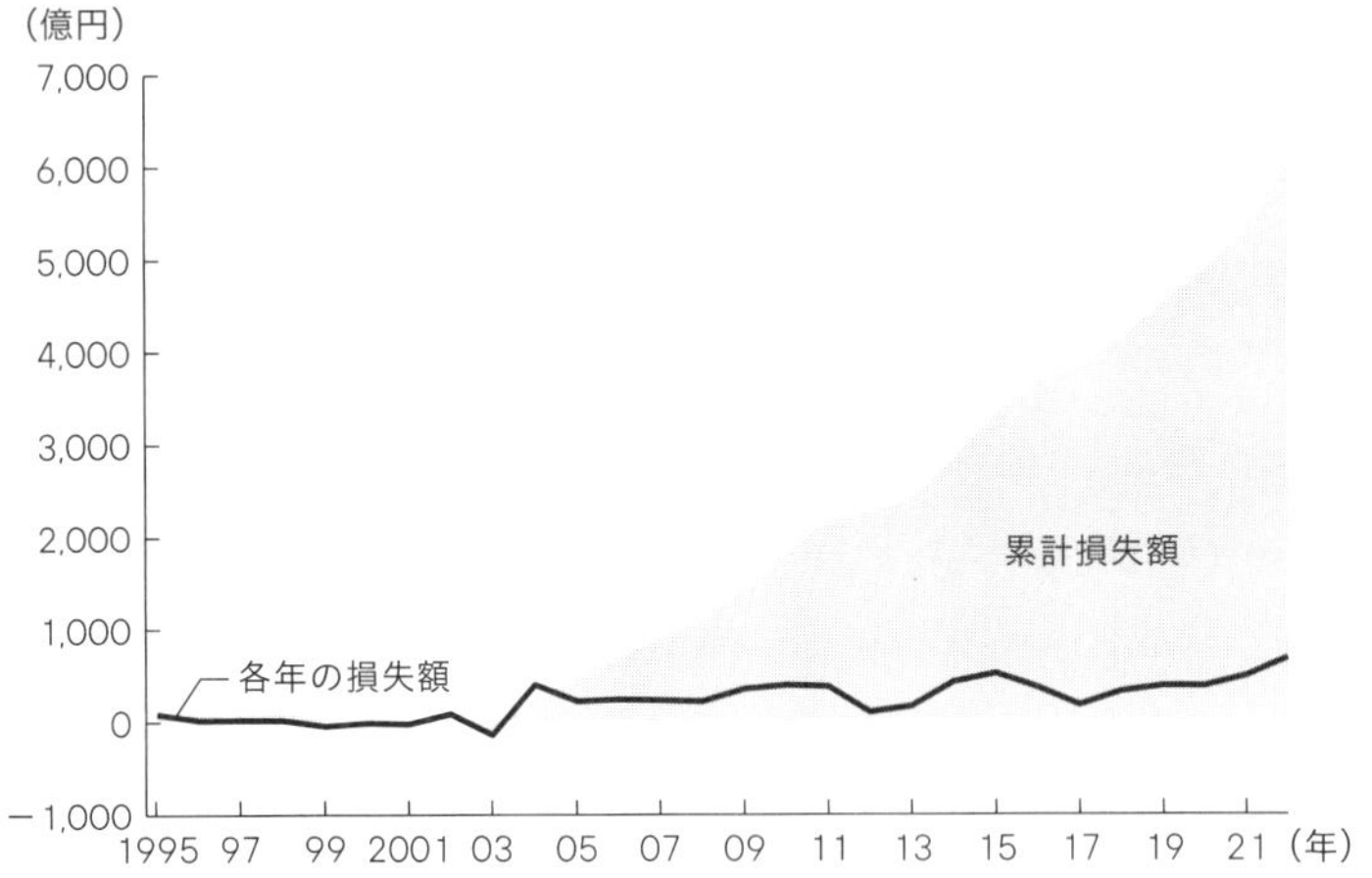

出所：農林水産省「米をめぐる状況について」より筆者作成

る。すでに農家所得は向上しているからであり、これは政策目的となり得ない。今でも農林族議員やＪＡ農協が好んで使う「農家所得の向上」という字句は、新基本法にはない。農業構造については、「国は、効率的かつ安定的な農業経営を育成し、これらの農業経営が農業生産の相当部分を担う農業構造を確立するため、（中略）農業経営の規模の拡大その他農業経営基盤の強化の促進に必要な施策を講ずるものとする」（第21条、改正後第26条）とし、コストダウンによる農産物自由化への対応を強く意識したものとなった。

再び高価格支持、農家保護に転じる

ところが、農業の国際環境は変化した。通商交渉の面では、ＴＰＰ交渉で関税撤廃の恐怖にかられたのに、米麦などの関税を維持できた。貿易自由化に反対するインドなどの力が増して、WTOドーハ・ラウンド交渉は頓挫し、WTO（世界貿易機関）は機能不全に陥っている。高関税が維持できるなら価格を上げてもよい。また、穀物の国際需給を見ると、ロシアのウクライナ侵攻で小麦などの価格は上昇した。少しくらいの価格上昇は国民に許されると農業界は考えた。

今回（2024年）の見直しのコアは〝適正な価格形成〟である。農業界の本音を端的に言うと、価格の引き上げである。甘い主張は農家票の獲得につながる。農産物の価格を上げる前に、努力してコストの上昇を抑えようとする発想はない。「貿易自由化は遠のいた。苦労して構造改革などしなくてもよい」と考えるようになったのだ。

農林水産省内で、またもJA農協、農林族議員に呼応するアンチ構造改革の守旧派が復活した。農林水産省の守旧派は、貿易自由化に対応するため農業の構造改革を強調した1999年の新基本法の考え方を放棄し、1960年代から1980年代にかけて実施された高い価格支持による農家保護、担い手の育成ではなく農家丸抱えという政策に、時計の針を戻そうとしている。

すでに守旧派は、新基本法に基づき閣議決定された2020年の食料・農業・農村基本計画で、「経営規模や家族・法人など経営形態の別にかかわらず、担い手の育成・確保を進める」と方向転換していた。さらに、今回の新基本法見直しでは、「効率的かつ安定的な農業経営を営む者」に加え「それ以外の多様な農業者により農業生産活動が行われる」と規定した（第26条第2項）。小さくて効率の悪い農家、農業への依存が少ない兼業農家などを含め、すべての農家が担い手だと言うのだ。これは新基本法の理念の変更である。これは、大規模農家育成を軸とした新基本法か

図表2-3　農業総産出額と従業者数の推移

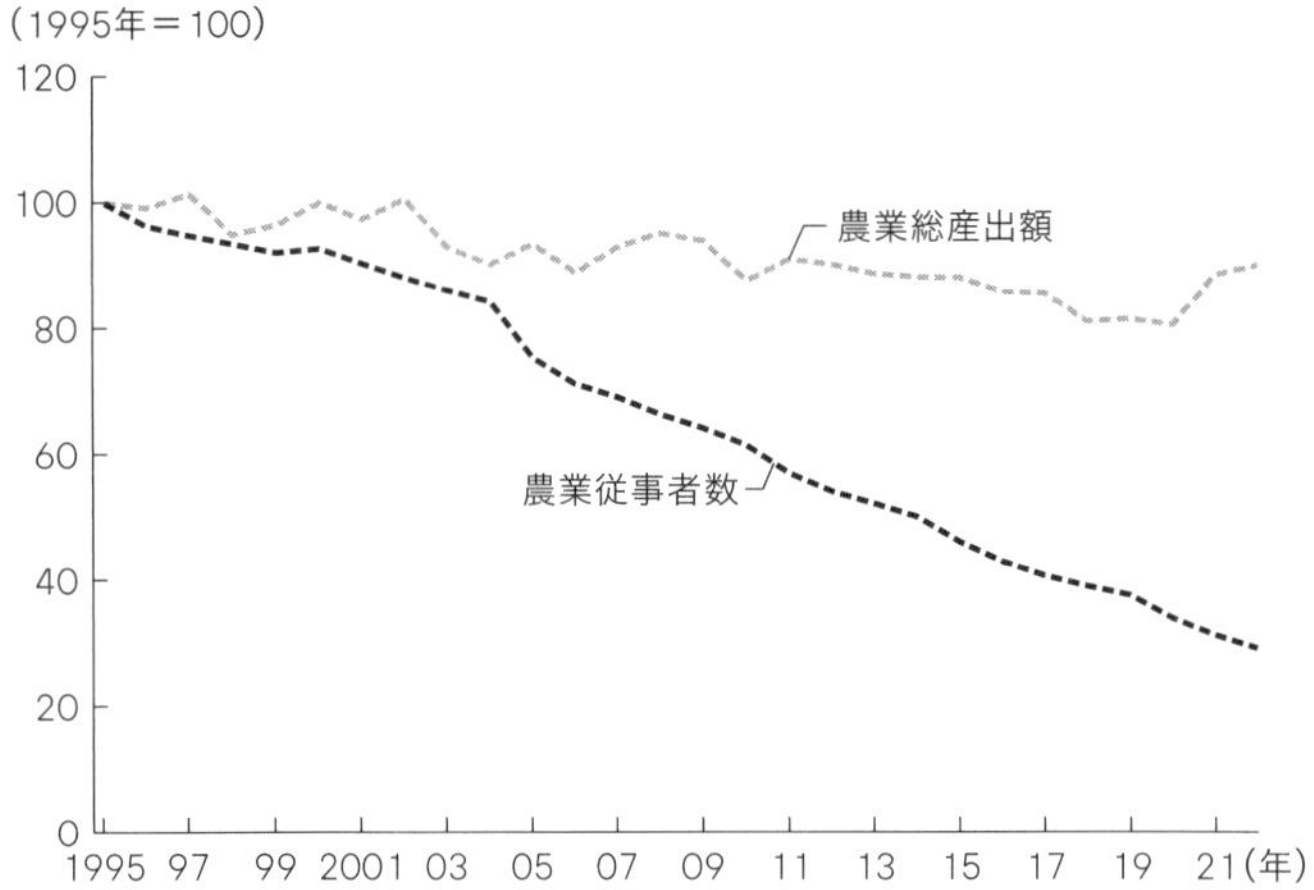

出所：農業総産出額は農林水産省「生産農業所得統計」、農業従事者数は農林水産省「農林業センサス」「農業構造動態調査」

ら大きく舵を切ったとして、ＪＡ農協や守旧的な農業経済学者を中心とした農業界から高く評価されている。

人手不足を指摘される野菜や果物など労働を多く使用する農業と異なり、米麦などの土地利用型農業では、農家戸数が減少し、一戸当たりの規模が大きいほどコストは下がり、所得は増大する。しかし、農家戸数の減少は、ＪＡ農協や自民党農林族にとっては好ましくない。

自民党農林族議員・ＪＡ農協・農林水産省の農政トライアングルは、農業従事者や農家戸数が減少すると農業生産が減少して食料安全保障が危うくなるという主張を行うようになっている。

しかし、図表２－３が示すとおり、１９９５年から今日まで、農業従事者数は７割も減少しているのに、農業総産出額(物価変動を除いた実質値)は１割しか減少していない。この60年間で略農家戸数は40万戸から1万1900戸に減少したにもかかわらず、生乳生産は200万トンから750万トン（ピークは1996年の866万トン）に4倍弱も増加した。農家である久松達央氏によって『農家はもっと減っていい』（2022年）という優れた日本農業論が出版されている。

コメでも兼業農家が退出した後の農地は主業農家が引き受けるので、食料供給に支障はない。酪農に比べ、コメについては、まだ農家が多すぎる。これまで農林水産省は、米作農業について、担い手（主業農家や法人）への農地集積による規模拡大、これによるコストダウン、競争力の強化を掲げてきた。このためには、農家戸数が減少しなければならない。今回の見直しはこれまでの施策と矛盾している。

ただし、構造改革だけが進めばよいというものではない。コメ農家のすべてが100ヘクタール以上の規模になったとしても、食料危機の際に必要な量を供給できなければ、食料安全保障を確保したとは言えないからである。

食料安保ではなく農家所得の向上が新基本法見直しのねらい

農政トライアングルが今回の新基本法見直しの目玉とするのは、適正な価格形成（法律上第23条は「食料の価格の形成に当たり食料システムの関係者により食料の持続的な供給に要する合理的な費用が考慮される」）、わかりやすく言うと農家のための価格引き上げ、である。新基本法改正案を審議した国会の農林水産委員会では、与野党とも農業票が欲しいため、この点に議論が集中した。彼らにとって農業政策の目的は、食料安全保障の確保ではなく農家所得の向上である。

農林水産省は「生産コストが増加してもデフレにより価格を上げることができないので、適正な価格形成が必要だ」と言う。では、デフレが解消されれば、新基本法に導入した適正な価格形成の規定は削除するのか？　逆に資材や飼料の価格が低下したら、農産物価格を下げるよう農家に指示するのか？　適正な価格形成論は、食料品価格上昇に直面しているフードバンクやこども食堂に依存している人たちをさらに苦しめる。政府全体の物価対策とも整合しない。

これは、コストのすべてを反映しようとした食糧管理制度下の米価算定（「生産費所得補償方式」と言う）への先祖返りである。ＪＡが農家に高い肥料などの資材を販売してもすべて米価に反映され、米価は上昇した。ＪＡは高い資材価格と高い米価によって二重に高い販売手数料収入を得た。いまだに農家は貧しくてかわいそうな存在だと信じている農業経済学者も、この考えを支持している。

しかし、市場の需給状況を伝えるという価格の重要な機能は失われる。その一方で、新基本法は、農産物の価格形成について需給事情および品質評価が適切に反映されるよう必要な施策を講じるとしている（第39条）。もし供給過剰の時にコストを価格に転嫁すれば、需要は減少してますます過剰になる。これは、前述のとおり１９７０年代後半、食糧管理制度の時代に起きたことである。同様に、農業資材価格の変動が農業経営に及ぼす影響緩和のため必要な施策を講じるとしている（第42条第3項）が、コストを価格に転嫁できるのであれば、この規定はいらない。これらは新基本法の中の矛盾である。

図表2-4　肥料価格の日米比較（2019年）

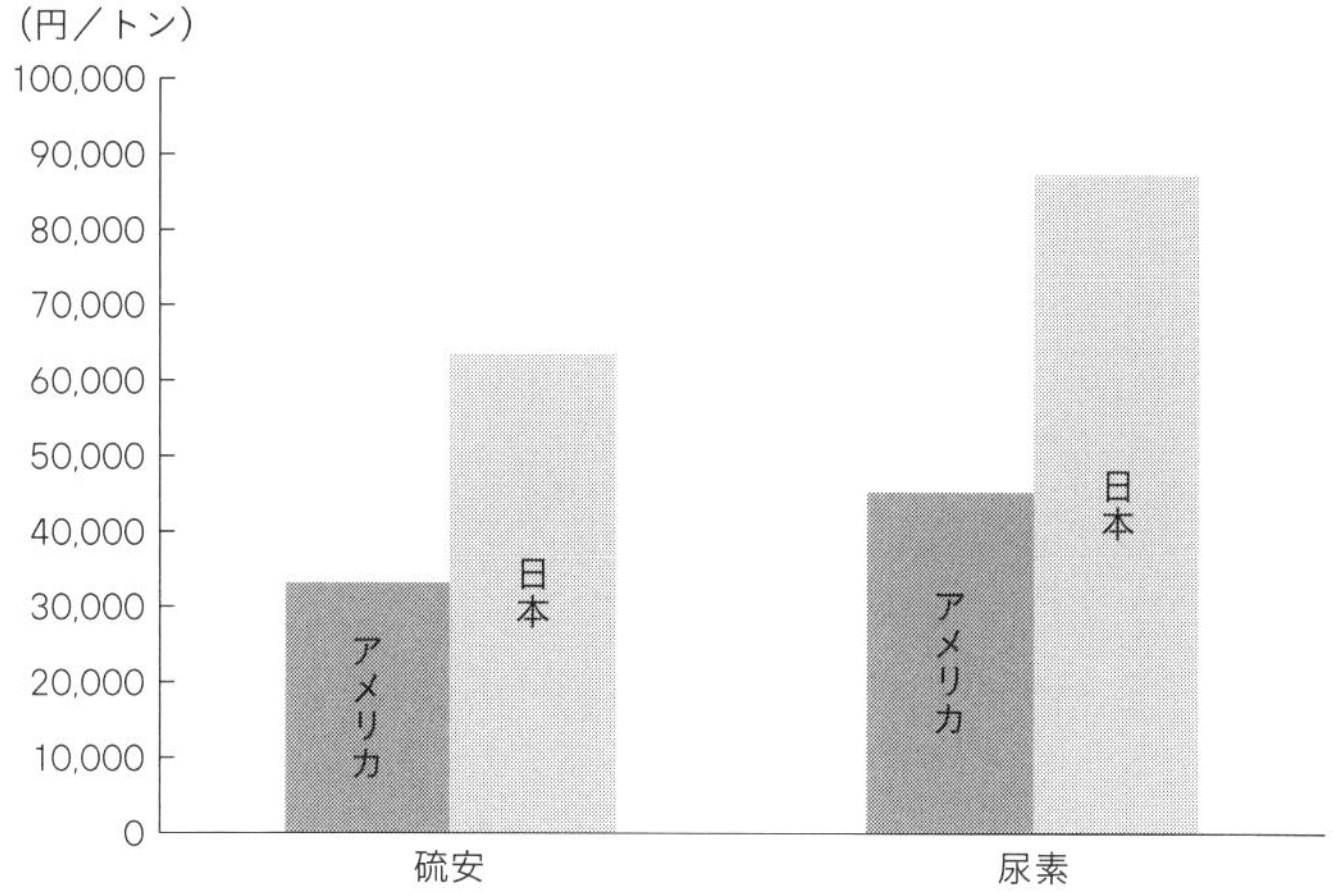

出所：農林水産省「農業資材の供給の状況に関する調査結果」により筆者作成

より基本的には、農産物の場合、価格が需給を調整するという基本を忘れている。他の条件が同じであれば、コストの上昇は供給の減少を通じて価格上昇をもたらす。しかしこの場合でも、天候条件に恵まれ供給が増えれば価格は低下する。このとき人為的に価格を上げようとすると過剰が生じ、政府が財政負担をして処理するしかなくなる。

適正な価格形成論は工業製品の価格決定の仕方である。工業製品の場合は、原価にマークアップという利潤を加えて価格が形成される。生産要素の価格は原価に反映され価格に転嫁される。需給は、価格ではなくて在庫（数量）の増減で調整される。これに着目したのがケインズだった。農業界は「農業と工業は違う」と口癖のように主張する。しかし、適正な価格形成論が採用されると農業も工業と同じになる。価格は需給調整の役割を果たせなくなる。では、誰

図表2-5　農薬価格の日米比較(2019年)

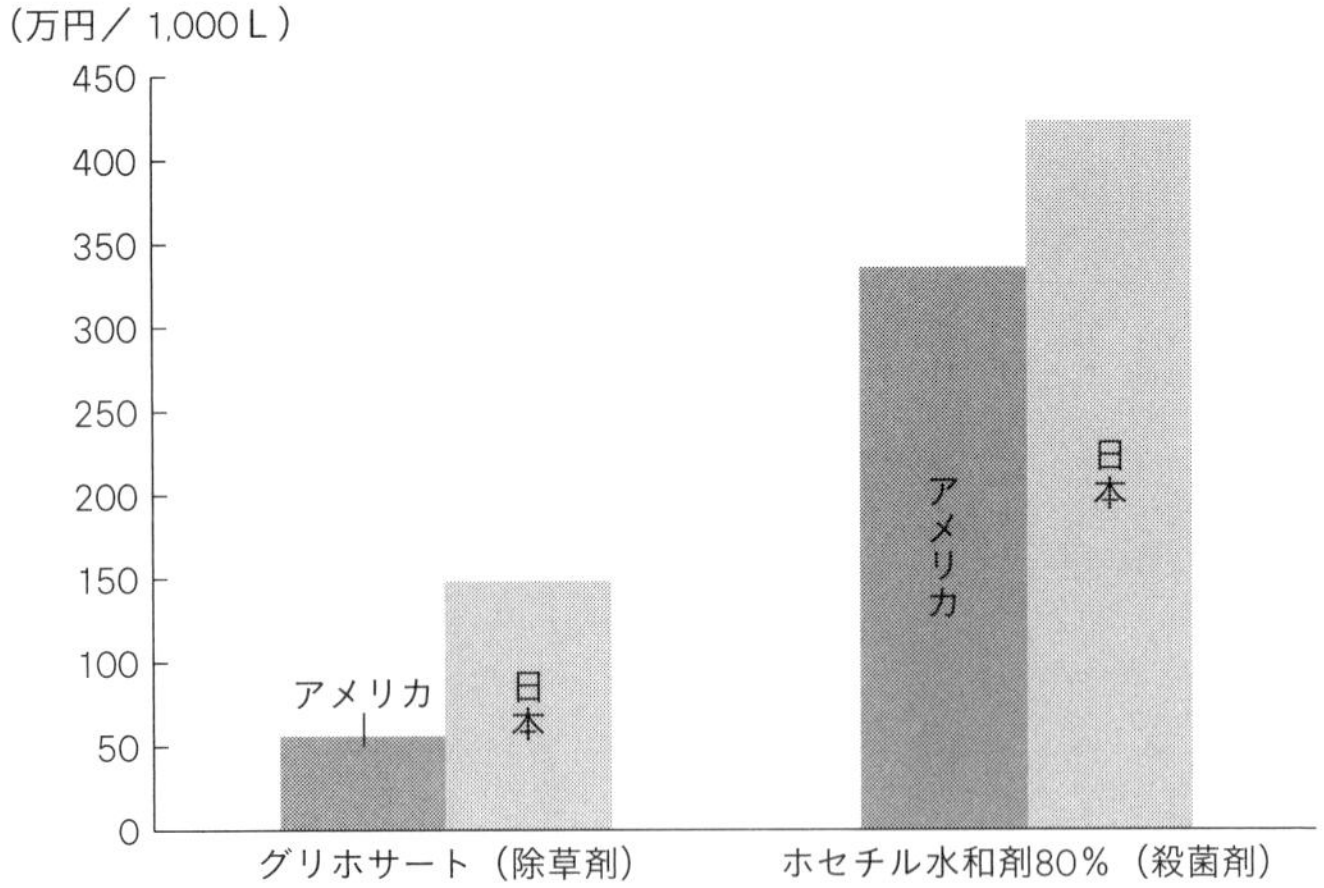

出所：農林水産省「農業資材の供給の状況に関する調査結果」により筆者作成

図表2-6　乳牛飼育用配合飼料価格の日米比較(2014年)

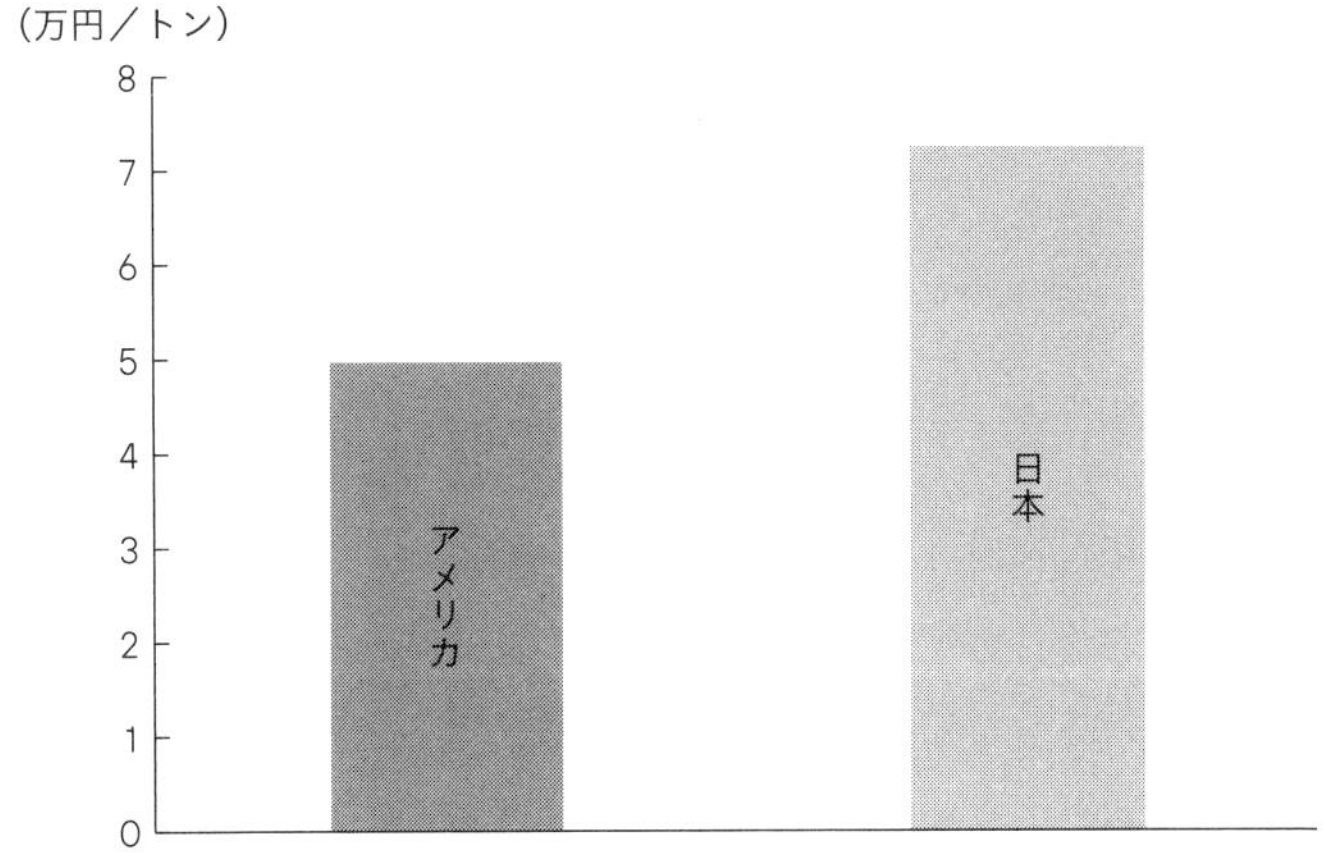

出所：日本の価格は農林水産省「農産物小売価格統計」、アメリカの価格はUSDA, "National Agricultural Statistics Service"より筆者作成

図表2-7　飼料価格の推移

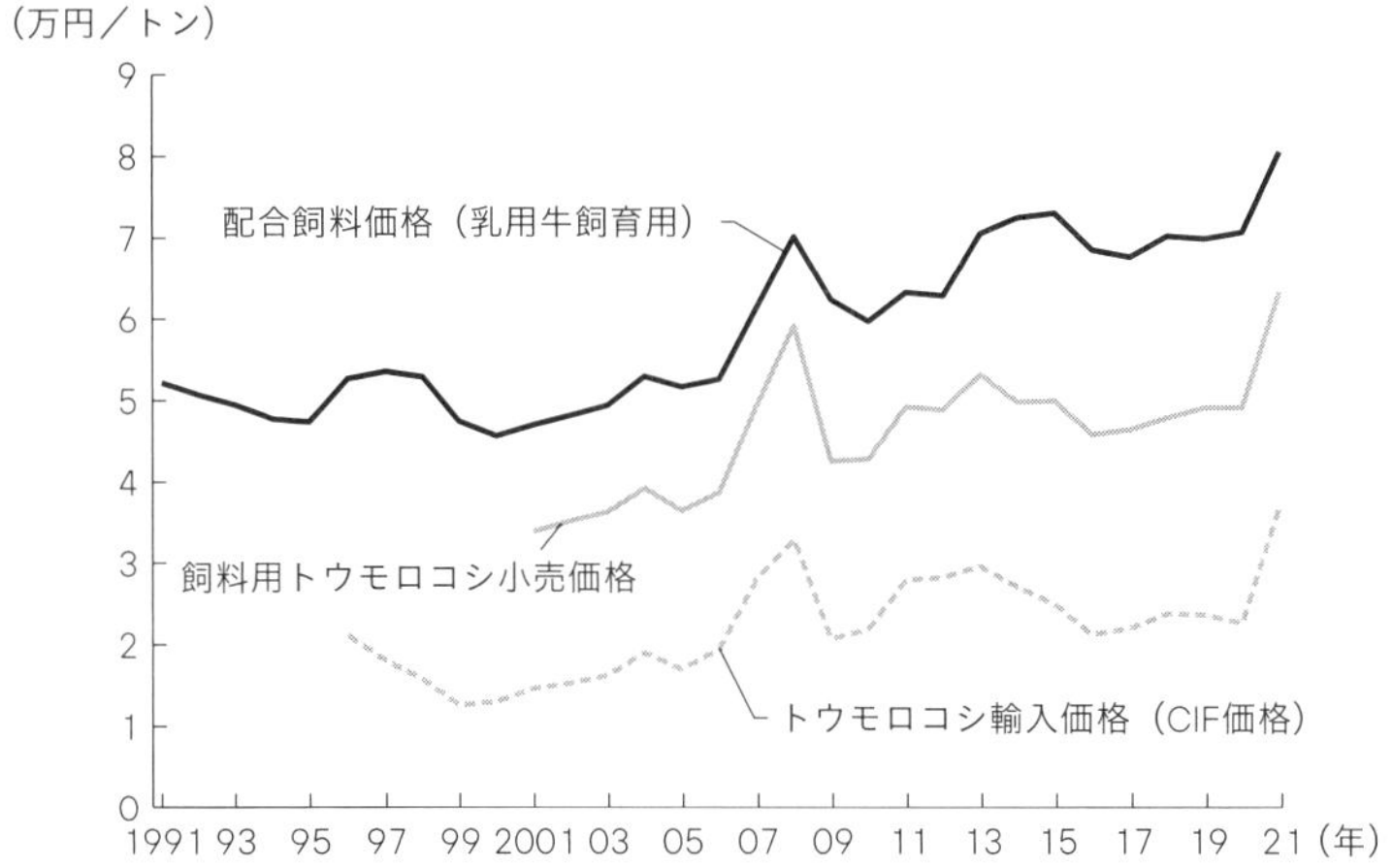

出所：配合飼料価格については2000年度までが農林水産省「酪農関係資料」、以後は農林水産省「農業物価統計調査」。飼料用トウモロコシについては農林水産省「農業物価統計調査」、輸入価格については、ALIC「国内統計資料」により筆者作成

図表2-8　小麦についての関税と直接支払いの国民負担の違い

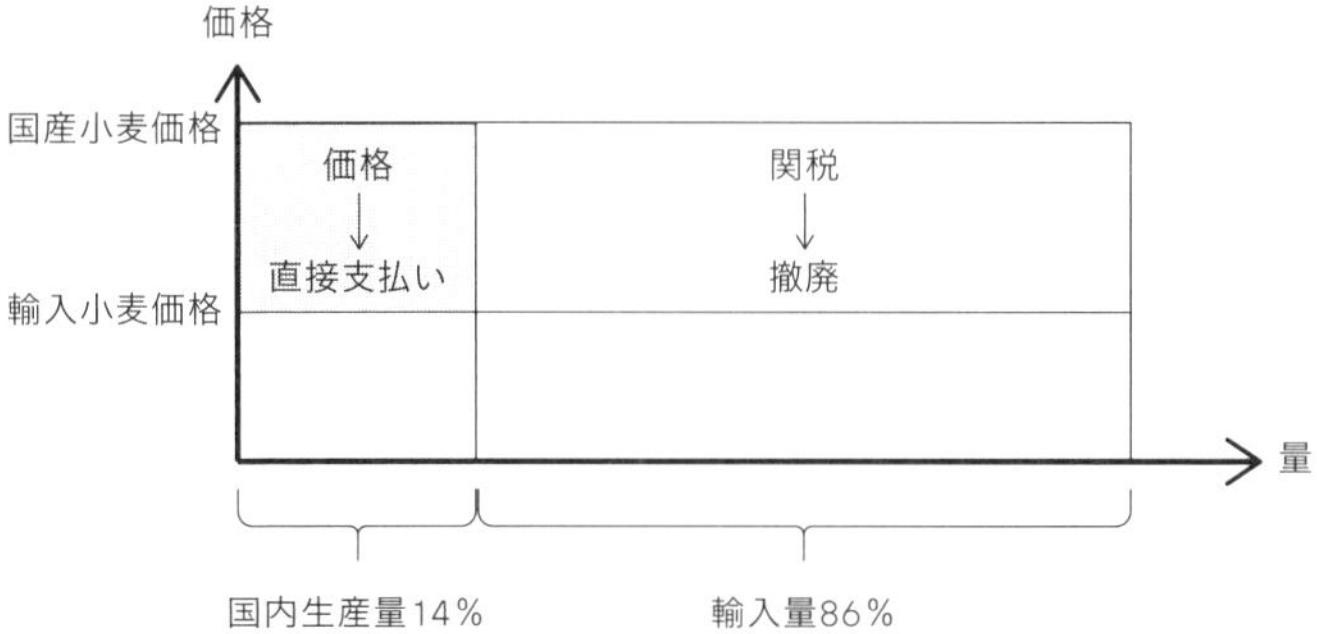

出所：筆者作成

が在庫調整を行うのだろうか？　個々の生産者はできない。ＪＡ農協だろうか？　あるいは、食管制度時代のように政府（納税者）にツケを回すのだろうか？

価格支持に過度に依存する日本の農業保護

ＪＡ農協は肥料の販売で８割、農薬や農業機械の販売で６割のシェアを持つ。配合飼料では全農が３割のシェアを持ちプライスリーダーとなっている。日本の肥料、農薬、飼料の価格は、アメリカと同じ原材料を使っているのに、アメリカよりもかなり高い。関税ゼロでアメリカからトウモロコシを輸入しているのに、それを原料とする配合飼料の価格はアメリカの配合飼料の１・５倍もしている。輸入トウモロコシから配合飼料を作るのに、電気機械や自動車のように、複雑な製造工程が必要となるわけではない。それなのに、配合飼料は輸入トウモロコシの３倍以上の価格をつけている。

適正な価格形成論はこのような資材などのコストを農産物価格に転嫁しようとするものである。価格上昇で不利益を受けるのは消費者である。利益を得るのは高い生産資材を購入している農家ではない。では、利益を得るのは誰だろうか？

日本の農業保護は価格支持に過度に依存している。小麦、バター、牛肉のように、消費者は国産品の高い価格を維持するために、輸入品に対しても高い関税を負担している。図表２－８のように、国産品価格と国際価格との差を財政からの直接支払いで補填して国際価格まで下げれば、消費者は、国産品だけでなく輸入品の消費者負担までなくなるというメリットを受ける。少ない国民負担で農業に対して価格支持と同様の保護を行える。

日本の農業保護政策の実態

直接支払いが価格支持より優れていることは、（わが国の農業経済学者を除いて）世界中の経済学者のコンセンサスである（山下〔2022a〕132～138ページ参照）。価格支持では、市場価格より高い価格を農家に保証することで生じる過剰を処理するために、さらに財政負担が必要となる。日本は減反補助金、欧州連合（EU）は輸出補助金だった。これに気付いたEUは1993年に価格支持から直接支払いに移行した。これによって価格を下げたEUの輸出は拡大した。世界の農政は価格支持から直接支払いに移行しているのに、日本の農政は退行も甚だしい。

OECD（経済協力開発機構）が開発したPSE（Producer Support Estimate：生産者支持推定量）という農業保護の指標がある。これは、財政負担によって農家の所得を維持している「納税者負担」と、国内価格と国際価格との差（内外価格差）に国内生産量をかけた「消費者負担」（消費者が安い国際価格ではなく高い国内価格を農家に払うことで農家に所得移転している額）の合計である。

PSE（Producer Support Estimate）＝財政負担＋内外価格差×生産量

図表2-9　農業保護（％PSE）の国際比較（2022年）

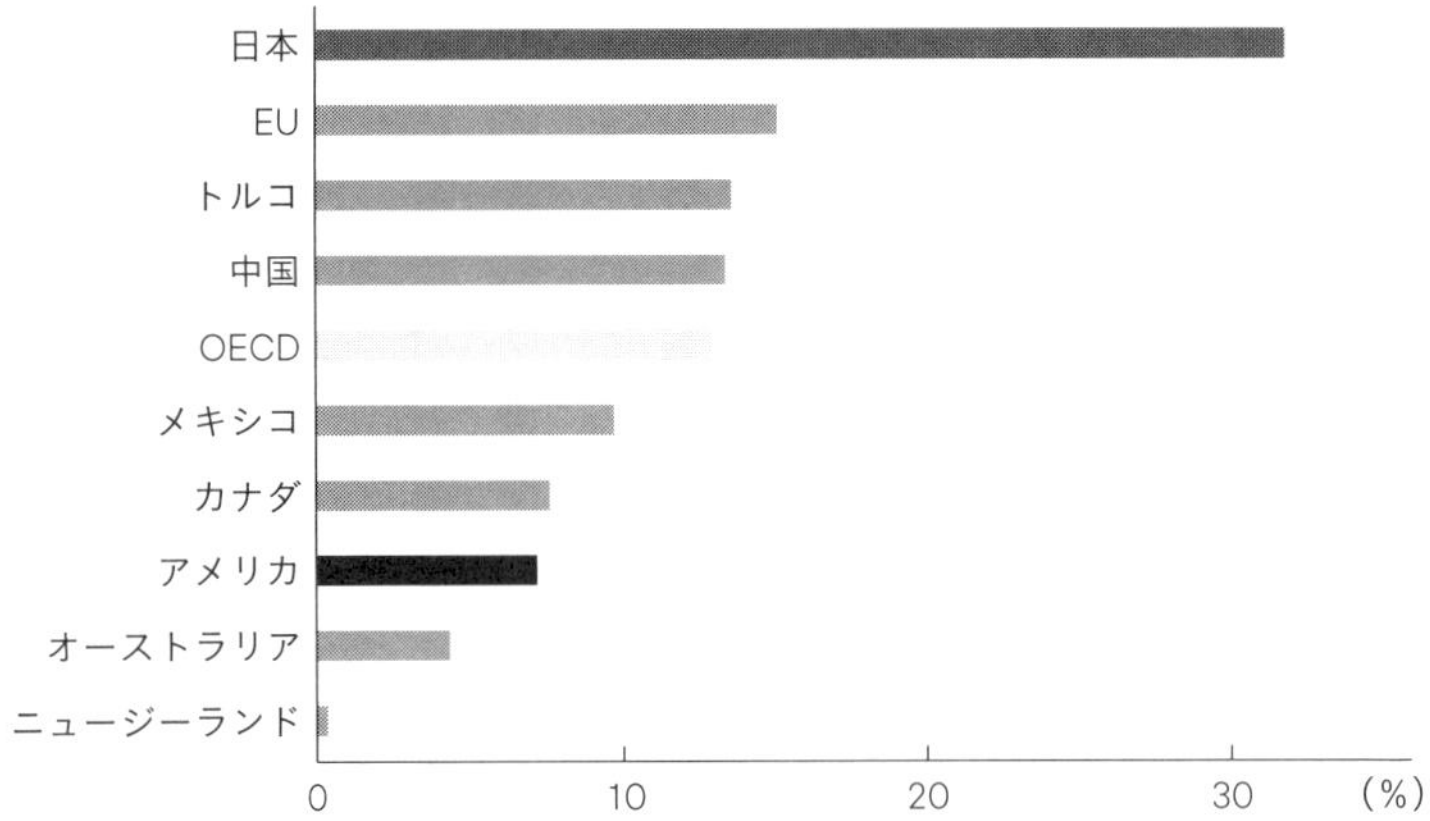

注：OECDとは、OECD加盟国の平均
出所：OECD "Agricultural policy monitoring and evaluation"により筆者作成

農家受取額に占める農業保護ＰＳＥの割合（％ＰＳＥという）は、２０２２年時点でアメリカ７％、ＥＵ15％に対し、日本は32％と高くなっている。日本では、農家収入の３割は農業保護だということである。

しかも、日本の農業保護は、消費者負担の割合が圧倒的に高いという特徴がある。

各国のＰＳＥの内訳を見ると、農業保護のうち価格支持（消費者負担）の部分の割合は、２０２２年ではアメリカ６％、ＥＵ17％、日本66％（約２・１兆円）となっている。欧米が価格支持から直接支払いへ政策を変更しているのに、日本の農業保護は依然、価格支持中心だ。

さらに、国内価格が国際価格を大きく上回るため、小麦や牛肉などの輸入品にも高関税をかけなければならなくなる。これはＰＳＥに反映されていない国民（消費者）負担である。

小泉内閣以降、日本政府も農家所得向上のた

図表2-10　PSE（農業保護）に占める価格支持の割合（2022年）

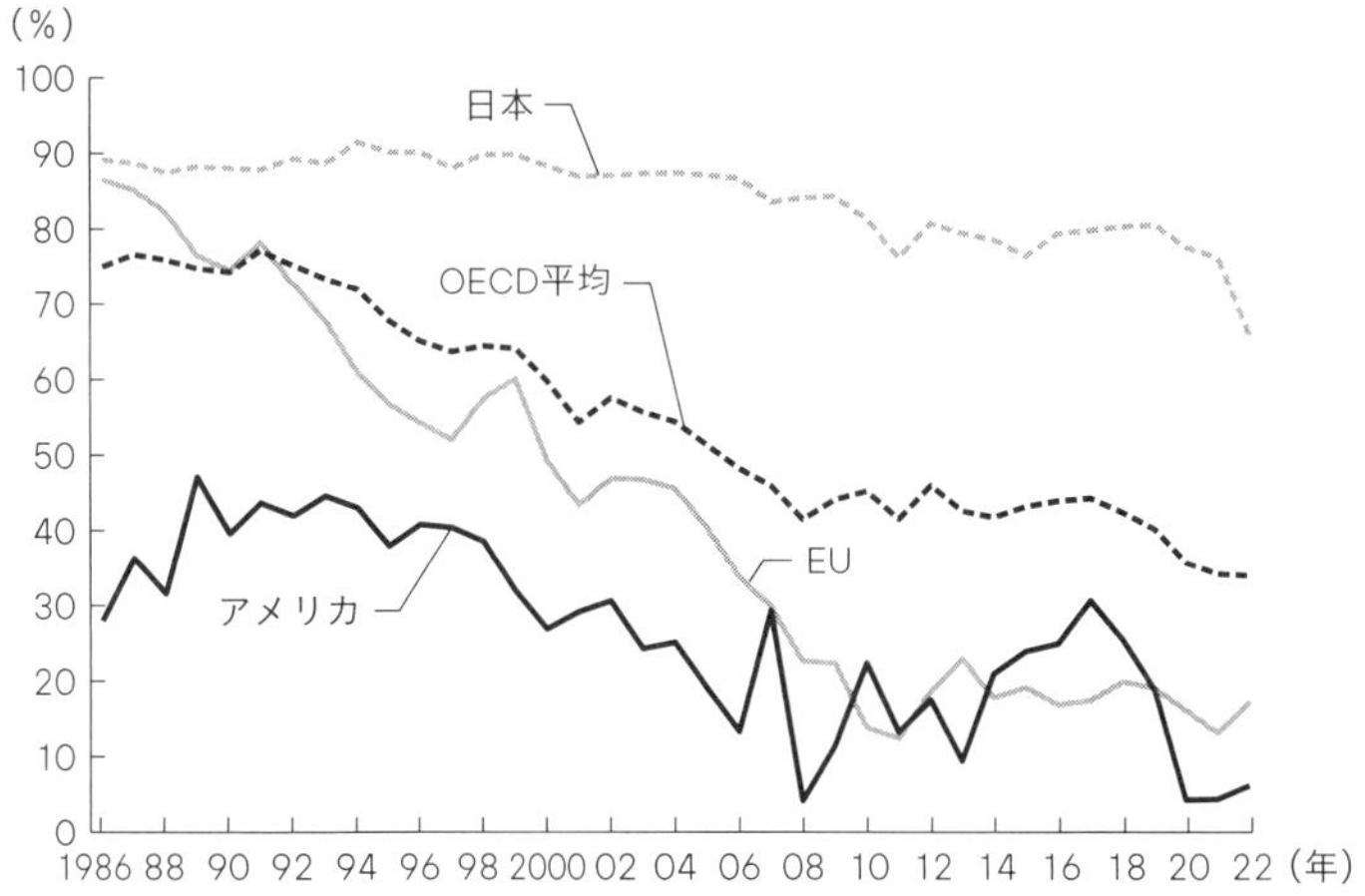

出所：OECD "Producer and Consumer Support Estimates database"により筆者作成

め農産物の輸出振興を政策目標に掲げた。しかし、対策としてはイベントの開催や輸出協議会の設立などで、価格競争力について全く考慮しなかった。販売という経験のない農林水産省の職員は、日本の農産物は品質が良いので高くても売れると考えているようである（他方、輸入面では、日本の農産物は価格競争力がないので高い関税が必要だと主張する。品質が良いなら高い関税は不要である。これも矛盾した思考である）。良い商品を1円でも安く市場に供給しようとするトヨタ自動車やキヤノンなどの輸出企業とは思考方法が異なる。そのなかで、適正な価格形成論によって価格を上げれば、ますます売れなくなる。価格競争力を削いで、どうして輸出を拡大できるのだろうか？　また矛盾である。

輸入面でも、国内の農産物価格が上昇すると、高い関税を引き下げることはできない。これまでも農業はわが国が通商交渉を行ううえで最大

図表2-11　EUの農政改革と民主党の戸別所得補償の違い

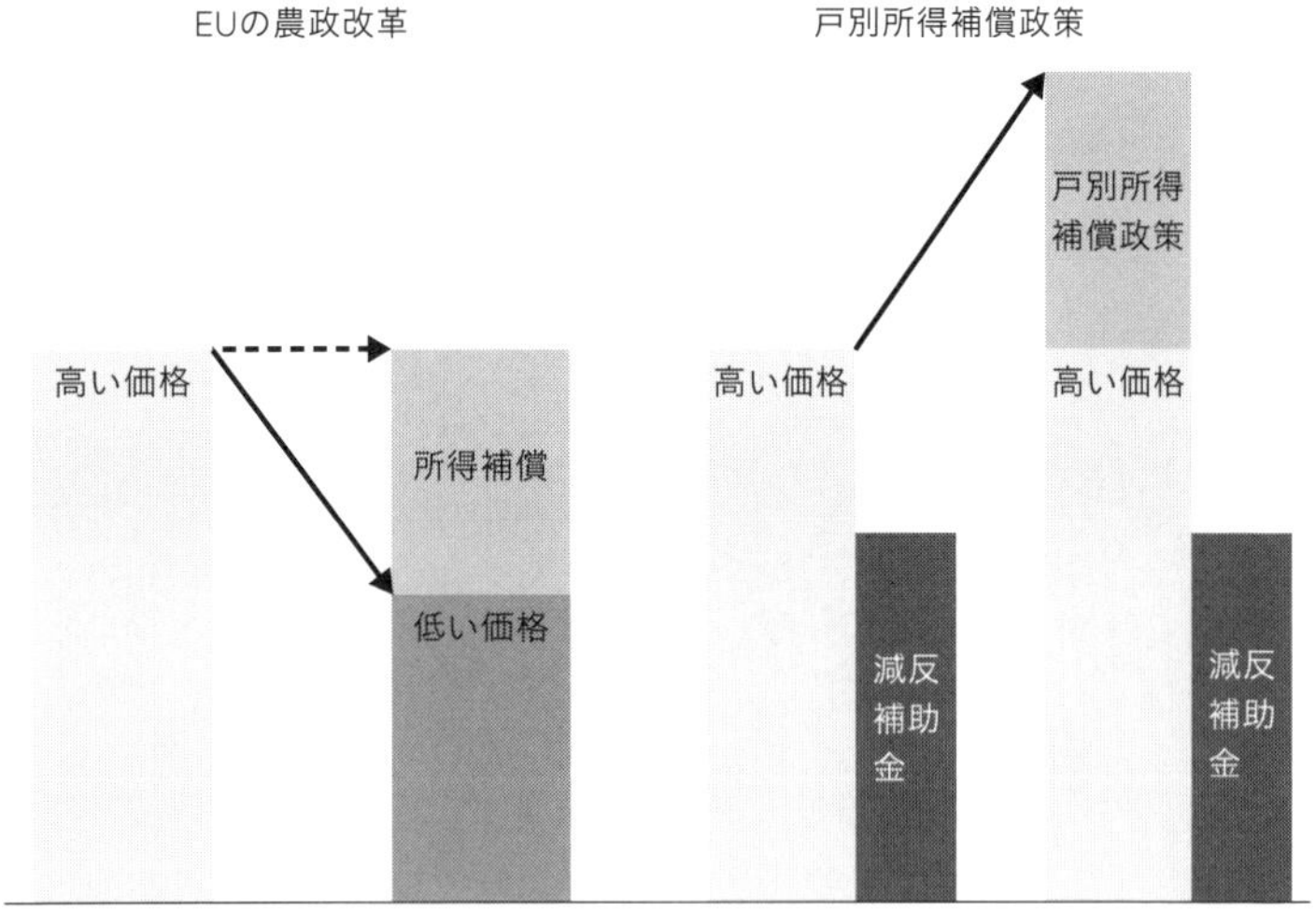

出所：筆者作成

の障壁だった。今後わが国の通商交渉はますます困難となる。

農林水産省には些末な事業が多すぎ、それを実施している自治体の担当者を悩ませる。農家がコメの先物を利用すれば、ヘッジ機能が働いて収入保険などの無駄な政策を廃止できる。食料安全保障も多面的機能も、農地を維持してこそ達成できる。それなら、品目ごとの農業政策や就農補助などこまごました補助事業はすべて廃止して、EUのように農地面積当たりいくらという直接支払いを行ってはどうだろうか。これによって、農林水産省の組織・定員や予算を大幅にスリム化できる。

なお、新基本法の改正審議の際、野党は、価格転嫁は難しいとして直接支払いを要求した。しかし、これはEUのように価格を下げて導入しようとするものではない。民主党政権の「戸別所得補償」の復活を要求しているのである。これとEUの直接支払いの差は図表2－11から歴然だろう。「戸別所得補償」は減反を維持して、高米価に直接支払いを上乗せしようとしたものだったからである。

3 誰のための食料安全保障か

根拠のない輸入リスクの強調

食料危機を強調したい農林水産省は買い負けなど輸入リスクを強調する。これが根拠のない主張であることは、次章で詳しく説明する。

農政トライアングルは、ウクライナ侵攻で高まっている食料危機への不安を国産農産物の生産拡大、農業保護増大の好機だと捉えている。しかし、輸入農産物は買い負けるので国内生産を拡大して国産農産物を買うほうが有利だというのであれば、輸入農産物よりも国産農産物が安くなければならないはずである。しかし、実際には国産農産物のほうが高いのであり、高い関税によって国内生産を守っていることを忘れているようだ。農林水産省は、1000円の弁当が買えないなら同じ中身で3000円の弁当を買いなさいと言っているのである。逆に、輸入農産物のほうが高いので安い国産農産物を買うというなら、関税はいらない。撤廃すべきである。

さらに、「適正な価格形成」と称して国産農産物の価格を上げようとしている。3000円の弁当を4000円にしようと言うのである。輸入農産物が高いので、それより高い国産農産物の価格をさらに上げて国民に買わせようとしているのだ。矛盾どころか支離滅裂ではないだろうか？

国民や消費者からすれば、同じ負担をしてコストの高い国産穀物を少量(たとえば100万トン)手に入れるよりも、安い外国産穀物を大量に(1000万トン)輸入し備蓄するほうが、いざというときの食料危機を克服するうえで効果的である。しかも、小麦などは外国産のほうが国産よりも品質が良い。

どんなに高くても品質の劣る国産の戦闘機を買うべきだという人はいない。それでは、国内農業が維持できないのではないかという疑問もあるかもしれないが、それは国内農業が自ら競争力向上で対応すべき問題である。自社の製品の価格が高くて品質も悪いのなら、企業努力をして消費者に受け入れられる製品になるようにするのは当然ではないだろうか？

しかし、国産のほうが安心できるという非論理的な主張が通ってしまう。すでに、食料安全保障のためには、麦、大豆、飼料の国産振興が必要だと主張している。ただし、これは50年以上も膨大な財政負担(転作補助金など)を行いながら効果を上げなかった政策の繰り返しである。

また、前述のように、国際交渉の場で食料安全保障を最も強く主張してきたはずの日本が、1961年に比べコメ生産を補助金を出して4割も減らしている。シーレーンが破壊されて輸入が途絶すれば、国民が必要とするコメの半分しか供給できない。その原因を作っているのは農林水産省である。国民は税金を払って自らの生命を危険にさらしているとさえ言える。戦前、農林省の減反案を潰したのは陸軍省だった。残念ながら、今は陸軍省のような強力な官庁はない。国民が真に問題視しなければならないのは、輸入リスクではなく、農政トライアングルによる農政リスクである。

医療のように、本来財政負担が行われれば、国民は安く財やサービスの提供を受けられるはずなのに、減反は補助金（納税者負担）を出して米価を上げる（消費者負担増加）という異常な政策である。国民は、納税者として消費者として二重の負担をしている。主食のコメの価格を上げることは、消費税以上に逆進的だ。減反は「経世済民」とは対極にある政策である。それなのに、食料品の消費税率を下げるべきだとする政治家はいても、消費税率をはるかに上回る価格上昇を消費者に強いている減反を問題視する政治家はいない。

無視された元財務官僚の減反廃止論

2023年、基本法の見直しに関する審議会で真砂靖委員（元財務省事務次官）はコメの減反廃止を主張した。

「私はこれまでの議論の中で、米の生産調整をやめるべきだという話を三度ほどした。例えば、輸出する時に高米価だと輸出できないし、また、消費者には適正価格と言いながら生産カルテルをするのはいかがなものかと発言した。今回の議論は、米の生産調整のあり方は、議論の対象外という位置づけをされたために、報告書には何も書いていないという理解でよいか」。

（農林水産省ＨＰ審議会議事録より）

つまり、報告書に入れることを拒否されたのである。

経済学の費用便益分析をすれば、減反は国民の経済厚生の観点からは最悪の政策である。ところが、新基本法の見直しを審議した食料・農業・農村政策審議会は、これまで一度も減反政策に異を唱えたことはなかった。自民党農林族議員・ＪＡ農協・農林水産省の農政トライアングルが決めた政策を、そのまま了承してきたのである。審議会の委員には、農業団体の代表の人に加え農林水産省の説明をそのまま信じてしまう農業や農業政策に疎い人もいる。農業や農業政策をよく知っているはずの人でも、農林水産省のウソや矛盾を見破ることは簡単ではないようだ。

食料安全保障のために基本法を見直すと言っても、国産の小麦や大豆に比べてはるかに供給増加の可能性がある国産のコメの生産拡大は検討してはならないのである。２３００億円の財政負担をして１６０万トンの小麦や大豆を生産するのと、３５００億円の減反補助金を廃止して１０００万トンのコメを増産するのとでは、どちらが食料安全保障に貢献するのだろうか？　減反という農政の中核となる政策を議論しないで、何が新基本法の見直しなのだろうか？　政府の審議会や国会の農林水産委員会は誰のために議論しているのだろうか？　国や国民のためではないことは明らかである。主役は隠れている。食料安全保障は農業保護を獲得し既得権を擁護するための隠れ蓑に過ぎない。

農政トライアングルが推進する減反政策によって、補助金を負担する納税者、高い食料価格を払う消費者、取り扱い量減少で廃業した中小コメ卸売業者、零細農家滞留で規模拡大できない主業農家、輸入途絶時に食料供給を絶たれる国民、すべてが農政の犠牲者となっている。特にかわいそうなのはコメの販売業者である。JA農協と違い政治力のない彼らは、農政に抗議することもできず、店をたたみ消えていった。農林水産省は「すべて公務員は、全体の奉仕者であって、一部の奉仕者ではない」とする日本国憲法第15条第2項に違反している。

そもそも意味のない食料自給率

2024年の新基本法の見直しでは、「食料自給率その他の食料安全保障の確保に関する事項の目標」(第17条第2項第3号)とか「食料自給率の向上その他の食料安全保障の確保に関する事項の改善が図られるよう」(第17条第3項)というように、食料自給率向上目標は「食料安全保障の確保に関する事項」の一つに格下げされた。これには、食料自給率目標をめぐる農政トライアングル内の確執があった。

そもそも厳密に言うと、食料自給率は政策的には意味のないものだ。食料自給率とは、国内生産を輸入も含めた消費量で割ったものだから、飽食と言われる今の消費を前提とすると自給率は下がる。今の生産でも、つつましかった過去の食生活を前提とすると自給率は上がる。飢餓が発生した終戦直後の自給率は、輸入がなく国内生産が消費量に等しいので、100％だ。豊かな食生活を送っている今より餓死者が出たときのほうが望ましいという人はいないはずだ。

カロリーベースの自給率は不適切で、金額ベースで表示すべきだとする主張もあるが、以上のことは金額ベースでも同じである。消費量の変化によって上下する食料自給率という指標には意味はない。

しかし、新基本法に基づき2000年に閣議決定された食料・農業・農村基本計画は、10年間で40％の食料自給率（カロリーベース）を45％に引き上げることを目標とした。以降、政府は20年もこの目標を掲げている（途中、民主党政権で50％に引き上げ）が、目標に近づくどころか38％へ下がっている。

食料自給率は上がらないほうがいいというのが農水省の本音

食料自給率目標が正しいとしても、それを低下させた責任は農林水産省にある。しかし、同省は、食料自給率が下がっても痛痒を感じていない。

1960年以降、米価を大幅に上げて国産のコメの需要を減少させ、麦価を据え置いて輸入麦主体の麦の需要を拡大させた。こうした外国品愛用政策をとれば、自給率は低下する。今ではコメを500万トン減産する一方、麦を800万トン輸入している。

閣議決定された食料自給率向上目標がこれほど長期間達成されなければ、普通の行政なら担当者の責任問題が生じるはずだが、農林水産省はこれを恥じる様子さえない。食料自給率が下がってうつむく職員など、誰一人としていない。責任をとって辞任した幹部などいない。食料自給率向上に意味はないことを理解しているからだ。

逆に、食料自給率が上がれば、もう農業予算などいらないのではないかと言われてしまう。国民に農業保護を支持してもらうためには、食料自給率は低いほうがよい。これが、農林水産省の本音である。

ところが、2020年の基本計画改定において、農林族議員の中から、食料自給率目標を掲げるべきではないという意見が出された。これだけ時間をかけても目標が達成されないことに選挙民から批判が出ているからだ。目標未達成に一切責任をとろうとしない農林水産省とは違い、国民に直接接するのは政治家である。これ以上批判を受けたくないと考えたのだろう。

もちろんJA農協や農林水産省は、国民の農業保護への支持を確保するために、食料自給率目標を降ろしたくない。そこで、農林水産省は、食料自給率を高く見せかける方便を考えた。畜産物について、ほとんどを海外からの輸入飼料に依存していること（国内の飼料自給率は25％）を無視した新しい自給率の提案である。これまでの食料自給率は、輸入飼料から生産された畜産物を国産とは扱ってこなかった。輸入飼料が途絶えると畜産の生産もなくなってしまうからである。

しかし、それでは食料自給率は低いままである。そこで完全輸入飼料依存の畜産物でも国産とカウントする方法を考えた。たとえば牛肉については、従来どおりの食料自給率は11％に過ぎないが、新しい食料自給率の算出方法だと43％に跳ね上がる。食料全体の自給率は従来の38％が

46％に上昇する。目標の45％を達成したように見せかけられる。ごまかしだが、農林水産省としては食料自給率が低位にとどまることについての責任逃れをしようとしたのだろう。

ところが、これに異を唱えたのがJA農協である。

新しい自給率では、飼料自給の向上がおろそかになってしまうという正論を主張したのである。畜産農家からすると、自給飼料だろうと輸入飼料だろうと、作った生産物には変わりない。自分が作ったものが国産と扱われないという不満を解消するためには、新しい自給率のほうがよい。

しかし、JA農協の基盤は畜産ではなくコメである。守りたいのは減反による高米価である。減反の基本は、主食用米の作付けをやめて他の作物に転作すれば補助金を交付することで、主食用米の生産を減少させることである。その転作作物として重要なものがエサ米である。奇妙な話だが、コメがコメの転作作物になるのである。JA農協は、飼料自給の向上という政策目標が失われれば、エサ米生産への補助金がカットされ、減反による主食用米の生産減少が困難となるのではないかと恐れたのだ。これが正論の裏側である。

結局、2020年の基本計画では、二つの食料自給率を併記することになった。新基本法見直しでの食料自給率向上目標の格下げには、このような背景がある。

4 水田農業の高い可能性——コメ増産で食料危機を乗り越える

食料危機に対応するのに最適なコメ増産

農林水産省は、どのような食料危機が起こるのか、その場合にどのような対策が必要なのか、検討していない。1999年の新基本法に食料自給率向上を規定したように、本音は、食料安全保障強化を、国内生産拡大や農産物価格引き上げという農業保護と予算の増加に利用したいのだ。

1970年に始まった減反は、過剰となったコメから自給率の低い麦や大豆に転作し、食料自給率を上げようとするものだった。しかし、麦や大豆の生産はほとんど増えず、食料自給率は逆に低下した。国産拡大という名目で、畑作も含めてこれまで巨額の財政資金(現在は毎年2300億円超)を投下しながら全く効果がなかった麦や大豆を増産しようとしている。同じ金額を使うだけでも国産小麦生産量の5倍の量の小麦を輸入・備蓄できる。

わずかな国産農産物しか食べられないで餓死するのと輸入小麦を食べて生きながらえるのと、どちらを国民は選ぶのだろうか?　食料安全保障というのは作る側ではなく食べる側の問題だ。国産のほうが頼れると言うのはマヤカシだ。戦後の食糧難の時代、吉田首相はマッカーサー連合国軍最高司令官にアメリカからの食料輸入を懇請した。日本国民を飢餓から救ったのは輸入食料だった。しかし、80年間飢餓を知らないマスメディアや国民は、国産拡大という言葉に簡単に騙される。

国産を重視するなら、なぜコメの増産を検討しないのか？　コメは過剰だからだと言う。しかし、農産物の市場では、価格が変動して需要と供給は常に均衡する。過剰や不足は生じない。見る立場によって価格が高いか低いかの評価が分かれるだけだ。政治が消費者ではなく農家や農協の立場に立って、市場価格より価格を人為的に高く維持しようとすると、供給が増えて需要が減って過剰となるので、減反が必要となる。減反は米価を高く維持するための手段だった。逆に、消費者にとっては、減反を廃止して米価が下がるほうがよい。これまで、食べる側は高い価格を負担させられてきたのである。

財政負担で安くサービスを国民に提供する医療と違い、主食であるコメは異常である。50年続いた水田の4割に及ぶ減反は、補助金（納税者負担）を出して米価を上げ消費者の家計を苦しめる。減反をやめれば、3500億円の納税者負担がなくなるうえ、現在の倍以上のコメを生産できる。価格低下で消費者は利益を受ける。影響を受ける主業農家への直接支払いは1500億円くらいで済む。平時はコメを輸出して、輸入途絶という危機時には輸出に回していたコメを食べれば、飢えをしのげる。輸出は危機の際に金のかからない無償の備蓄として機能する。現在政府は毎年20万トンずつ主食用米を市場から隔離し、備蓄用として買い上げ5年後にエサなどに処分している。高く買ったものをタダ同然で売却するので財政負担は毎年500億円かかる。輸出すれば、この負担もなくなる。加えて主業農家中心の農業にしてコメと麦の二毛作を復活すれば、食料自給率は70％を超える。しかし、減反廃止、コメによる国産拡大は農林水産省にとって論外でである。米価低下をJA農協が嫌うからだ。

報じられない米価が高い本当の原因

2024年、コメの価格が上昇して消費者を苦しめた。2023年の猛暑でコメの品質が悪かった（割れた粒や乳白色の粒の増加）とか、インバウンド需要が増えたとかという説明がマスメディアで行われた。しかし、品質が悪いコメの量は20万トン程度に過ぎない。毎月300万人の旅行者が日本に7日間滞在して日本人並みにコメを食べたとしても、消費量が0・5％増えるだけだ。

ところが、米価が高い根本の原因に、1200万トンくらいは今でも簡単に作れるはずなのに、水田の4割でコメを作らないようにして供給量を700万トン以下に減少させている農林水産省の政策があることは、どのメディアも報じない。しかも、この数年、JA農協は米価を上げるために、コメの作付けを抑制・制限するよう、農家に働きかけてきた。2024年のコメ価格上昇は、JA農協の努力の賜物として評価されるべきだろう。

減反をやめると、価格が暴落するかというとそうではない。輸出価格が国内価格よりも高ければ輸出が行われ、国内でのコメ供給が減少して、国内価格も輸出価格まで上昇するからである。明治の初め、日本はヨーロッパにコメを輸出していた。この時、豊作によって国内の価格が低下しても、輸出が行われるので、国際価格以下には低下しなかった。輸出は価格安定措置だったのである。1918年の米騒動は輸出の拡大で国内での供給が減少して米価が上昇したことが原因だった。輸出は価格の安定、もしくは引き上げ要因である。農業界が嫌がる必要はない。

「緑のダム」としての水田農業の高い機能

水田農業はきわめて持続的である。1909年、日本、朝鮮、中国を訪問したウィスコンシン大学の土壌学者、フランクリン・キング教授は、わずか数十年の間に激しい土壌浸食が生じてしまったアメリカ農業に比べ、数千年の間持続的な農業を行い多数の人々を養ってきた水田農業に驚嘆し、『東アジア四千年の永続農業』（*Farmers of Forty Centuries or Permanent Agriculture in China, Korea and Japan*, 1911）という書を著した。今でも、同大学ではキング教授の教えを受け継ぐ「F・H・King持続的農業クラブ」が精力的に活動している。

コメは水田で、それ以外の作物は畑で作られる。畑作農業では、同じ農地で毎年同じ作物を栽培すると収量が落ちる連作障害（通称〝いや地〟）があるので、輪作や休耕が行われる。世界の穀倉地帯と言えるアメリカの中西部（コーンベルト）では、トウモロコシと大豆が輪作されている。小麦地帯では、1年作付けすれば、雨水による水分補給のため翌年は休耕する。

しかし、コメには連作障害はない。毎年同じコメを作付けしても収量は落ちない。輪作など不要である。森林から栄養分を蓄えた水が水田に供給され、水田の不要物は水が洗い流してくれるからである。われわれは、3000年もの間、毎年コメを作ってきた。水の働きは重要である。アメリカ、オーストラリア、EUとも降雨量が少ないので、農薬や化学肥料などが土地、河川、地下水などに残留しやすい。

さらに、世界の畑作地域の一部では、〝土壌流出〟〝地下水枯渇〟〝塩害〟などにより、生産の持続が懸念されている。

植物が生育するために、土壌には植物が水を吸収できる保水性と呼吸できる通気性という相矛盾する機能が要求される。これは土壌の団粒構造と呼ばれるもので、このような構造や肥沃度を持つ土壌は、表面から30センチメートル程度の深さの〝表土〟と呼ばれるものに限られており、それ以外の土壌では多くの植物は生育できない。表土は雨や風によって流出する。１９３０年代、アメリカの大平原地帯では、開拓された農地から強風により表土が吹き飛ばされ、シカゴやニューヨークなどまで飛来するダストボウルという現象が発生した。

灌漑《かんがい》のための過剰な取水により、アメリカ大平原の地下水資源オガララ帯水層の5分の1が消滅している。中央アジアのアラル海にそそぐ二つの川の水をソ連が綿花生産に大量に使用したため、アラル海は干上がってしまった。これは20世紀最大の環境破壊だと言われた。

十分に排水しないと、土の中に溜まった灌漑水に土壌中の塩分が溶ける。さらに灌漑を行うと、地表から土の中に浸透する水と、塩分を溜めた土の中の水が毛細管現象でつながってしまい、塩が地表に持ち上げられ堆積する。これが塩害である。

「水田」は、これらの問題をきわめて上手に解決した。水田という生産装置は水を蓄えるため、作付け地を水平にして畦で水をとどめる。水田は、水資源の涵養、洪水防止などの機能を持つ〝緑のダム〟である。大雨が降っても水田に溜めることで土砂災害を防止できる。水田は表土を水で覆うことによって、雑草を防止し、土壌流出を防ぐ。高温多湿で熱帯並みの日本の夏で、畑では土壌有機物の分解が進む。しかし、水田では湛水することで無酸素状態となるので、土壌有機物の分解は抑制される。水田は水の働きによって森林から養分を導入するとともに、有害な物質を洗い流して窒素などの地下水への流亡、連作障害、塩害を防ぐ。〝水に流し〟てきたのである。

しかも、1粒の小麦は55粒にしかならないのに対し、1粒のコメは400粒にもなる。コメは小麦の7倍以上の生産量を上げる。少ない投入で、より多く生産できる世界に誇るべき〝持続的農業〟である。

生物多様性の維持など水田の多面的機能

水田は、メダカ、ドジョウ、トンボなどの貴重な生息場所として生物多様性にも貢献している。フナやドジョウなどは泳ぎ回ることで、土を粉砕し根付き始めた雑草を除去するとともに、土を巻き上げることで太陽光が届かないようにして雑草の光合成を妨げる。これで除草剤の使用を制限できる。

岡山平野を流れる祇園用水には、日本にいる淡水魚の半分近く、およそ30種類が生息している。特に、ドジョウの仲間で絶滅が危ぶまれているアユモドキは、岡山平野と京都府の一部でしか確認されない国の天然記念物である。田植え時の水が入った水田でアユモドキは産卵し、子供たちは成長する。水田と用水路によってアユモドキは絶滅を免れている。これは人が作り上げた〝二次的自然〟の効果である。二次的自然とは、人間活動によって創出されたり、人が手を加えたりすることで管理・維持されてきた自然環境のことだ。人が手を加えなくなると遷移が進み、これに特有の動植物が生息できなくなる。

水田を水田として利用するから、洪水防止や水資源の涵養などの水田の多面的機能や食料安全保障に必要な水田という農地資源を維持・確保できる。水田を水田として利用しない減反は、現在の新基本法の目的や農業界の主張とは矛盾している。

水田二毛作という優れた生産技術を損なう畑地化

さらに、農林水産省は水田の畑地化を言い出した。JA農協にとっては米価を維持できるし、財務省は減反補助金を少し削減できる。しかし、畑地化は農政が目的に掲げてきた水田の多面的機能を損なう。減反を廃止すれば大幅に財政負担が軽減できるのに、財務省はどうしてそれを言い出さないのだろう。

水田二毛作は、湿潤熱帯的な夏と乾燥冷涼な冬が交代するという気象条件で実現するもので、日本以外では中国の四川、江蘇・浙江の一部でしか見られない生産技術である。二毛作は無酸素の湛水状態と酸化的な畑の状態を繰り返すので、雑草の抑制、土壌病害の低下、土壌物理性の改善などの効果が加わり、肥料・農薬の投入をいっそう減少できる。これは環境に良いうえ、米麦の生産コストを削減できる。食料危機時には食料増産のために二毛作が必要となる。二毛作を否定する水田畑地化は、農林水産省自身が推進するみどりの食料システム戦略や危機時の増産対策に矛盾する。農林水産省の政策はさまざまな点で矛盾の体系となってしまった。同省の内部で個別の業務がタコツボ化してしまい、省内の業務を総合的に判断・調整する機能や人材がいなくなっている。

食料安全保障のためにも不可欠な水田事業

水田の畑地化は、国内市場だけ見ればコメが余っているので水田も余っているという珍説を根拠としているらしい。しかし、食料輸入が途絶する際は今の427万ヘクタールの農地では国民に必要な食料を供給できない。

さらに、石油や肥料原料などの輸入も途絶すると、農業機械、肥料、農薬の使用は困難となり、終戦直後の農業の状態に戻る。農地面積当たりの収量（単収）は大幅に減少する。終戦の時の人口7200万人と農地面積600万ヘクタールから、今の1億2400万人を養うための農地を単純に計算すると、1030万ヘクタールの農地が必要となる。現在の農地との差は600万ヘクタールで、九州と四国を合計した面積に相当する。

これだけの農地を新しく調達することは不可能だ。水田を含め農地は余っているどころか、大幅に足りない。国産をいくら頑張っても、危機時には十分な食料を供給できない。かなりを輸入穀物の備蓄に頼るしかない。

終戦時は上野の不忍池を水田にしてコメを作り、小学校の運動場をイモ畑にした。ゴルフ場を農地に転用するために強制的に土地収用を行わざるを得ない。都市部でも、ビルの屋上や公園を農園として利用しなければならない。家庭菜園も貴重な農地として、イモなどのカロリーの高い農産物生産に転換する必要がある。

農地を農地として利用するからこそ、戦後の革命的な農地改革は実行された。地主から買収する際の価格は、当初は地主の収益還元価格として決定されたが、インフレの進行によって、事実上の無償買収となった。農地改革で旧小作人に譲渡した農地が農業の用に供されなくなるときは、国が買収するという法律の規定があった。GHQはこれを当然のこととして重視した。しかし、GHQがいなくなると、農林省はこの規定を廃止した。農家は農地を宅地などに転用し、その巨額の転用利益はJAバンクに預金された。農地改革を行った人の後輩たちによって農地改革の理念は放棄された。逆に、彼らは地価が上がることは農家が豊かになった証拠だと評価する始末だった。食料安全保障のために農地資源を確保しなければならないという意識は希薄だった。

断たれた農地取得による農業参入への道

後継者不足と言いながら、意欲のある農業者がベンチャー株式会社を立ち上げ、さまざまな人から出資を得ることによって、農地を取得して農業に参入する道は農政（農地法）によって断たれている。このため、参入するには相当な自己資金や借金が必要となる。結局、農家の後継者しか農業の後継者になれない。農家の後継ぎが農業に関心を持たなければ、農業の後継者も途絶えてしまう。しかし、都会にいても、農業をしなくても、農家の子供は相続で農地を所有できる。親が農家の東京の給与所得者（会社員）が農地を取得できて、親が会社員で真剣に農業をしたい若者が取得できないのは、矛盾しているとは思わないのだろうか？　デンマークでは新規就農者の6割が非農家出身である。農政トライアングルが農業者の減少が問題だと叫ぶ一方で、非農家の出身者を農業に呼び込むことを阻害しているのは矛盾していないだろうか？

ヨーロッパは、土地の都市的利用と農業的利用を区別するゾーニングで農地を守っている。農地法はない。ゾーニングを徹底したうえで、農家以外の若い人がベンチャー株式会社を作って農業へ参入することを否定している農地法は、廃止すべきだ。

5 構造改革が明るい農村を連れてくる

JA農協の軍門に降《くだ》る農水省

新しい農政は兼業農家も農業の担い手だと言う。新基本法の看板の書き換えである。これは1961年の農業基本法以来、農家丸抱えを主張し構造改革に反対してきたJA農協の軍門に農林水産省が下ることを意味する。

その一方で、規模拡大は推進するという。しかし、農地の流動化のために2014年に導入された農地中間管理機構（農地バンク）が機能しないのは、減反で米価を高いままにしているため、零細な農家がコメ生産を継続し農地を出してこないからだ。減反を廃止して主業農家に限って直接支払いすれば、零細農家が手放した農地は主業農家に集積する。農家出身以外の若い人が株式会社を作って農業へ参入することを否定している農地法は廃止して、農地はゾーニングで守ればよい。

１ヘクタール未満のコメ農家が農業から得ている所得は、ゼロかマイナスである。ゼロの所得に何戸をかけようがゼロはゼロだ。しかし、１人の農業者に30ヘクタールの農地を任せて耕作してもらうと、１６００万円の所得を稼いでくれる。これをみんなで分け合ったほうが、集落全体のためになる。主業農家の収益が上昇すると、農地の出し手に対する地代も上昇する。必要な政策は、減反廃止による米価低下と主業農家に限定した直接支払いだ。

家賃がビルの維持管理の対価であるのと同様、農地への地代は、地主が農地や水路などの維持管理を行うことへの対価である。健全な店子（担い手農家）がいるから、家賃（地代）でビルの大家（地主）も補修や修繕ができる。農業は主業農家が、農地や水路などの農業インフラの整備は地主が行うのである。このような関係を築かなければ、農村集落は衰退するしかない。農村振興のためにも、農業の構造改革が必要なのだ。

東畑精一の嘆き

農業関係者は「農業と工業は違う」と主張する。「だから保護が必要だ」と言いたいのだ。しかし、農業も工業も利益を上げようとする点では同じである。東畑精一は、農業も他の産業と同じという大本を知ろうとしない農業界は、柳田國男の卓越した農政学を理解できなかったと述べた。

「柳田氏の言論はまさにただ孤独なる荒野の叫びとしてあっただけである。だれも氏の問題意識の深さや広さを感得するものはなく、その影響を受けうるだけの準備を持つものは無くして終わったのである。地主が国防に藉口して自給自足を説いたときに、だれもがこれを地主の声とは考えないで、全農業の声であると感じた。米納小作料の持つ経済的作用を看破するだけの農業経済学者は存在しなかった。農村・農民・農業は、他の社会・商工業者・他産業とは、いかに同一性格を持つかの大本を知ろうとしないで、差異を示し特殊性を荷っているかを血まなこに探し求めるに過ぎなかったのである。どうして柳田國男を理解し得よう。『あれは法学士の農業論にすぎない』のである。当時は出身学校とか学歴が、その人の議論の形容詞になったような知識社会学的に極めて興味ある時代であった。柳田氏は個人的にも自分の固有名詞を付さない言論を発表しうる学究であったので、当時の学風や農政学界からは孤立せざるをえなかったのである」。

（東畑〔1973〕83ページ～84ページ）

残念ながら、いまだに私の主張も、「あれは法学士の農業論にすぎない」のである。

オランダの政策転換に学べ

大手食品会社幹部に、オランダはなぜ世界第2位の農産物輸出国に発展したのかと聞かれ、私はとっさに「農業省を廃止し経済省に統合したからです」と答えた。オランダは政府による無償の農業改良普及事業(extension service)を廃止して民間のコンサルタントによる技術支援に移行した。技術の高い農家は、お金を払ってでもより高い技術指導を求める。高い技術指導を受けるためには、収益が高くなければならない。そうした農家の技術や収益は技術指導でさらに高まる。また、食品、農業の先端研究や優秀な企業などが集まるフードバレーの中核となっているワーヘニンゲン大学も教育省ではなく経済省の所管である。農業を弱者だとか特別だとする発想では、農業は発展しない。オランダは高い技術で世界トップクラスの輸出国となった。

戦前の農林省は、小作人のために地主階級の利益を代弁する帝国議会と対立した。1970年頃まで構造改革を主張する同省は、零細農家を温存したいJAと対立した。農政トライアングルの一員となり、国民の利益ではなく既得権者の利益しか考慮しなくなった農林水産省の終活をするときが来たのかもしれない。

農政学者、柳田國男に次の言葉がある。

「世に小慈善家なる者ありて、しばしば叫びて曰く、小民救済せざるべからずと。予を以て見れば是れ甚だしく彼等を侮蔑するの語なり。予は乃ち答えて曰わんとす。何ぞ彼等をして自ら済わしめざると。自力、進歩協同相助これ、実に産業組合（協同組合）の大主眼なり」。

（柳田國男「最新産業組合通解」柳田（1970）『定本柳田國男集』第28巻、130ページ）

「農家を保護するというのは彼らをバカにすることだ。どうして自力で救済させようとしないのか」と言うのだ。農林水産省も農林族議員も、彼の言う〝小慈善家なる者〟である。しかし、政府の保護に慣れっこになった農家は保護を恥じるどころか、それを当然と思うようになってきた。

ところが、農業者の意識に変化が見えてきた。2014年に米価が下がったとき、ある女性農業者は、「弱音を吐いて誰かに助けを求めているようでは、農業は人から憧れられるような職業にはならない」と言い切っている。本来なら、新基本法は、このような人たちを育成する方向で見直されるべきではないだろうか。

6 既得権打破のための政治改革

国の利益よりも保身を優先する政治家

政治家の人たちに注文したい。

かなりの政治家の人たちにとって、政治家としての職業は家業となっている。あえて就活しなくても、政治家という家業を継げばよいという人が多いのではないだろうか。また、多くの政治家の人たちは、国の将来よりも次の選挙に勝てるかどうかしか考えなくなっている。勝てなければ失業するからだ。国の利益よりも保身が優先する。

しかも、今の選挙制度では、数の上では少ない特定の既得権益を持っている人たちの意見が反映されやすい。衆議院は小選挙区制、参議院も地方区は都市部を除いて1人区である。2人の候補者が50－50で競っているときに、少なくなったといえJA農協が組織する2％の票がどちらかにつくと、48－52と4％の差がついてしまう。これを回復することは容易ではない。現に、自民党は全体では圧勝したものの、農業の盛んな東北・新潟・長野の参議院地方区では、農政に対する不満もあって1勝7敗（2016年）、2勝6敗（2019年）と惨敗したことがあった。これに国会議員は怯える。

地方選出の国会議員は、選挙で当選するためにJA農協の言うことを聞かざるを得ない。

TPP交渉に参加するかどうかが選挙で大きな争点となったとき、JA農協はTPP反対の運動を展開した。この時、選挙で自民党に投票した有権者の多数はTPP賛成だった。農家の中でも主業農家のかなりは賛成した。しかし、選挙で選ばれた自民党議員の大多数はTPP反対を主張した。JA農協の小さな既得権益が国民全体の大きな利益に優先してしまう。既得権益を足しあげても国民全体の利益にはならない。むしろ、減反政策に見られるように、既得権益は国民全体の利益からすれば、マイナスである。

予備選の導入と党議拘束の緩和

選挙が一部の既得権益に牛耳られるのは、候補者同士が選挙民の前で政策を討論する機会がほとんどないことが大きな原因の一つである。たとえば、2024年のコメ不足、米価上昇の際に、ある候補者がJA農協の立場に立って「農家からすればまだ米価は低い。減反をさらに強化してコメ生産を減少させ米価をもっと上げるべきだ」と主張し、対立する候補者が「消費者のためには減反を廃止してコメの供給を増やしたうえで米価を下げるべきだ。影響を受ける農家には直接支払いをすればよい」と主張すれば、どうだろうか？　農村部でも農家や農業者は少数派になっている。既得権益擁護者の勝ち目はない。

これを解消する一つの方法は、各党の候補者選びに、アメリカの大統領選挙や議会選挙のような〝予備選挙〟を導入することである。これによって、候補者がどのような政策を支持しているかが、党員や選挙民の前に明らかになる。今のような密室での候補者決定に対し、候補者選出の透明性が増す。また、TPPのように、多数の選挙民と候補者の間で政策について大きな齟齬が生じることはない。

世襲候補者も政策選択や討論についての能力がなければ、党の公認は得られない。また、当選した後も次の選挙の際の予備選挙を勝ち抜かなければならない。

今の状態では被選挙権が事実上、世襲議員にしか与えられていない。そもそも親が国会議員だというだけで能力や適性があるかわからない人が国会議員となり、またその後も選挙区に競争者がいないので真面目に政策などを勉強することもない。今の政治では、個々の政治家が素質や能力を磨かなくても済むシステムになっている。予備選挙を導入すれば、世襲議員が親の選挙区地盤を引き継いで半永久的に議員を続けられるという、政治家の質の悪さによる日本政治の貧困を解消できる。

日本の政党は、国会での投票に際して党議拘束が強すぎる。アメリカの政党では、党議拘束はない。与党議員でも大統領が望む法案に反対する。各議員へのロビー活動は活発になるが、議員の政策への理解度は高まる。日本と同じ議院内閣制をとるイギリスでも、はっきりと党議拘束をかけるのは予算案だけで、ブレグジット法案の採決に見られるように、党議拘束は緩やかである。

今の自民党議員は、党が決めた方針どおりに投票する。党議拘束がなければ、各議員は議会での投票行動を選挙民に説明しなければならない。「党が決めたから」という言い訳は通じない。支持者を説得できるだけの説明能力が求められることになる。議員の質の向上につながる。これは、次の選挙に際しての予備選挙において党員が候補者を決定する際の材料にもなる。

「ステーツマン」はいた

私が講演すると必ず出る質問がある。先日も日本農業を引っ張っている若手リーダーの集まりで話したところ、同じ質問を受けた。「山下さんの言うことはすべてグサッと心に刺さる。国にとっても農業にとっても、もっともな主張なのに、なぜ実現しないのですか?」という問いである。

JA農協のような既得権に逆らうことは難しいかもしれない。しかし、もう一度、自分たちが何のために国会議員になっているかを問い直してもらえないだろうか? 既得権者のためなのだろうか? 国民のためなのだろうか? 農林水産省についても同じである。何のために国家公務員になったのだろうか? 国民のためか、天下りのためか?

私が中山間地域の直接支払いを導入しようとした際、岩手県選出の玉澤徳一郎衆議院議員から「そんなことをすれば駄農を育成することになる」と批判された。そうではないのだと説明して納得してもらったが、ほとんどの政治家が自分の地元を直接支払いの対象にしようとして無理難題を言うなかで、立派な(変わった)政治家もいるものだと思った。

彼はその直後に農林水産大臣になった。私は、中山間地域の直接支払いについて、〝集落協定(5年間)の対象農地の一部でも耕作放棄すれば、直接支払いを受けた集落すべての面積について交付年にさかのぼって直接支払い全額を返還する〟という仕組みにした。こうすれば簡単に耕作放棄しないと考えたからである。上司の局長以下、関係者すべてが私に反対したが、担当課長として押し切った。当然ながら、これは厳しすぎるという批判が上がった。

玉澤農相にも苦情が来たので、私は大臣に「これに文句を言う人は、納税者から耕作放棄しないことについてお金をもらいながら、5年のうちに耕作放棄すると言っているのです。直接支払いを受ける以上、このような仕組みにすることは当然だと思います」と説明した。大臣は「そうだ。君の言うとおりだ」と賛成してくれた。私は玉澤氏をもう一度評価した。残念ながら、この要件はしばらく継続されたが、後に撤廃された。

正論を主張する玉澤氏は地元におもねることはしなかったのだろう。自民党の防衛族、農林族議員の重鎮とされながら選挙には弱く、何度か落選した。しかし、農林水産省内にも彼に心酔している人がいた。彼のように国民や国の政策を第一に考えるステーツマンが現れることに期待したい。それがかなえば、減反など、たちどころに廃止できるだろう。今となっては、玉澤氏が農林水産大臣の時に減反廃止を進言しなかったことが悔やまれる。

第 3 章

日本に起こる食料危機

——ガザは他人事ではない

1 食料供給困難事態対策法の致命的な欠陥

「食料だけで危機が起きる」という発想の誤り

食料・農業・農村基本法の見直しを実施するため、2024年、農林水産省は国会に「食料供給困難事態対策法」を提出し、成立させた。

この法律では、コメ、小麦、大豆など国民の食生活上重要な食料が不足する事態に備えるため、干害や冷害などの気象上の原因による災害、植物に有害な動植物や家畜伝染病の発生などによってこれら重要な食料が大幅に不足する予兆があった場合、内閣総理大臣をトップとする対策本部を設置し、事業者に出荷や販売の調整、生産や輸入の拡大などを要請できるとしている。そして実際に大幅な食料不足が起きた場合などには、生産や出荷などに関する計画の提出や変更を指示できるとし、さらに、最低限必要な食料も確保できないような場合は、コメやサツマイモなど、カロリーの高い作物への生産転換を要請したり、指示したりすることができるとしている。この法律は賛成多数で可決・成立した。

この法律の致命的な欠点は、大平内閣時の総合安全保障の議論と同様、食料だけで危機が起きると考えていることである。ウクライナやガザ地区への侵攻やエチオピア・ティグライ紛争など最近の大きな食料危機は、軍事的な紛争に伴って発生している。食料単独で起きる〝最低限必要な食料も確保できないような場合〟とは、どういう場合なのだろうか？

コメが生産転換を要請される重要な作物だとしているのに、減反政策でコメ生産を減少させていることとの整合性は全く考えていないようである。最低限必要な食料を確保できないような場合に、どれだけの食料を増産しなければならないのか、そのためにどれだけの農地が必要なのか、対策の前提となるものを示していない。さらに、生産の拡大を要請するとしているが、すでに大量の農地を転用などで喪失しているので使える農地がない。危機が起きてから農地を開拓するのだろうか？　開拓できる土地はどこにあるのだろうか？　急にコメやイモを作付けしても収穫するまでに国民は餓死してしまう。農林水産省は買い負けて輸入ができなくなることを食料危機として強調しているのに、その時に輸入の拡大をどうやって要請するのだろうか？　中国より安く買わせてほしいとアメリカに土下座するのだろうか？　この法律も矛盾の塊である。

第1条は、食料供給困難事態が起きる原因として、世界人口の増加、気候変動、植物に有害な動植物および家畜の伝染病の発生および蔓延を挙げている。しかし、このような原因で日本に食料危機は起こらない。

人口増加で食料危機は起きるか

まず、世界人口増加で日本に食料危機は起きない。世界的にも起きるかどうかわからない。人口や所得の増加によって、２０５０年にかけて世界の食料生産を3～5割増やさなければな

図表3-1　トウモロコシ、小麦、大豆の実質価格の推移（アメリカ農務省作成）

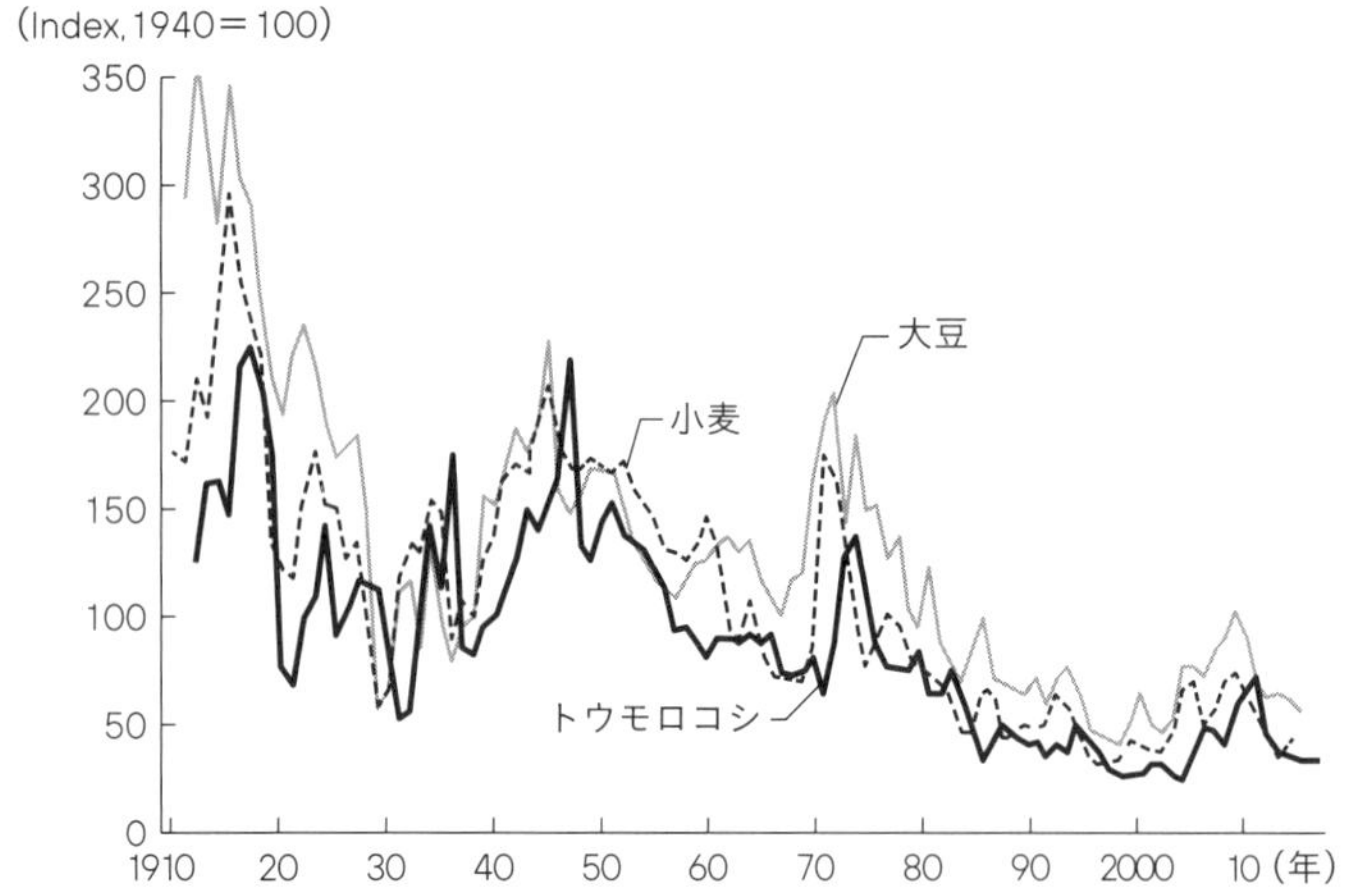

出所：USDA Economic Research "Inflation-adjusted price indices for corn, wheat, and soybeans show long-term declines"

らないなどと言われている。これができなければ、一時的に価格が上昇するのではなく、恒常的に価格が高水準となる食料危機が起きる。暗にそう主張しているのである。農林水産省は、この議論に便乗している。

しかし、この可能性は少ない。2050年に突然人口が爆発するのではない。人口が増えて食料危機が起きるのであれば、急に人口が爆発するのではないから、すでに穀物価格は上昇傾向にあるはずだ。ところが、物価変動を除いた穀物の実質価格は、ずっと低下傾向だ。図表3－1は、アメリカ農務省が作成した過去1世紀のトウモロコシ、小麦、大豆の実質価格の推移である。

図表3－2は、1960年を100とした場合の（物価変動を除いた）実質価格の推移である。名目価格では史上最高値と言われる2022年の穀物価格も、実質価格では1973年よりも

図表3-2　物価修正した穀物価格の推移

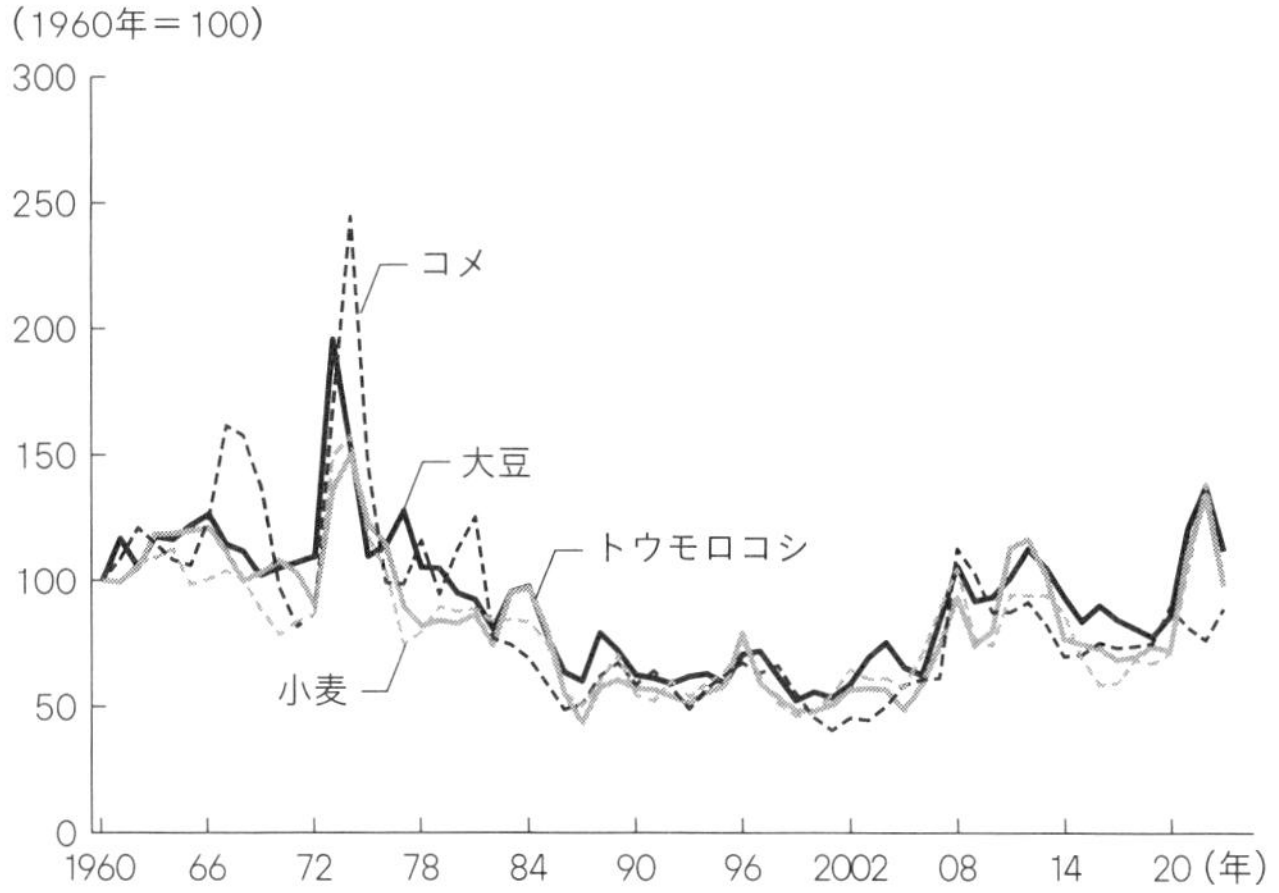

出所：World Bank Commodity Price Dataより筆者作成

図表3-3　穀物生産量と人口の推移

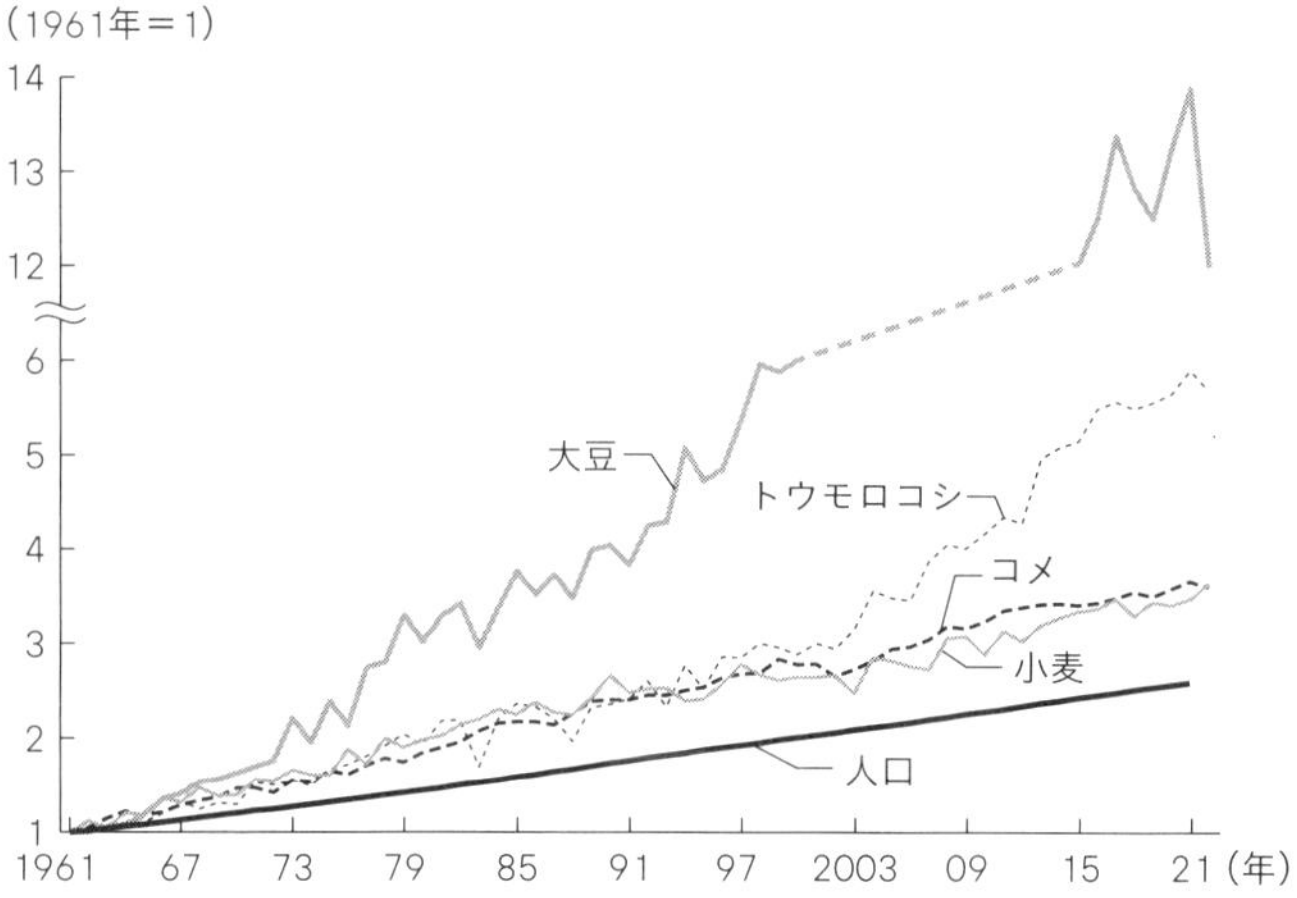

出所：FAOSTAT、UN World Population Prospects 2022より筆者作成

かなり低い水準にある。

食料危機が北海道洞爺湖サミットの最大のテーマとなった２００８年でも、１９７０年代の価格水準を下回っている。理由は簡単である。生産の増加が人口増を大きく上回ったからである。１９６１年から２０２１年までに人口は２・６倍に増加した。これに対し、穀物などの生産は、１９６１年から２０２２年までにコメ３・６倍（２０２１年までは３・７倍）、小麦３・６倍（同３・5倍）、トウモロコシ５・７倍（同５・９倍）、大豆13・９倍（同13・０倍）、なたねは２０２１年まで24倍に増加している。

２０２２年に80億人となった世界の人口は２０５０年には98億人となると予測されている。1・2倍の増加である。穀物などについて、２０１２年から２０２２年までの年平均伸び率で２０５０年の生産を推計すると、コメ１・2倍、小麦１・7倍、トウモロコシ2・2倍、大豆2・8倍となる。今後も、生産は人口の増加を上回る。しかも、２０２４年7月、国連は２０８０年代半ばにはおよそ１０３億人でピーク・アウトするという予測を公表した。

中国の爆食？

また、中国の〝爆食〟による穀物需要の高まりを指摘する人もいる。所得が低水準から増加する局面では、穀物を直接消費する量は減少して、食肉や牛乳・乳製品など畜産物の消費が増加する。１キログラムの食肉生産のためには、鶏卵では3キロ、鶏肉では4キロ、豚肉では7キロ、

図表3-4　中国と日本の牛肉・豚肉・牛乳の一人当たり消費量の比較（2023年）

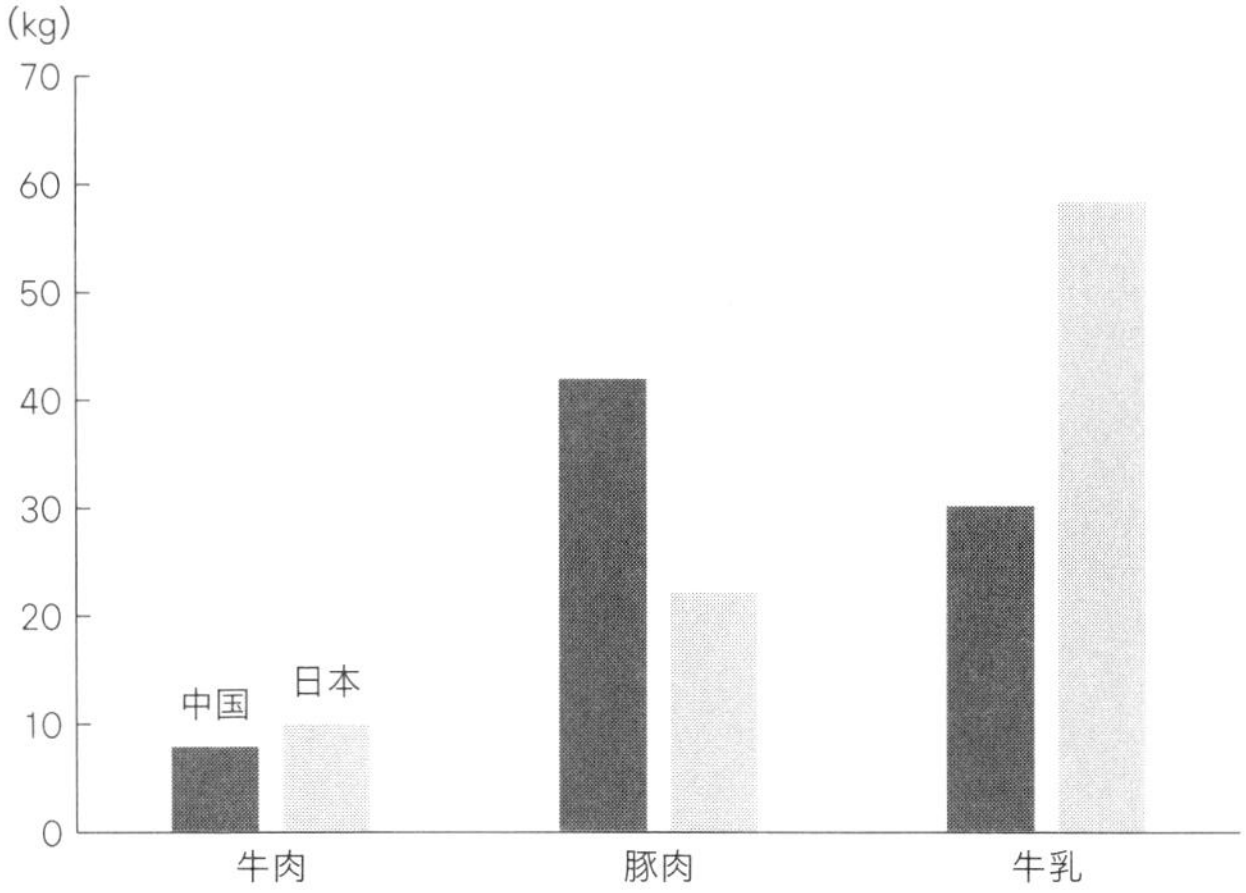

注：一人当たり消費量は「Domestic Consumption」を人口で割った値を使用
出所：USDA PSD Data Sets, UN World Population Prospects 2022より筆者作成

牛肉では11キロのトウモロコシが必要となる。草をエサにしていた酪農や肉用牛生産でも穀物をエサにする割合が増えている。この結果、所得が増加して畜産物への需要が増えると、穀物を直接消費していた時代と比べ、穀物需要は大幅に増加する。

しかし、中国の一人当たりの豚肉消費量はすでに日本の2倍程度の水準に達しており、牛肉や牛乳を含めた消費量の伸びは近年鈍化している。さらに、その人口は高齢化し（胃袋の縮小）、（胃袋の数も）減少していく。2024年7月の国連の予測では、中国は人口減少が続き、2054年には12億1500万人、2100年には6億3300万人になるとしている。中長期的に見ると、中国が食料価格上昇の大きな原因になるとは考えられない。

人口増加などによって世界に食料危機が起きると主張する人にとって、不都合な真実が多い。

また、食糧不足によって起きる価格高騰で、途上国の貧しい人は食料を買えなくなるかもしれないが、日本が買えなくなるおそれはない。

今後も従来の作物改良に加え、ゲノム編集、培養肉などの画期的な技術による増産が期待される。将来、人口が100億人になるからと言っても、恒常的に穀物価格が高止まりして買えなくなるという心配はしなくてよい。

気候変動で食料危機は起きるか

気候変動についてアメリカ航空宇宙局（NASA）は、衛星による地球水循環の分析から、同国のコーンベルト地域で、土壌水分が減少するため、トウモロコシの収量が低下し小麦の収量が増えるというシミュレーションを報告している。しかし、このように影響を受ける地域がある一方で、逆に小麦地帯のサウスダコタ州でトウモロコシの生産が増加している。温暖化の利益を受ける地域もあるので、世界全体の需給にどれほどの影響が生じるかわからない。また、悪影響が生じたとしても、ゲノム編集などの技術進歩がこれを相殺してくれそうである。

欧米では気候変動に対応した新しい動きがある。温暖化ガス発生防止のため、アメリカの農家は、土壌流出を防止するとともに炭素を土壌中に封じ込める（炭素隔離〔carbon sequestration〕という）ことができる非耕法（土を耕さない〔no-tillage〕方法で不耕起栽培ともいう）や土壌を覆うカバークロップ（被覆作物）などに積極的に取り組むようになってきた。

非耕法または不耕起栽培とは、作物を栽培する際に通常行われる耕耘や整地の過程を省略し、作物の刈り株、わらなどの作物残渣を田畑の表面に残した状態で次の作物を栽培する方法である。耕耘しないことで土壌中にいるミミズなどの生物の生息環境を破壊しないうえ、これらの土壌生物の食物となる有機物を土壌に堆積させることができる。カバークロップとは、土壌侵食の防止や土壌への有機物の供給などのために、畑の空いているスペースで栽培される作物のことで、ヒエやライムギなどのイネ科の作物、レンゲなどのマメ科の植物、そしてアブラナなどが使われる。窒素固定するマメ科緑肥作物は、土壌にすき込むことによって窒素の無機化が起こり、肥料成分として供給されることから、肥料の使用量を低減できる。

これらの農法は土壌（表土）流出を防ぐために考えられたものだが、有機物と土壌生物によって団粒構造を持つ表土を作り出す。また炭素も固定できるうえ、これを肥料としても使える持続的な農法である。

最近、アメリカでは「土壌健康（soil health）」という言葉を頻繁に耳にする。日本で言うと、「健康な土作り」というものだろう。土壌の状況に同じものはない。したがって、こまめな対策が必要だと言う。炭素を貯蔵する土壌は生産性向上だけでなく気候変動対策としても重要である。

農薬が病害虫や雑草など生物的なストレスを軽減するための農業資材であるのに対し、地球温暖化による高温障害や干害などの非生物的なストレスに対して植物の耐性を高めたり肥料の吸収能力を向上したりして収量を増加させるバイオスティミュラントなど、新しい農業資材の開発にスタートアップ企業や大手企業が参画している。また、農業資材がもたらす環境への悪影響を少なくするという観点から、病害虫や雑草対策についても、従来の化学から生物学の利用が重視されるようになっている。具体的には、バクテリア、真菌（fungus）などの微生物（microbial）や線虫（nematode）を活用したバイオ農薬やバイオ肥料の研究・応用が行われている。

アメリカでは、農業は温暖化の被害者であるとともに加害者なので、必要な対策を講じなければ農業生産自体を継続できなくなるかもしれないという危機感が、農家の間に近年急速に高まっている。地球温暖化に懐疑的な共和党の支持者が多い農家が、温暖化対策に自主的に取り組んでいる。日本だと、補助金がないと農家は取り組もうとしないかもしれない。

これまでは、農業経営は短期的に大きな利益を上げるためのもので、利益が出なくなれば、農場を売って都市に出るといった考え方の農民が多かった。しかし、最近では、自分は4代続いた農家だと名乗るなど、持続可能な農業を行ってきていることを誇らしげに語る農民が増えてきた。農民の間に大きな意識変化が起きている。

消費サイドでも、温暖化ガスのメタンを発生させる酪農・肉用牛生産への批判から、植物性食品（plant-based food：肉だけでなくサーモンやチーズなども）や培養肉（cultivated weat：肉だけでなくキャビアまでも）の開発・実用化が急速に進んでいる。数年前までは価格・コストが高いということが問題視されたのに、今の課題は食味の向上だと言う。牛のゲップによるメタン発生を減少するため、飼料に海草を加えるなどの方法も検討されている。

フォンデアライエン欧州委員会委員長（行政府の長で日本の首相に当たる）の下で環境対策を積極的に推し進めようとするＥＵは、２０１９年に地球温暖化対策として２０５０年までに温室効果ガスの排出ゼロを目指す「欧州グリーンディール」を打ち出した。農業については「農場から食卓まで戦略（Farm to Fork Strategy）」が定められ、2030年までに肥料を20％削減、化学農薬を50％削減、農地の25％を有機農業にするなどの目標が定められた。また、生物多様性のために農地の4％を休耕することが義務付けられた。

EUは、気候変動・環境などの法令順守を農業直接支払いの受給条件とするとともに、気候変動・環境へのさらなる取り組みを行う農業者には上乗せ支援を導入した。共通農業政策の予算はEU全体の3割を占める。その4割は気候変動・環境対策に向けられる。また、加盟国は単にEUの規則を順守しているだけではなく、成果を上げることが求められている。欧州委員会の提案は急進的だったため、農家の抗議活動を受けて一部の政策は後退しているが、方向性は変わらないだろう。また、EUの農家が市民からの支持を受けるためにも気候変動や環境への配慮は必要となる。

次に、食料供給困難事態対策法は家畜伝染病を挙げているが、鳥インフルエンザ、豚熱や口蹄疫の発生で一時的に鶏肉、豚肉や牛肉などの畜産物が食べられなくなったとしても、穀物や魚などを食べれば飢餓は生じない。次に述べるように、財の間には代替性があるからである。

平成のコメ騒動は食料危機なのか

「食料供給困難事態対策法」は、〝食料供給困難事態〟を「特定食料（コメや小麦などの重要食料）の供給が大幅に不足し、又は不足するおそれが高いため、国民生活の安定又は国民経済の円滑な運営に支障が生じたと認められる事態をいう」と定義している（第2条第4項）。

しかし、これは食料危機ではない。「特定食料の供給が大幅に不足し、又は不足するおそれが高い」ことで「国民生活の安定又は国民経済の円滑な運営に支障が生じたと認められる事態」は生じないからである。

一部の食料に供給難が生じると、その食料の価格は高騰する。消費者は、その食料の消費を減らして他の食料を購入する。他の食料の供給が十分であれば、危機は起こらない。全面的に食料が供給不足に陥らない限り、日本に飢餓は生じない。

この法律は、平成のコメ騒動と呼ばれた1993年のコメ不作（平年に比べた作況指数は74。26％の不作）を念頭に置いているものと思われる。しかし、この時、国産の不作をコメの輸入で補うことができた。輸入ができれば、供給に問題はない。当時1000万トン程度の薄いコメ国際市場で260万トンのコメを買い付けたために、国際価格は2倍に高騰して貧しい途上国の人を苦しめた。しかし、日本は困難なく輸入できた。しかも、輸入したタイ米や中国米を国民は食べようとしなかったため、大量の売れ残りが生じた。

一時的にコメは供給不足になったが、パンやうどんなどの原料となる小麦、豆腐などの原料となる大豆、牛乳・乳製品、食肉、卵などの畜産物の供給には全く支障はなかった。トイレットペーパー騒ぎと同様、コメが不足するということで消費者がパニックになっただけである。これは本来の意味での危機ではない。政府が他の食品の供給は十分に確保されているというアナウンスを行っていれば、防げた騒動だった。

経済学部の1年生は、リンゴとミカンなどの消費財の間でも、資本と労働などの生産要素の間でも、あるモノの価格が上がると別のモノに〝代替〟されるという経済学の基本を勉強する。しかし、農林水産省は食料消費には代替性があることが理解できないようだ。コメが不作または輸入困難となっても、小麦を輸入すれば食料危機は生じない。トウモロコシが輸入困難となって国内産の食肉や乳製品の供給が困難となっても、製品である食肉や乳製品を輸入できれば、食生活を維持できる。また、それができない場合でも、畜産物に代えて小麦・大豆などを摂取すれば飢餓は生じない。特定の品目で世界同時の不作や港湾ストライキが起きて国際価格が高騰したとしても、わが国が必要な食料を輸入できなくなることは考えられないし、また価格が高騰していない他の品目の輸入が継続できれば、国内での食料品の価格上昇は緩和される。

平成のコメ騒動と違い、大正のコメ騒動は、鈴木商店が焼き討ちに遭うなど全国各地で大規模な暴動が発生し、これを収めるため軍隊まで出動した後、寺内内閣が総辞職するという大事件に発展した。これは、当時は十分な副食もなくコメ主体の食生活だったため、コメ以外の代替食糧がなかったからである。

そもそも平成のコメ騒動はなぜ起きたのだろうか？　1993年産米の生産量は783万トンだった。その前後のコメ生産は1000万トンが通常で、翌1994年産米については減反を一時的に解除したため約1200万トンの生産となった。急な解除だったためすぐにコメを作付けられない水田があったにもかかわらず、である。当時コメの潜在生産量は1400万トンで、水田面積の3割（現在は4割）の減反で生産を1000万トンに落としていた。減反しないで1400万トンを生産して400万トンを海外に輸出していれば、1993年の冷害でも国内供給の1000万トンは確保できた。平成のコメ騒動の根本的な原因は、減反政策にある。

2 日本に起こることのない食料危機
——経済的なアクセスが困難となるケース

二種類の食料危機

食料危機には二つのケースがある。

一つは、価格が上がって買えなくなるケースである。食料に対して経済的にアクセスできなくなる場合である。途上国では所得のほとんどを食料品の購入に充てている。所得の半分をコメやパンに充てていると、この価格が3倍になっては食料を買えなくなる。

2008年にはコメ価格が高騰してフィリピンなどでこのような事態が起きたし、2022年から2023年にかけての小麦価格の高騰でスーダンなどでは暴動が起きている。これらの危機が生じたのは、なんらかの突発的な理由で需給のバランスが崩れ、価格が急騰したからである。槍のように突出するのでパイク（pike）と言われる。

最近の世界的な食料危機としては、1973年、2008年、そして2022年の穀物価格高騰が挙げられる。1973年の危機は、ソ連が大量の穀物買い付けを行ったことにより発生した。現在ロシアは穀物の輸出国だが、当時は非効率な畜産経営をしていたため、輸入しなければならないほど大量の穀物を必要としていたのである。2008年はトウモロコシのエタノール生産向けの増加というアメリカの農業・エネルギーの政策転換が引き起こした。トウモロコシの価格が高騰したので、代替性のある小麦やコメの国際価格も上昇した。とりわけコメ価格が激しく高騰した。2022年はロシアのプーチン大統領によるウクライナ侵攻である。これらの事件は、誰も予想できない。

2022年のロシアのウクライナ侵攻で、世界第5位の小麦輸出国ウクライナの穀物生産は減少した。また、黒海を通じた同国の輸出も阻止された。世界への小麦供給が減少し、小麦の価格は上昇した。レバノンやアフリカ・サブサハラの国では、経済力がないので飢餓が生じた。

なぜ日本で食料危機は起こらなかったのか

レバノンなどと異なり、日本は従来どおりの小麦の量を輸入できた。日本への輸入が途絶することはなかった。パンの価格が上昇するくらいで、日本で食料を食べられなくなるという危機は起きなかった。

世界で同時に凶作や港湾ストライキが発生するような場合も同様である。主要生産国の不作と

図表3-5　穀物国際価格指数と国内CPIの推移

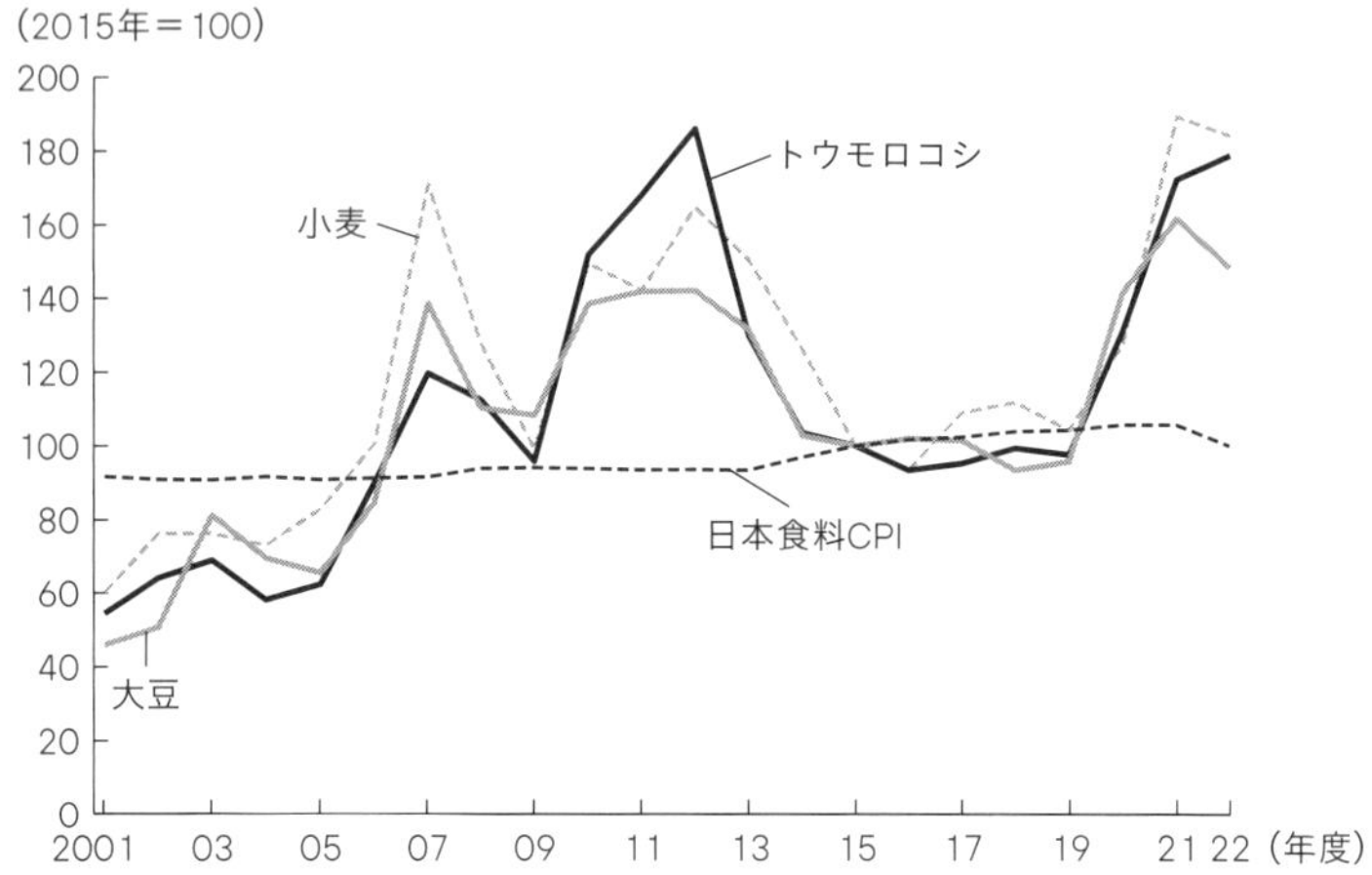

注：小麦およびトウモロコシは7月〜6月、大豆は10月〜9月の年度データを使用し、2015/2016を100した数値。国内CPIは4月〜3月の年データを使用し、2015年を100とした数値
出所：穀物国際価格はFAO, "Food Outlook"、国内CPIは総務省統計局「消費者物価指数」

港湾ストライキが重なって起こったとしても、国際市場で供給が減少するので、日本への影響は価格上昇・騰貴という結果として表れるだけである。日本の経済力からして買えなくなることはない。

日本では、この種の危機は起きない。以下で述べるとおり、穀物価格がどんなに高騰しても日本が買い負けるなどという農林水産省の想定は誤っている。2008年、穀物価格が騰貴し、食料危機は北海道洞爺湖サミットの主要議題となったが、この時、日本の食料品消費者物価指数は2・6%しか上がっていない。日本の消費者が飲食料品に払っている金のうち87%が加工・流通・外食への支出である。輸入農水産物に払っているお金は、2%に過ぎないからである。

食料が全輸入額に占める割合は小さい(1955年の61%から2022年には10%に減少)

図表3-6 飲食料の最終消費額に占める農水産物の割合(2015)

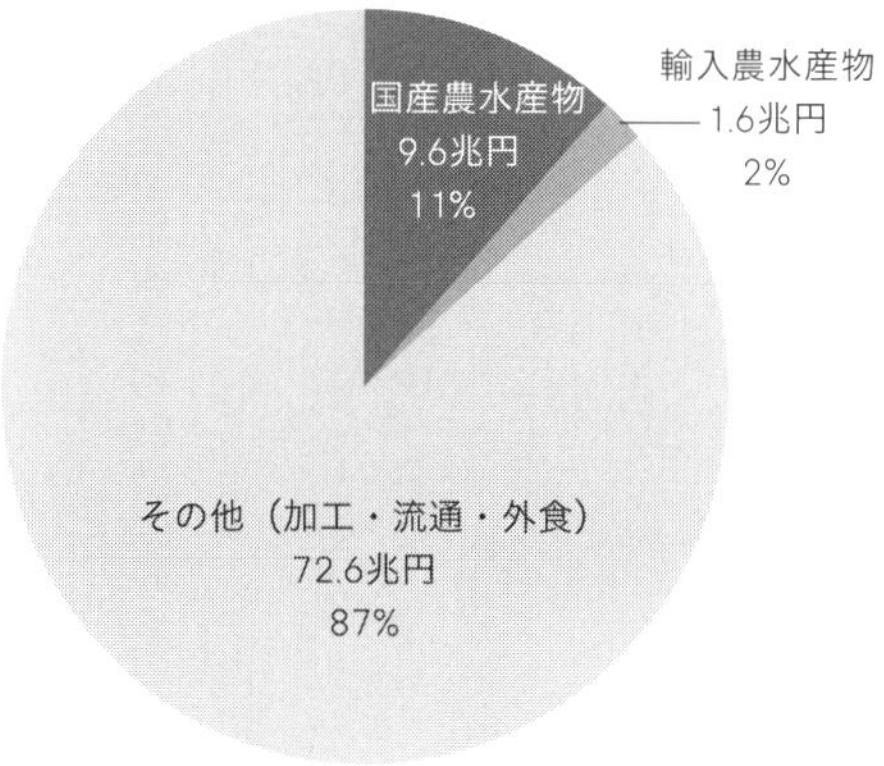

出所：農林水産省公表資料により筆者作成

図表3-7 食料品輸入総額に占める特定品目の割合(2023)

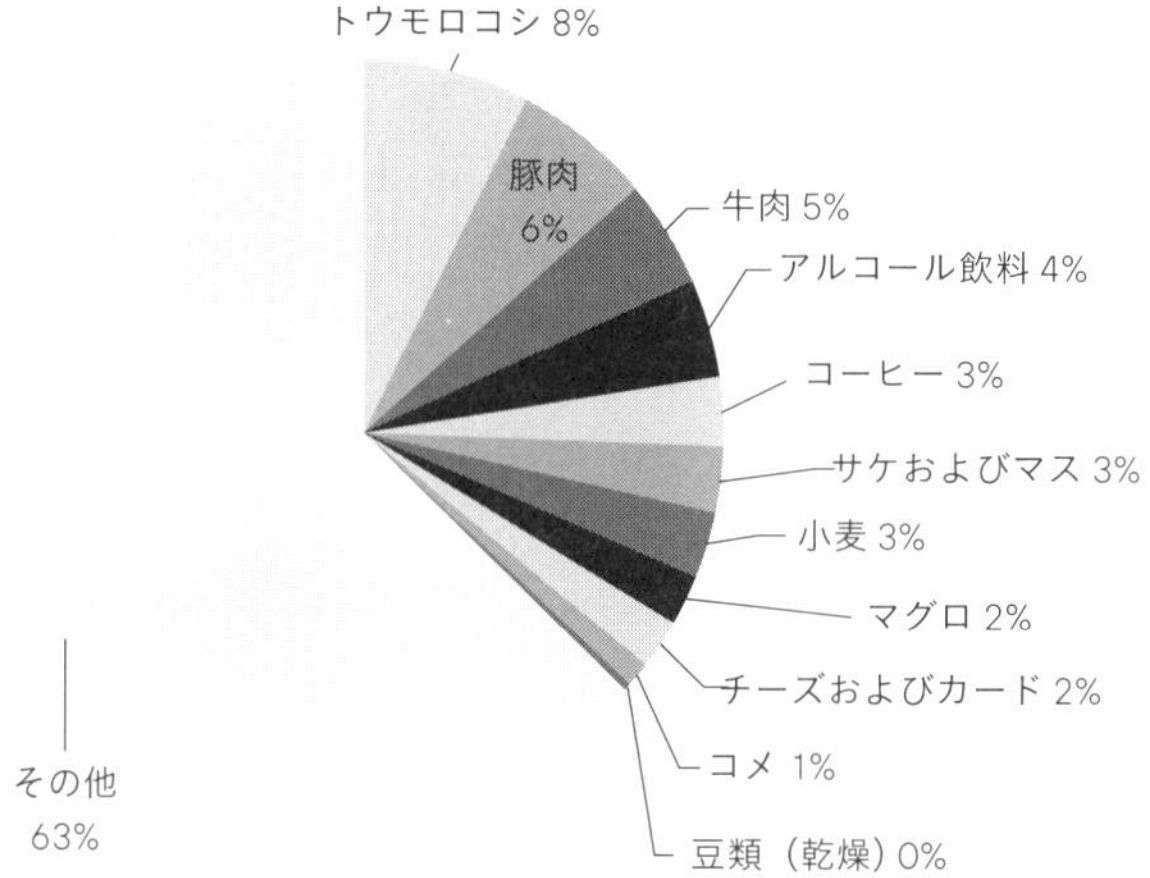

出所：財務省「貿易統計」

うえ、食料供給困難事態対策法で言う特定食料（コメや小麦などの重要食料）が食料輸入に占める割合も大きいものではない。小麦で3％、トウモロコシで8％に過ぎない。これらの価格が3倍になっても、支障なく輸入できる。穀物の実質価格が過去最高に騰貴した1973年でも、日本は穀物などを買い続けることができた。日本に飢餓が生じることはなかった。

このような食料支出の構造は、欧米などの先進諸国に共通している。アメリカやEUでも2022年の穀物価格上昇の影響は日本と同じである。日本と同様、食料品の価格上昇は限定的であり、飢餓が生じるような食料危機は起きない。

ある港湾でストライキが起きたとしても、主要国の農業生産者や穀物商社は（穀物が腐敗するのを恐れて）別の港湾を探して輸出しようとする（アメリカの南部の港湾でストライキが起きても西海岸から輸出する）ので、輸入への支障は軽減される（十分には成功しなかったが、今回黒海を閉ざされたウクライナはヨーロッパ経由で小麦を輸出しようとした）。また、アメリカとオーストラリアなどで同時に港湾ストライキが起きる可能性も少ない。アメリカが無理ならカナダやオーストラリアからの輸入を増やせばよい。消費だけでなく供給国にも代替性がある。

世界同時不作は起きるのか

不作はアメリカなどの主要な輸出国だけでなく、インドや中国のような生産量の多い国で起きる場合も想定する必要がある。輸入への需要が増加して国際価格が高騰する可能性があるからである。

１９７３年の穀物危機は、ソ連の不作による飼料用穀物の大量輸入が引き金となった。ただし、世界各地の気象条件が異なるうえ、作付け期間が逆になる北半球と南半球に生産国が分散していることから、主要な生産国が同時に不作になることも想定できない。そのうえ、ある国で不作になり価格が上昇すると、他の国（特に別の半球の国）は作付けを増やそうとするので、影響は軽減される。生産国にも代替性がある。

そもそも、農林水産省は、どの程度を不作と言っているのだろうか。実はこれがはっきりしていない。不作と言うと、国民は警戒心や不安を高めてくれると思っているのかもしれない。日本のコメの場合、１９９０年以降、作況指数（平年作＝１００）は１００を中心として概ね95～１０５前後の幅に収まっている。これを超える不作は、２００３年の90（10％の不作）と平成のコメ騒動を起こした１９９３年の74（26％の不作）しかない。26％でも大凶作だった。ちなみに、同じく大凶作と言われた終戦直後の１９４５年の作況指数は67で33％の減産である。ただし、当時はマッカーサーに批判されたほど統計が杜撰で、実際には、これほどの不作ではなかった。

ところが、小麦についてみると、アメリカ、カナダ、オーストラリアという日本への輸出国は、生産量の５～８割を輸出している。つまり、５～８割の減産でも生じない限り、これらの国は輸出を続ける。国土が戦争状態となった２０２３年度のウクライナでも、対前年比で、小麦21％減、トウモロコシ19％減の生産減少に過ぎない。５～８割の減産などあり得ない。また、これらの国が同時にこのような規模の不作になることもあり得ない。

さらに、すでに述べたように、世界の生産は安定しており、かつ増加傾向にある。世界的な生産増加のトレンドは特定の国の短期的な不作を相殺してくれる。しかも、この20〜30年間目立った不作はない。穀物価格の高騰はウクライナ侵攻など不作以外の要因で発生している。

もちろん、後述するとおり、食料・農産物の需要は非弾力的なので、1〜2割の生産減少でも価格は大きく上昇する可能性がある。しかし、この場合でも、過去日本が途上国に買い負けたことはない。

日本が買い負けることはない

農林水産省は、1999年の新基本法制定以降に生じた変化として、「世界の食料生産・供給は不安定化しているうえに日本の経済的地位が低下し必要な食料を容易に輸入できなくなっている」と指摘している。日本の経済的地位が低下した根拠として、「2000年当時は世界の純輸入額の4割を日本が占めていた。それが18％に低下している。日本はプライスメーカーだった。日本がさまざまな仕様を要求しても相手方は従っていた。しかし、今は中国が最大の輸入国になっている」と言う。

これはウソである。確かに世界全体の穀物輸入に占める中国の比重が高まり日本が低下していることは事実である。しかし、過去も日本は世界貿易で買い手として独占力を発揮していたのだろうか？

純輸入額とは輸入額から輸出額を引いたものである。日本のように輸出額の少ない国は純輸入額が多くなるが、アメリカのような輸出額が多い国は少なくなる。輸出額のほうが多ければ純輸入額はマイナスになる。今でもアメリカは日本の3倍近い輸入を行っているが、純輸入額では日本の半分になってしまう。輸入を行う力を見たいなら、なぜ輸入額で比べないのか？　かつて日本が輸入独占の地位にあったことを強調したいために、わざと純輸入額のデータをとったのである。改竄《かいざん》に近いデータの恣意的活用である。

日本の商社は日本全体の純輸入額をバックに個別の商品の輸入交渉を行っているのではない。日本が最も市場支配力を発揮したかもしれない商品は、食糧庁が国家貿易企業として一元的に輸入していた小麦だろう。その小麦について、１９９０年代から２０００年代にかけて日本の輸入が世界全体に占めたシェアは５～６％（２０００年は５・７％）に過ぎない。これで独占的な買い手と言えるのだろうか？　しかも、国家貿易と言っても実際の買い付けは数社の商社に委託していたので、食糧庁が独占力を発揮するような場はなかったはずである。買い手がプライスメーカーだということは安く購入するということである。小麦などの穀物調達価格はシカゴ商品取引所(Chicago Board of Trade)の先物相場を参考にして決められるので、食糧庁がプライスメーカーだったことはない。食糧庁がシカゴ相場に影響力を行使して穀物価格を低下させたり、食糧庁の力をバックに輸入商社がシカゴ相場よりも安くカーギルなどから買い付けたりしたことはないだろう。アメリカ、カナダ、オーストラリアからすれば、日本は安定した量を言い値で買ってくれるお得意様だったのではないだろうか？

国家貿易企業である食糧庁が行う小麦輸入における輸出国のシェアは、50年以上もアメリカ45～55%、カナダ25～30%、オーストラリア20～25%で概ね固定されていた。他に輸出国はあったが、最近まで食糧庁はこの3カ国からしか輸入しなかった。アメリカなどの輸出国は競争しなくても日本市場でのシェアを保証されていた。ガット・ウルグアイ・ラウンド交渉で、〝国家貿易企業〟は輸入数量制限と同じく関税化の対象となる非関税障壁とされていた(食糧庁による輸入は廃止される)ため、アメリカ農務省の交渉官は国家貿易企業の廃止を強く日本に要求した。しかし、同省で小麦の対日輸出を担当していた人たちが、彼らにアメリカの穀物業界にとっての食糧庁という国家貿易企業のメリットを説き、その存続を働きかけた。アメリカなどの輸出国にとって食糧庁は買い手として圧力をかけてくるどころか大きな利益をもたらしてくれる存在だった。食糧庁の評価はきわめて高かった。

中国の輸入が拡大する以前においては、大豆やトウモロコシについての世界全体の輸入に占める日本のシェアが高かったことは事実だろう。日本の商社がまとまって(交渉窓口を一社に一元化して)輸出国と交渉していれば、独占的な買い手として力を行使できたかもしれない。しかし、ブラジルやウクライナなどがこれらの輸出国として台頭する前は、アメリカが売り手として独占的な地位を占めていた。世界の農産物貿易の調査会社アグリソース・カンパニーによると、アメリカの世界農産物貿易のシェアは現在は12%に低下しているが、1979年当時は62%だった。しかも、売るのは個々の農家ではなく、カーギルなどの巨大穀物商社である。カナダ、オーストラリアも、小麦などについては輸出国家貿易企業が輸出を独占していた。日本の個々の商社が、

図表3-8　穀物の輸入額と総輸入額に占める穀物の割合の推移

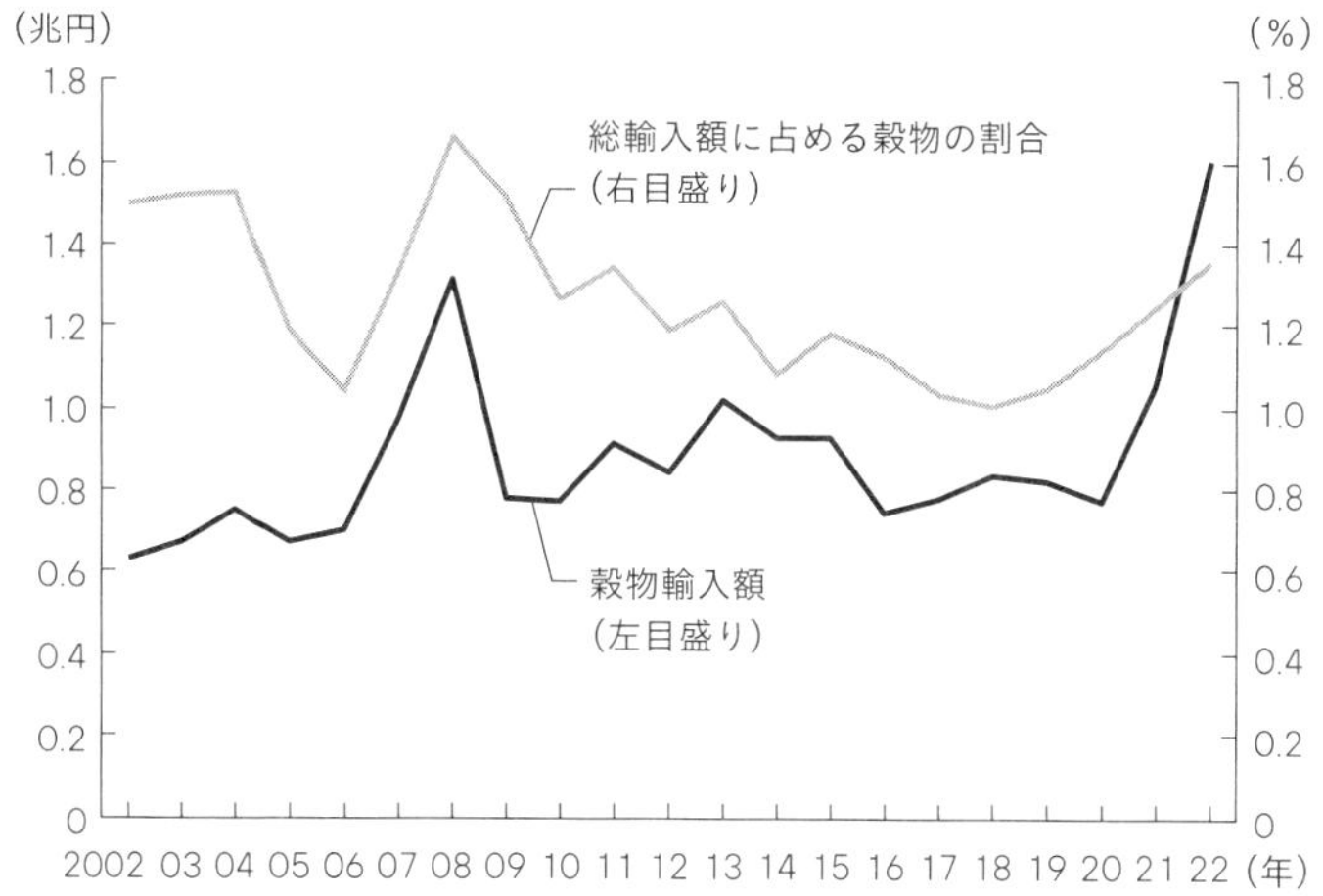

注：穀物は小麦、コメ、トウモロコシ、大豆の合計値、2020年の総輸入額は推定値を使用
出所：財務省「貿易統計」

カーギルや国家貿易企業に対して独占的な買い手として力を行使できたのだろうか？

おそらく農林水産省の担当者は、幹部から買い負けるほど日本の力が弱くなったという主張を裏付ける根拠を見つけるように言われ、かつては買い手として強い力を持っていたというストーリーを作り上げたのだろう。命じた幹部は、このストーリーで国民を納得させられると思ったのか、このストーリーの間違いに気が付かなかったかのいずれかだろう。

私は、１９９０年代のガット・ウルグアイ・ラウンド交渉に参加した。しかし、日本が買い手として尊重されている感じは全く持たなかった。私の上司の首席交渉官は、「普通の商売なら、買うほうが威張っている。しかし、この世界は、売るほうが日本の輸入制度はおかしいと買い手を責め立てている。山下君。おかしいと思わないか？」とこぼしていた。日本は弱い買い手だった。

穀物価格が上昇すると、日本が中国に買い負けるなど、食料危機を煽る人たちが出てくる。これらの人の中には、世界の食料危機を日本国内の農業保護の拡大につなげたいという意図を持っている人が少なくない。しかし、中国企業に日本の商社が高級マグロを買い負けても、小麦輸入の上位3カ国、インドネシア、トルコ、エジプトに日本が小麦を買い負けることはない。

食料安全保障のうえで最も重要な食料は、カロリーとタンパク質を提供してくれるコメや小麦などの穀物と大豆である。図表3－8が示すように、2000年以降、穀物・大豆の輸入額が1兆円を超えたのは2008年、2013年、2021年、2022年の4年しかない。穀物などの価格が高騰し世界で食料危機が騒がれた2008年、2022年の両年でも、それぞれ1・3兆円、1・6兆円に過ぎない。2010年以降では、穀物・大豆の輸入額はわが国の輸入総額の1・4%以下である。生きられないかもしれないときに、食料ではなく高級自動車を買う人はいない。国民の生命の維持に不可欠な食料が足りないと判断すると、どのような対価を払っても輸入しようとするだろう。終戦直後、日本の総輸入額の半分以上は食料だった。穀物価格が10倍になったとしても、輸入額の10～14%を割けばよいだけである。日本が買い負けるなど心配無用である。

さらに、日本が減反を廃止して世界的に評価の高いコメを大量に輸出すれば、コメだけで穀物・大豆の輸入額を上回る2兆円の輸出が可能となる。穀物の貿易収支は黒字となる。自動車産業に黒字を稼いでいただかなくても、コメだけで穀物を輸入できるだけの外貨は稼げる。世界市

図表3-9　国内産小麦と輸入小麦の価格関係

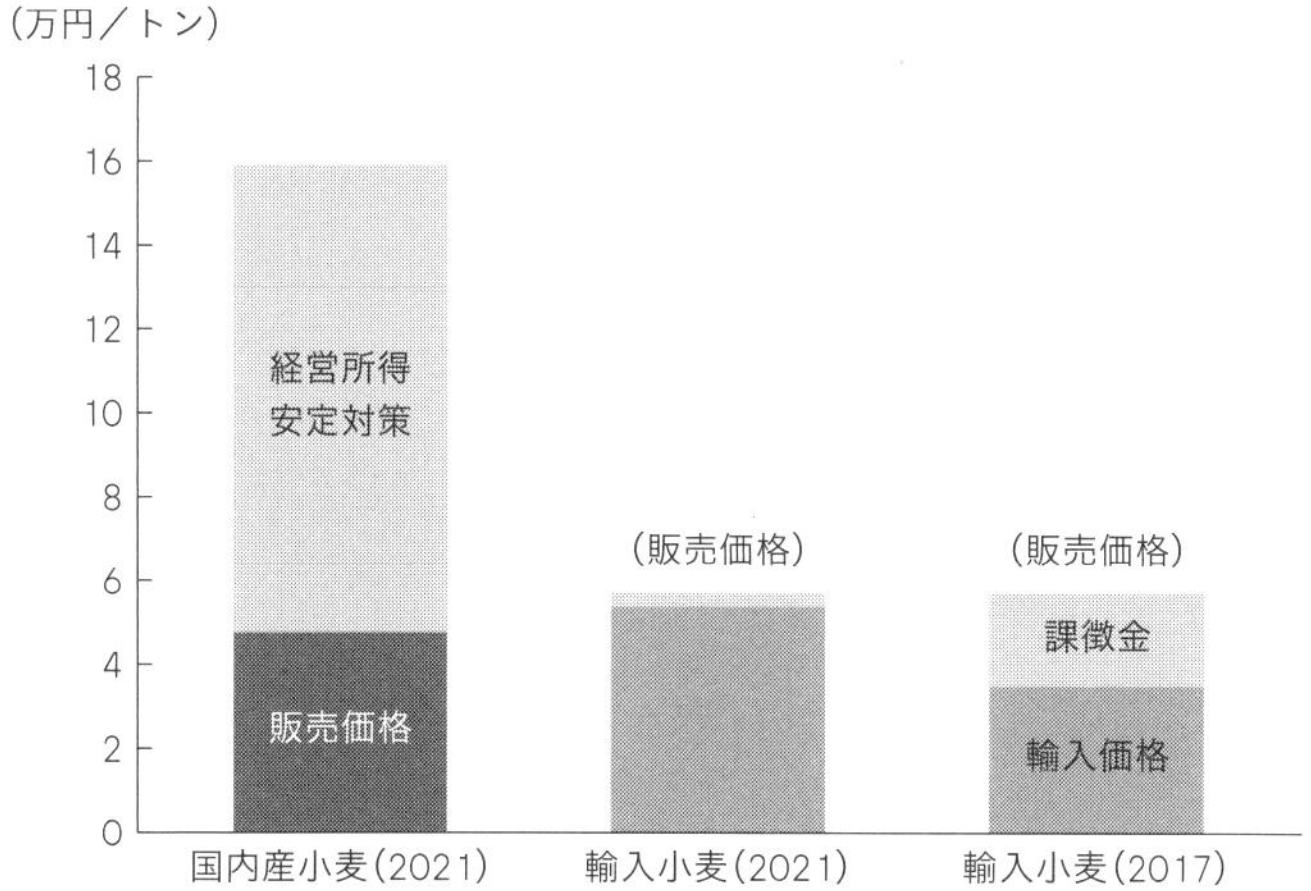

注：国内小麦、輸入小麦の金額はともに加重平均価格の税込価格を使用
出所：国内産麦の販売金額は一般社団法人全国米麦改良協会「令和3年産民間流通麦に係る入札結果について」、経営所得安定対策は農林水産省「令和3年度農林水産予算概算決定の概要」、輸入小麦の輸入価格および販売価格は農林水産省「麦の参考統計表」「輸入麦の結果概要」

場で小麦の価格が上昇するときは、代替品であるコメの価格も上昇する。最も有効な買い負け対策、輸入リスクに対する政策は、減反廃止によるコメの輸出である。

輸入品は買い負けるのに国産品により高い価格を支払うのか

図表3－9は小麦についての国産と輸入の価格関係を示したものである。「経営所得安定対策」は、政府から農家への価格補填金である。農家の手取りは販売価格に経営所得安定対策を加えたものである。同時に、これが国産小麦に対する国民の納税者および消費者としての負担額である。課徴金（マークアップ）とは、農林水産省が徴収するもので関税と同様の性質のものであり、

価格補塡を行う経営所得安定対策の財源となる。

　買い負けるということは、高くて買えないということである。日本の農産物は財政負担により価格を引き下げても、なお輸入価格よりも高い。このため、高い関税で国内の高い価格を維持している。国産農産物に高い負担をしている日本の国民が、外国産農産物を買えなくなるはずがない。財政負担を除いても、国民が国産農産物に対して国際価格より高い価格を払って農家を保護している（農家に所得移転している）内外価格差に相当する額は2・1兆円に及ぶ。これは、2022年の穀物・大豆の輸入額1・6兆円をも大きく上回る負担である。

　さらに消費者は、国産農産物に対する負担に加えて、輸入農産物についても関税（たとえば牛肉では1000億円）を負担している。国民は高くて買えないはずの輸入品に関税を加えて買うことになる。買い負けると言うほど輸入品が高いなら、少なくとも関税は撤廃したらどうだろうか？

　輸入物が高くて買い負けるというのに、それより値段が高く負担が重い国産は購入できるというのは矛盾していないか？　高くて買えない輸入物より財政面でも価格面でも負担が大きい国産の生産を増やして国民に消費させるというのは、どのような論理なのだろうか？

3 物理的なアクセスが困難となる食料危機

周辺有事によるシーレーンへの大きな影響

もう一つの食料危機は、物理的に食料にアクセスできない場合である。東日本大震災でも地震発生後しばらくは食料が被災地に届かなかった。ロシアに包囲され陥落したマウリポリでは、ウクライナ政府や赤十字からの食料が市民に届かなくて、飢餓が生じた。途上国では、エチオピア北部の内戦のように紛争が発生して、食料を入手できなくなる事態がしばしば生じる。2023年、イスラエルがハマスによるテロに対する報復として、ガザ地区に侵攻した。ガザには食料援助物資が届かず、飢餓が発生した。

アメリカ、オーストラリア、EUなど、輸出国で政情が安定している国では、東日本大震災のように災害などで局所的に輸送網が寸断される場合を除き、このような危機は起きない。これに対して、先進国でも食料の過半を輸入に依存している日本のような国では、シーレーンが破壊され、輸入が途絶すると、国全体に大変深刻な食料危機が起きる。

食料を自給できているウクライナは2年以上も持ちこたえているが、日本の食料自給率は4割を切っている。日本周辺で軍事的な紛争が起こり、日本がこれに巻き込まれる場合には、輸入は完全に途絶する。これに至らない部分的な途絶や、途絶する期間の長短などさまざまな状況があるだろうが、日本列島近くで軍事的な紛争が起きれば、船会社が日本の港への輸送を拒否するなど、シーレーンに影響が生じる。

シーレーンに大きな影響が生じると、小麦も牛肉もチーズも輸入できない。輸入穀物に依存する日本の畜産はほぼ壊滅する。生き延びるために、最低限のカロリーを摂取できる食生活、つまりコメやイモ、麦主体の終戦直後の食生活に戻る。

当時のコメの一人一日当たりの配給は2合1勺だった。今は1日にこれだけのコメを食べる人はいない。しかし、肉、牛乳、卵などの副食がほとんどなく、コメしか食べられなかったので、2合1勺でも当時の国民は飢えに苦しんだ。1945年7月、2合3勺の配給量を1割削減して2合1勺にしたとき、日本政府は敗戦を受け入れた。終戦から10年経過した1955年、副食が充実してきていたが、郡部ではなお一人平均3合7勺のコメを食べていた。配給米だけでは生きていけない。順法精神に富んだある判事は、配給米だけを食べて餓死した。国民はヤミ市場や農村への買い出しなどで生きながらえた。当時の国民一人当たりの摂取カロリーは、必要となる2000キロカロリーに対して、ヤミ市場などで調達した食料を入れても、1400キロカロリーしかなかった。

その2合3勺の配給量でも、人口は当時の7200万人から1億2400万人に増加しているので、玄米で1600万トンのコメが必要となる。コメだけで2000キロカロリーを供給するなら2700万トンのコメが必要となる。

国産拡大よりも輸入穀物の備蓄

しかし、農政は、米価維持のため減反（生産調整）でコメの生産を減少させてきた。2023年の主食用のコメ生産量は、ピーク時（1967年1445万トン）の半分以下の661万トンである。エサ米や備蓄を入れても800万トンしかない。戦後の食糧難はアメリカが救ってくれたが、シーレーンが破壊されるとアメリカからの食料は届かない。今、輸入が途絶すると、半年経ずに大多数の国民は餓死する。これが、日本が覚悟しなければならない食料危機である。

農林水産省は、自給率の低い小麦や大豆の生産拡大、そのための補助金増加を主張している。しかし、輸入途絶などの食料危機が起きたときに、1億2400万人が餓死しないためにはどれだけの食料が必要なのかを提示していない。これがないと、どれだけ農業生産を拡大しなければならないのか、そのために必要となる農地資源、肥料などの生産要素、穀物備蓄の規模はどれだけかなどを検討できないはずである。農林水産省の食料安全保障論には、最も根本的な要素が欠けている。

食料危機の際には、国民にとってどれだけの量を入手できるかが重要になる。その食料が国産か外国産かは意味を持たない。生存に必要な小麦が500万トンの時、2000億円の予算で国産小麦100万トン、輸入小麦600万トンが用意できるなら、国民はまちがいなく後者を選択する。

4 中国が軍事侵攻する台湾有事は起きるか

米軍の日本の米軍基地からの出撃

習近平国家主席は、台湾を統一するためには2期10年という国家主席の任期では不十分だと主張して、任期の制限を撤廃した。３期目が終了する２０２７年までに台湾統一のための行動を実行するという見方が強い（峯村〔２０２４〕59～60ページ参照）。

そのための一つのシナリオが、台湾を軍事的に侵攻して占領するというものである。しかし、ロシアがウクライナに侵攻した場合と比べると、これはかなり難しい。ロシアとウクライナは陸路で隣接しているが、台湾と中国の間は１００キロメートル以上も海で隔たれている。船で軍隊を輸送するしかないが、航行中に空から爆撃されたり魚雷を撃ち込まれたりすれば、兵を上陸させることはできない。

しかし、極東に展開しているアメリカの空母2隻は、中国の高性能の弾道ミサイル攻撃を恐れて出撃できない。ミサイルが命中すれば、乗組員５０００人の命が一挙に失われるからである。これは軍事専門家の共通の理解のようである。アメリカが中国の軍用船を攻撃できるとすれば、在日米軍基地からとなる。

アメリカのシンクタンクが行ったシミュレーションでは、すべての場合でアメリカが勝つという結果になった。その前提は、すべて日本の米軍基地から出撃するというものだったという。逆に、中国もそのように判断すれば、台湾上陸を成功させるためには緒戦において三沢基地も含めてすべての在日米軍基地を攻撃するだろう。こうなると、日本へのシーレーンは破壊され、物資の輸送は困難となる。この時、食料の輸入は完全に途絶する。

しかし、このシナリオだと、中国はアメリカと全面的な戦争状態となる。中国にとっても最悪のシナリオとなる。他方で、北朝鮮やロシアも中国に加担するかもしれないと考えると、アメリカにとっても大変な結果となる。日本も当然ながら巻き込まれる。大規模な戦争となる。通常兵器の戦争で終わらないかもしれない。核戦争を覚悟しなければならないかもしれない。

中国にとってリスクの高い台湾軍事侵攻

以上を考慮すると、習近平国家主席にとって、台湾に軍事侵攻することはきわめてリスクが高い。軍事専門家のシミュレーションは、兵器や兵力の質量や優劣で結論が出される。双方の政治的な意思やリスクは考慮されない。

習近平国家主席は政治家として何を考えているのだろうか？　日本やアメリカの政治的なリーダー、議会や政府と異なり、習近平氏および中国共産党は、選挙で選ばれているわけではない。政権の正統性を選挙以外で見つけなければならない。中国共産党の正統性は、初期の段階では、対日戦勝利や中華人民共和国の建国であったり、鄧小平氏が実権を握ってからは、経済を発展させ、その利益を国民に均霑したりすることだった。経済成長が鈍化している現在、その正統性は、アメリカと並ぶ超大国として中国がかつての栄光を取り戻した（と人民に示すことができる）ことだろう。一帯一路は偉大な中国が世界のリーダーであることを示そうとした証しだと言えるだろう。

その超大国である中国が小さな台湾に戦闘で勝ったとしても、国民は習近平国家主席を評価しない。逆に、台湾を攻めようとしてアメリカと全面戦争になると、習近平氏は評価されないどころか非難され、失脚するかもしれない。さらに、中国共産党も統治の正統性を失い、崩壊するかもしれない。軍事侵攻しても良いことはなさそうである。

ただし、すでに述べたように、独裁者が合理的な判断や行動を行うかどうかはわからない。台湾への軍事侵攻という最悪の事態を排除することは適当ではない。

5 軍事侵攻しなくても中国は台湾を併合できる

台湾の海上封鎖

もし軍事侵攻以外の方法で台湾を併合し国家統一を成し遂げることができれば、習近平国家主席も中国共産党も正統性を維持できる。それどころか、習近平氏は、これまでのどの中国共産党のリーダーも成し遂げられなかった国家統一の夢を実現したと評価され、その統治基盤はいっそう強化される。

その方法とは、台湾に対する海上封鎖である。これは戦争に至らないグレーゾーンと言われているものである。グレーゾーンから戦争状態に発展すると一般には考えられるかもしれないが、この場合は、戦争を前提としないグレーゾーンとなる。

中国はロシアのウクライナへの侵攻を研究しているはずである。ウクライナが2年以上も持ちこたえることができているのは、陸続きのポーランドなどを通じて武器弾薬、エネルギーなどの供給を受け、また陸路を通じて穀物の輸出を行って外貨を稼いでいるからである。ロシアは黒海を通じたウクライナの穀物輸出をブロックした。しかし、陸路を通じた物資の輸送を遮断することはできなかった。

これに対して、台湾は周囲を海で囲まれている。軍事侵攻するために兵を上陸させることは困難だが、逆にウクライナと違って経済封鎖は簡単にできる。台湾も日本と同じで食料自給率はきわめて低い。食料供給を途絶すれば、簡単に降伏する。あえてリスクの高い軍事侵攻をする必要はない。台湾が海上封鎖を予想して、穀物備蓄を増強すれば、ある程度は持ちこたえることはできる。しかし、いずれ備蓄は底を突く。

経済封鎖には、いくつもの手段が考えられる。

機雷を敷設したという情報を流すだけで、船は航行しなくなる。台湾周辺で掃海艇を持っているのは日本だけだが、日本有事でもないのに、日本が掃海艇を台湾の周辺水域に派遣するとは考えにくい。

日本の海上保安庁に相当する中国海警局の船舶を台湾水域に多数派遣して船舶の航行を妨害することもできる。中国海警局が武力行使を行わなければ、アメリカもこれに対して実力を行使できない。中国は、台湾は中国の一部なので海警局の船舶を派遣するのは当然だと主張するだろう。反論しようとしても、一つの中国を認めている日本やアメリカは分が悪い。

この時、台湾周辺の水域がブロックされても、日本の周辺水域のシーレーンが大丈夫であれば、日本はアメリカなどから食料を輸入できるので食料危機は生じない。また、アメリカは台湾に食料やエネルギーを輸送するよう努力するだろう。台湾周辺の同盟国は日本である。アメリカがいったん食料などの物資を日本に輸送し、日本から護衛艦付きの船舶で台湾に物資を輸送したり軍用機で空輸したりすると、中国の海上封鎖は破られてしまう。これを防ぐためには中国は日本周辺水域にも機雷を敷設したり、国籍不明船によっていくつかの船舶を沈没させたりするかもしれない。そうなると、船主は船を日本に派遣できなくなるし、乗組員も日本への船舶への乗船を拒否するだろう。この時、日本周辺水域すべてが航行不能地域となってしまう。

シーレーン破壊、海上封鎖に脆弱な日本

中国が現実にそのような実力行使に及ばなくても、日本の周辺水域のシーレーンが破壊される可能性はある。船舶は通常戦争保険に加入して航行しているが、紛争の恐れが高まると、軍事専門家や各国の保険会社が参加するロイズの専門家会議で、日本周辺の水域が船舶戦争保険の除外

区域に指定される可能性がある。保険料の増加は大きなものではないが、船主も船会社も危険を恐れて船舶をこのような地域に派遣しようとはしなくなる。従業員もこのような船への乗り込みを拒否する。現在、経済制裁の意味もあって、ロシアの領海はすべて戦争保険除外区域に指定されている。台湾有事となると、東アジア全域が戦争保険除外区域に指定される可能性が高い。この時も、日本周辺水域すべてが航行不能地域となってしまう。

台湾と同じく日本自体も海に囲まれ、海上封鎖に脆弱である。台湾有事の場合だけでなく、ロシアや北朝鮮が日本周辺に機雷を敷設すれば、簡単に日本の周辺水域のシーレーンを破壊できる。海上封鎖は、第二次世界大戦でアメリカが実施した作戦だった。食料が途絶すると、軍も国民も士気が低下し継戦能力がなくなってしまう。これが日本降伏の大きな原因だった。

6 最悪の食料危機とは？

起こり得る危機への備えがない日本

シーレーンの破壊以上に厳しい危機となるのは、ウクライナのように他国に侵略され、日本の国土が戦場になる場合である。この時は、輸入が途絶されるだけでなく、国内生産自体も困難となる。対策としては備蓄しか考えられない。第二次世界大戦でも、沖縄を除き、国土が戦場になったわけではない。都市は空襲によって破壊されたが、農村部では、（男子の働き手は不足したが）通常どおり農業を継続できた。ウクライナのような事態を日本は経験していない。

わが国が属する東アジアには、ロシアだけでなく中国、北朝鮮という専制主義的な国家が三つも存在する。ロシアのウクライナ侵攻は、予見不能な事態を想定して備えておく必要性をわれわれに教えてくれた。独裁者がどのような行動をとるかは、いくら合理的にシミュレーションをしても外れてしまう。

そもそも安全保障とは、そういうものだ。われわれは、不測の事態を想定して、平時から防衛力を維持・強化している。戦争が起きてから、戦車を造っても間に合わない。同じように、食料が途絶してから作付けをしても、収穫するまでに飢えてしまう。平時の今、国内で危機に対応できるような生産をしておかなければならないのだ。不思議なことに、わが国の防衛力整備は日本が攻撃された場合を想定しているのに、農林水産省はこのときに生じる食料危機とそれへの備えをまったく考えていないのである。

物理的に食料にアクセスできなくなるという日本の食料危機のリスクは、中国の台頭で高まっている。しかも、起こり得る食料危機に対してわれわれは何の備えも用意していない。それどころか農林水産省は、危機が生じた場合に起こる被害をいっそう大きくし、その被害の程度を年々悪化・深刻化させる政策をとっている。

国土防衛の基本は食料の安全保障

防衛省がいくら有事に備えていても、食料供給を中心とした兵站（ロジスティックス：logistics）がしっかりしていないと継続して防衛の任に当たることはできない。ロシア軍がキーウを陥落できなかったのは、食料や武器などを輸送する兵站に問題があったからだ。旧日本軍のインパール作戦が悲惨な結果に終わったのは、兵站を無視したからである。古くは、漢王朝の創始者劉邦が、彼の窮地をたびたび救った軍師の張良や目覚ましい軍功を上げた韓信を差し置いて蕭何を功労第一に挙げたのは、兵站の功績を重視したからだ。

食料がないと戦争はできない。ところが、日本の防衛族の幹部は防衛費の増額を主張するかたわらで、減反の強化を主張している。安全保障もタコツボ化している。農林水産省のせいで国土を防衛できない可能性がある。軍事的な危機が生じたとき、わが国は、武器・弾薬がなくなる前に食糧不足のために瓦解・壊滅する。これが、第二次世界大戦の教訓だった。

第 4 章

アメリカによる食料封鎖の教訓

——食をめぐる太平洋戦争

功を奏したアメリカによる日本飢餓作戦

実は、日本も第二次世界大戦で海上封鎖を仕掛けられていた。知られていないアメリカの飢餓作戦（Operation STARVATION）である。この作戦については、2024年5月、アメリカの歴史学者が論文で明らかにしている。この作戦は功を奏した。日本の陸軍は、東京大空襲があっても原爆が投下されても徹底抗戦を主張し、最後まで本土決戦を決行しようとした。阿南陸相は天皇の聖断が下りるまでポツダム宣言の受諾に抵抗した。しかし、食料が底を突いてしまった。国民が餓死してしまえば、戦争や国体護持どころではない。東京深川の政府倉庫には東京市民の3日分のコメしか残っていなかった。終戦前から、すでに食糧難もヤミ取引も始まっていた。

終戦の1945年に東京帝国大学経済学部を卒業して農林省に入った若い事務官は、その5年後に当時を次のように回想している。配給基準量というのは国民一日一人当たり2合3勺という配給量のことである。

「この配給基準量の決定によって、わが国の戦時食料政策は始めて軌道が敷かれ、この基準量の維持が政策の基本目標となった。今われわれが戦時食料政策をふり返ってみるとき、われわれはそこに戦時食料政策が2合3勺維持のための血みどろの戦いの途であったことを発見する。この配給基準量の維持は当初は米だけであったのが、漸次需給調整が苦しくなるとともに、麦、いも類を込めての名目2合3勺となり、20年（筆者注：1945年）8月刀折れ矢つきて2合1勺に引き下げられた時にはわが国の戦力形成の基盤は決定的に破壊され、わが国の戦時経済も10年にわたる長き歴史の幕を閉じたことはわれわれの記憶に新たな通りである」。

（内村良英（1950）107ページ）

配給量を2合3勺から1割削減の2合1勺に下げさせられたとき、大日本帝国の命運は尽きたと言っているのである。軍部を含めた戦前の政府は、第一次世界大戦でドイツを敗北させたのは食料だったことを分析し研究していた。食料の自給を達成したうえで、戦争に臨んだのである。これは食料自給率38％の現状とは大きく異なる。しかし、達成したかに思われた帝国の食料自給は破綻した。それを突いたのがアメリカだった。

本章では、戦前の食料需給の状況から、アメリカの飢餓作戦、日本の敗北、それに続く戦後の食糧難まで、歴史を振り返ることとしたい。食料をめぐる太平洋戦争である。

その際、食料を供給する側だった農業の事情も説明する。戦中・戦後の食糧難で、米麦などの食糧の配給を担当した農林省や自治体の職員、さらには集落のまとめ役などが最も苦労したのは、どれだけの食糧を農家から供出させるか、だった。それでも不足する食料を輸入しようとすると政府内の強い反対に遭った。まさに、2合3勺の配給基準量維持のための〝血みどろの戦い〟だったのである。

1 農家はコメを食べていなかった

かつて農業は保護されず、税の主たる担い手だった

今では、農家や農業従事者は国民の少数者となっている。農業従事者は271万人(2020年時点)で全就業者の約4%を占めるに過ぎない。しかし、現在都市に住んでいる人たちのほとんどが、3〜5世代前にさかのぼると農家だったり農業に従事したりしていたのである。今から75年ほど前の1950年、農業従事者は1848万人で全就業者の51%を占めていた。

明治維新からしばらく、日本にめぼしい産業は農業しかなかった。明治期の富国強兵、殖産興業政策の財源は、江戸時代の年貢を近代税制に置き換えた地租だった。地租は、農地に対する課税だった。それまで毎年の収穫量から一定量のコメを年貢米として物納させていたのに代えて、農地の収益を利子率で収益還元して地価を算定し、その3%を地租として金納させた。

1873年の地租改正時において、地租は国税収入の9割を超えており、税率を3%から2・5%に軽減した1877年においても8割、1892年においても6割を超えていた。農業が国家財政を支えていたのである。これは第二次世界大戦後しばらくの間も同じだった。工業生産が壊滅的な打撃を受けたため、農業からしか税を徴収できなかったからである。高度成長期、クロヨンとかトウゴウサンなどと言われるように農家所得の捕捉率が低く、農家は税金を払っていな

いと批判されたことからすれば、信じられない状況である。

農業は産業の振興も支えた。今の農政は補助金行政だと言われるが、戦前における産業補助金の農業と非農業への配分を見ると、1885年では非農業へ全額、1934年になっても非農業へ72％で、農業へは28％しか配分されていない。明治時代にも「勧農」という言葉は存在したが、農業技術研究・普及などのために国の施設が作られた程度で、補助金などによる農業保護はほとんど存在しなかった。農業は産業を振興する立場だった。別の言い方をすれば、農業は収奪されていた。これは今日と著しく異なる点である。保護されることに慣れた現在の農家は政府への依存心がきわめて高くなっている。

戦前における高額小作料と零細な農業構造

戦前においては農村や農業は貧しかった。その特徴は、地主制による高額小作料と零細な農業構造だった。

日本農業は米作が主体で、地主階級が農村を支配していた。しかも、小作料は高額だった。地主制の下で、小作人は、収穫したコメの半分以上を地主に小作料(金納ではなくコメの物納だった)として納めさせられた。明治初期の小作料は収量の68％、1885年で58％、1941年で52％である。

しかも、小作人の経営規模は、三反百姓とか五反百姓と呼ばれるように、1ヘクタール(1町)

にも満たない小さな規模だった。1反は10アール、0・1ヘクタールである。一定の農地を耕作する者が多ければ多いほど農地面積当たりの収量は増え、地主の小作料は増加する。逆に言うと、小作人の耕作規模が小さいほど、地主の小作料は増加する。地主制は小農主義だったのである。ちなみに、現在の農家の平均規模は近年の農家戸数の減少によって3・4ヘクタール(2023年)に拡大している。

「米」と書いて八十八手間がかかるのだと言われるように、戦前までの米作は大変な作業が必要だった。終戦頃まで、農薬や農業機械はほとんど普及していなかった。雑草や病害虫の駆除、田植え、稲刈りなどの農作業は、ほとんど手作業だった。田植えも稲刈りも、腰を曲げての作業となるので、中高年になると腰が曲がり始めるようになった。人糞などが肥料として使用された。江戸という町は、周辺の農村との間で農産物の供給を受けるとともに、人糞を提供するという、循環的かつ持続的な経済社会を形成していたのである。

ところが、1894年の日清戦争後、中国大陸から輸入された大豆粕が肥料として使われるようになった。さらに、1910年頃から硫安などの速効性のある化学肥料が使用されるようになった。農家は肥料の自給をやめ、しだいに肥料を購入するようになった。小農も貨幣経済に巻き込まれたのである。当時の農業の特徴は、人力と購入肥料への依存だった。

当時のコメの単収は現在の半分程度で、一反当たり玄米300キログラムだった。五反百姓で小作料を除くと手元に残るコメは、800キログラムに過ぎない。そこから五反分のコメ生産全体に必要な肥料代などを引かなければならない。

仮に、手元に残った800キログラムから肥料代などのコストを差し引いた純益がコメで600キログラムだったとしよう。当時は穀物主体の食生活だった。成年一人一日精米4合（戦時中、農家の自家消費米の算出基礎は翌年の種もみなどを含めて一人一日当たり4合とされた）とすれば、1人の農民は1年で玄米230キログラムを消費していたこととなる。子供は成年の半分を食べるとすると、600キログラムではちょうど夫婦2人、子供1人の家族がコメを食べるだけで消えてしまう。しかし、平均的な農家には老父母が2人、夫婦2人、子供3～6人ほどの世帯員がいた。コメを食べていては家族は生活できない。

さらに、明治以降農村にも商品経済が浸透し、肥料代だけでなくエネルギー、教育費、薬代などの家計費も現金で支払うようになった。特に、義務教育が普及するにつれ、学校の建設や職員の給与などの維持、運営、管理にかかる費用を捻出するために、地域住民による公租公課の負担も高まっていった。衣料、教育や医療などにかかる現金支出を考慮すると、小作人は生活していけない。子供を小学校に通わせることすらできないのである。

貧農の貧困を補った兼業

この状況を部分的に解決したのが兼業だった。

自然や動植物を扱う農業の特徴は、工業と異なり、年間の労働が平準化しないという点である。特に、米作の場合には、田植えと稲刈りの時期に労働が集中する。それ以外の時期は、それほどの労働は必要とはならない。日本の農村は、この米作労働がピークとなる田植えと稲刈りの農繁期に対応できるよう、多くの農民を抱え込んでいた。このため、米作の農閑期には、多くの農民が職にあぶれることになる。彼らは、野菜などの作物を作ったり、地主の農作業を日雇い的に手伝ったり、子供を作男に出したり、手工業、運送業や日雇いなどの兼業に従事したりするものが多かった。

冬に降雪に見舞われ、裏作農業ができない北信越地方の農家は、冬には江戸・東京に大挙して出稼ぎに行った。冬場には仕事が減少したからである。「これらはいずれも故郷の村において、一年中のある期間のみ入用な労力を、強いて住ませておいた当然の結果だった」(『柳田〔1904〕312ページ』)。田植えなどの農繁期に必要な労働力を農村内に住まわせていたため、農閑期には必然的に過剰労働力となって出稼ぎに行ったのである。

第一次世界大戦後、小作人の収入と労働者の賃金を比較するようになった近畿などの都市近郊地域を中心として、小作料減免を目的とした小作争議が頻発した。しかし、これら小作人が目指した収入の水準は、大阪や神戸の工場労働者の賃金水準ではなかった。当時、農村にも手工業や運搬業などで働く雑業層(「本来的賃労働以外の雑多な不安定就業状態にある最下層の労働人口」と定義される)と呼ばれる日雇い労働者などが多数存在していた。小作人は、雑業層並みの所得が得られると判断すると、これに満足して和解に応じたのである。しかも、大正期の小作争議に参加した農民は、ある程度規模の大きい農民が多かった。それより規模の小さい小作人は、兼業収入のほうが多く、農業収入が小さかったので、あえて小作争議に参加しようとはしなかった。彼らは、半ば雑業層だったのである。

1900年頃の農家の3～4割が商工漁業を兼ねていた。終戦前の1943年で兼業農家戸数は全農家の3分の2、今でいう兼業の比重のほうが高い第二種兼業農家は4分の1を占めていた。現在でも、農家のほとんどは兼業を行っている。しかし、現在の兼業米作農家は、機械がほとんどの農作業を行ってくれるので、公務員・民間企業などでの勤務が本業で、田んぼで週末少しの時間だけ働くという裕福な農家である。これに対して戦前の農家は、周年水田で働いても、本業の農業で食べていけないから、農外に仕事を求めざるを得なかった。当時は、農業が主で兼業が従だったが、現在は兼業が主で農業が従なパートタイムファーマーである。今と昔とでは、兼業の意味や位置づけが異なる。

何を農民は食べていたのか

兼業をしても生活は苦しかった。昭和恐慌時、植民地米の流入で米価が下がったうえ、不作に見舞われた東北の農民は、娘を身売りして生き延びた。これだけの悲惨な時代は別としても、通常時に彼らはどうやって生きていたのだろうか？

実は、明治から昭和の初期にかけて、かなりの農家はコメを食べていなかった。小農はコメを売って肥料代や生活費を捻出し、自分たちは麦やアワ、ヒエといった雑穀に大根などの野菜を加えて増量した雑炊を食べて、飢えをしのいでいたのである。小農にとって、コメはめったに食べられない高級品だった。コメを食べても、それは通常の商品としては流通しない、粒が小さいとか割れているなどの屑米《くずまい》だった。

柳田國男は、明治時代の農民は、ハレの日以外、コメを食べていなかったと書いている。

「今言われるように、米を食わなかったという事実だけでも、多くの人は知らない。日本は昔から米の国だから食わないわけはないけれども、正月に一ぺん、お盆に一ぺん、お祭の時に一ぺん、法事か何かあれば一ぺん、一年に四回とか五回とかは真白な粒のそろった米を食っている。そのほかに食うのは屑米ですね。だから、そんなに普段の日に食うべきものと思っていないから不幸でもなんでもない。米を食わなければ日本人になれないというような考えはない。白米の白さのごときものは、われわれが憶えてから白くなったんです」。

（宮田登（1992）102ページ）

農家が自分で作っているコメを食べられないのである。彼らは、枕元でコメ粒が入った竹の筒を鳴らしてもらい、その音を聞いて来世ではコメを食べられるようにと願いながら、死出の旅に立って行ったという話が伝えられている。

コメを食べていなかったとなれば、高額小作料と零細農業規模でも、兼業でなんとか大家族を養うことができた。

少なかった大地主

地主の中にもきわめて零細な地主が多数存在した。東畑精一の分析によれば、1939年の不耕作地主98・7万戸のうち、現在の農家規模よりも小さい3ヘクタール未満の零細不耕作地主は、70・9万戸に上っている（庄司〔2003〕17ページ参照）。なんと72％である。

第一次農地改革の担当局長だった和田博雄は、当時「日本農業の現状及び特質如何」という問いに対し、一言で言えば、「家族労作的零細経営である。小作料の高率、而も現物納という原始形態である」と答え、「この両者は因となり果となって、農業利潤発生の余地を少なくせしめ、過剰人口を包容し、不完全な明治維新土地改革の依然残された問題であった。自ら耕作するよりも貸し付けて小作料を期待した方が有利である事実が、世界無比の零細不耕作地主を生んでいる」。（和田博雄遺稿集刊行会〔1981〕72〜73ページ）

零細な農地しか所有しない農家は、自ら耕作するとコストが高いので満足な収益を上げることができない。それよりは、規模の大きい農家に農地を小作に出すことによって、高い地代・小作料を稼いだほうがましだと判断したのである。日本の地主制の特徴は、山形県庄内地方の本間家のような所有地が2000ヘクタールに及ぶような大地主が存在する一方で、このような零細な中小地主が多数存在していたことだった。小作争議も大正期の大地主に対するものと異なり、食料事情が悪化した昭和期には、中小地主と小作人との間の農地の取り合いをめぐるものが多くなった。もちろん、大地主は数では少ないが所有する全面積は中小地主より大きく、政治的にも大地主の発言力が強かった。

農地改革を実施すると、これら中小地主からも農地を取り上げることになる。これが農林官僚の懸念材料だった。終戦直後、農林官僚の中には、これによる農村の騒乱を恐れてGHQは農地改革を支持しないのではないかと心配する者もいた。GHQの担当者から意見を聞かれた東畑精一が「零細な中小地主が多いが、それでも農地改革を行う覚悟はあるか」と言ったところ、GHQの担当者は下を向いてしまったという。

2 コメ需給の変化と食料自給の主張

都市化の進展によるコメ需要の増加

明治の後半からコメの需給に大きな変化が生じた。都市化の進展や国民所得の増加によって、都市住民がコメを大量に消費するようになったのである。

農家は貧しければアワやヒエなどの雑穀を食べるが、それらは農民が食べる量しか生産しないので、都市には流通しない。コメは農民には日常食べることのできるものではなかったが、都市に出てきた彼らは、米食労働者となったのである。ただし、彼らが食べていたのは大麦主体の麦飯で、せいぜい2割くらいコメを混入していたものだった。所得が増加すれば、コメに麦を混ぜた麦飯ではなく白米のご飯を食べるようにもなる。白米は銀シャリと呼ばれた。今ではコメは所得の増加により消費が減るという下級財だが、１９６０年頃まで上級財だった。工業が発展して都市化が進み所得が上がると、コメの消費も増える。当時、「工業は米食奨励の伝道協会」と言われた。

こうしてコメに対する需要は年々高まり、１８９０年代後半から米価は高い値段で推移するようになった。一石（１５０キログラム）当たりの米価は、１８９７年には11・43円となり、松方デフレ前の10円台の水準を回復し、１９１２年20・15円、１９１３年21・56円まで上昇している。

明治の初め頃は、コメの生産量の15％ほどが輸出されていた。国内のコメ需要が増加した結果、１８９０年代の後半からそれまで生糸、茶と並んで、三大輸出品目だったコメが輸出できなくなった。それればかりか、不作の年には外米を輸入するようになった。

地主階級の食料自給論と関税

こうして食料の自給達成ということが、農政の目標になるようになった。軍人の谷干城や横井時敬東京帝国大学農学部教授という農本主義者たちは「食料の独立」という主張を始めた。内地におけるコメの増産が叫ばれ、農会や産業組合という農業団体が設立されたほか、耕地整理法、肥料取締法など、農業政策の充実が図られるようになった。

しかし、このような努力にもかかわらず、需要の増加に供給が追いつかなかったため、コメ市場は売り手市場としての性格を年々強めていった。その売り手として重要な地位を占めていたのは、物納小作料によって流通量の半分のコメをコントロールしていた地主階級だった。

農業生産への関心を失い、かつコメ市場での支配力を高めた地主は、市場への供給を制限することにより米価を引き上げて、収入の増加を図ろうとした。売り手としての地位をさらに高めようとしたのである。具体的には、輸入を制限することによって供給量を減少させ、米価の上昇を図ろうとした。食料の自給と言っても、地主は食料の増産に全く関心を持たなかった。

これは、今日、食料安全保障を主張するJA農協が、高い関税を維持することによって国内市場を国際市場から隔離したうえで、減反により供給を制限して本来実現する市場価格よりもさらに高い米価を維持しようとしているのと同じである。地主勢力を打倒した旧小作人グループが組織する農協が、かつての地主勢力と同じ主張や活動をしているのは歴史の皮肉である。

地主勢力は、政府に対し国防強化を口実として食料の自給を主張し、外米の輸入を阻止するためにコメの関税が必要であると要求した。彼らによって「食料自給」という概念は、食料の増産ではなく、輸入の阻止にすり替えられた。彼らの政治運動により、1905年、日露戦争の戦費調達のため15％の米・もみ関税が導入された。後の1910年一俵（60キログラム）当たり1円の従量税として恒久化された。

コメの供給が減少したほうが米価は上昇し、地主の利益になる。建前としては食料の自給や増産を主張するが、本音としては供給の増加は好ましいものではなく、したがって品種の改良などによる生産性の向上意欲に欠けるようになった。貧しい小作人の声は農業界の声とはならなかった。農業界の声とは大地主の主張であり、それはコメの需給を過剰から不足がちに持っていくことだったのである。

コメ騒動と市場への国家介入

このようななかで、1918年8月、富山県でコメ騒動が起きた。前2年は豊作だった1916年産米に比べ7％程度の生産減少であり、凶作と言えるようなものではなかった。輸出が増加した（通常3万トン程度だったものが、1915年9・3万トン、1916年10・2万トン、1917年12・6万トンに増加）ことが、背景にあった。米価が暴騰したので、1917年には、政府はコメ関税の削減・撤廃をいったんは決定したが、地主階級の利益を代表する政友会の反対で取りやめている。1918年2月には米麦・小麦粉の輸出を制限し、4月には補給金を出して外米の輸入（48万トン）を進めたが、効果はなかった。今インドなどの途上国が行っているような輸出制限を行ったのである。

コメ相場が短期間のうちに倍以上に騰貴するという事態の下で、全国各地で打ちこわしなどの騒動が発生し、寺内内閣は倒れた。1918年10月にはコメ関税を減免する緊急勅令も出した。米価はその後もさらに騰貴した。しかし、賃金の上昇も著しく、大きな混乱は回避された。

コメ騒動に続き、1919年の豊作と第一次世界大戦後の1920年の恐慌によって起こった米価低落（1920年から1921年にかけて米価は4割低下）に対し、地主勢力は米穀投げ売り防止運動を展開し、政府が市場に介入することとなった1921年米穀法制定のきっかけを作った。

その後、米価の維持は、昭和恐慌時の1930年に関税が2円に引き上げられたのち、輸入数量を直接的に制限することによって行われるようになった。1931年の米穀法の改正によるコメの輸出入の許可制の導入を経て、1933年米価を上位価格と下位価格との間に収めようとする米穀統制法が制定され、この法律でコメやそのほかの穀物の輸出入が恒常的に制限されるようになった。コメの輸入数量制限は、ガット・ウルグアイ・ラウンド交渉の結果、1999年に関税化されるまで、実に約70年間も継続された。

ただし、当時の輸入規制は南京米（ナンキンマイ）と言われていた南方からのインディカ米に対しては効果があったものの、食味が内地米に近い朝鮮・台湾の植民地米に対しては、関税が撤廃されていたり、輸入制限が及ばなかったりしたので、内地米の価格維持にはそれほどの効果を発揮できなかった。

植民地米の生産拡大によるコメ自給

コメ騒動が起こるまで、地主階級は植民地でのコメ生産を認めようとはしなかった。台湾はサトウキビ、朝鮮は綿と羊を作ればよいとしたのである。しかし、コメ騒動で国内だけでのコメ自給という前提が危うくなった。このため、コメ騒動の後、日本帝国全体として食料自給を達成しようとして、朝鮮や台湾においても内地の嗜好に合ったコメの生産増大が計画された（産米増殖計画)。

さらに、いったん植民地でコメの生産が増加・定着していくと、朝鮮総督府や台湾総督府は、植民地の統治を優先して、内地の輸入制限に強硬に反対した。農林省の権限は植民地の農業には及ばなかった。政府の中でどのような力関係が働いていたのか不明であるが、農林省のコメ政策は植民地政府の主張に押し切られることが多かった。朝鮮や台湾では、生産量の約半分が内地への移出(植民地からのものなので〝輸出〟とは言わず〝移出〟と言った)に向けられるようになった。

この結果、大恐慌後の1932、1933年の両年、内地では凶作となったにもかかわらず、朝鮮や台湾からのコメ移入を制限できなかったことやコメの一人当たり消費が停滞し始めていたため、コメの過剰と米価低迷を招くことになった。一石(150キログラム)当たりの米価は1925年の41・95円から1932年には20・69円、1933年には21・42円へと、ほぼ半分の水準に低下した。農家は不作と米価低下の二重の打撃を受けた。

農林省の減反案の挫折

このような状況の下で、1934年、石黒忠篤農林事務次官は、米価の低迷を防止しようとして、過剰米の7割に相当する77万トンのコメを国内および植民地において減反することを提案した。これは、食料の自給が必要だとする陸軍省から、また、米価の上昇は物価の上昇につながるとする商工省から、それぞれ猛反対された。さらに朝鮮米の移出の制限や調整については朝鮮総督府の抵抗に遭った。農林省と拓務省（植民地行政・開発・移民政策を統括）の了承を得て、内地への移出量を月々平均した量とし、その量について朝鮮総督は農林大臣と協議するという法制局案が出来上がったが、朝鮮総督はこの案を拒否した。石黒は、これに抗議する意味を込めて、辞表を提出した。

しかし、これはある意味で農林省のご都合政策だと言われても仕方ないものだった。農林省は植民地の生産拡大を支援していたからである。小倉武一も、「朝鮮側としては、内地米の不足に対処して、米穀を増産し（あるいは半島土着の人々が隣接の中国東北地方の雑穀を食べて）米を内地に供給したのに、米が余るようになったからと言って、その過剰米処理の始末の責任を朝鮮に（も？）とらせるのは虫がよすぎるのではないか、との言い分があったのであろう」と述べている（小倉〔1987a〕241ページ）。

ここまでは、コメは価格が低迷し過剰だった。食料の自給は達成されていた。ただし、それは植民地米が移入できることが前提だった。1939年頃まで、日本の食料供給のうち植民地および満州（現中国東北部）の占める割合は、コメで20％（200万トン）、大豆で50％（80万トン）、砂糖で95％（100万トン）だった。しかし、1939年の朝鮮米の大不作によって最も重要な食糧であるコメで、その前提が崩れてしまった。日本は、その状態で第二次世界大戦に突入することになった。

需要面でも、日本の自給は不安定だった。農家のコメの所得弾力性はプラスだった。つまり、農村部ではコメは上級財であり、戦争の進行とともに農家の経済的な地位が上昇し所得が向上すると、コメの消費は増えることになる。農家がコメを食べ始めたのである。東畑によると、農民が一人5勺だけ消費を増やすだけで、550万戸の農家全体で83万トンのコメの需要増加となる。これは朝鮮でも同じことが言えた。生産面だけでなく消費面でも、日本の自給は万全なものではなかった。東畑は、日本の自給自足の政策は「農民の貧困を—無意識に—前提とした政策であった」（食糧庁〔1969a〕8ページ）と述べている。これが、戦中・戦後の食糧難をさらに厳しくしたのである。

3　日本政府による第一次世界大戦食料封鎖の研究

第一次世界大戦で、イギリスとドイツは、どちらも相手側に食料封鎖を仕掛けた。イギリスでは、「海上封鎖によって食料が不足するとその価格が上昇し、食料を買えなくなった貧困な労働者は暴動を起こす。場合によっては革命さえ起きるかもしれない」と、識者が警告していた。英独双方が戦時では民間人を攻撃しないという国際法上の約束を破って、食料の輸送船を攻撃した。1915年、ドイツはイギリス周辺海域を航行するすべての商業船を潜水艦（Uボート）で攻撃すると発表した。ドイツの海軍提督は、これがドイツ軍勝利の唯一の手段だと主張した。しかし、イギリス軍はこれを撃退し、ドイツ潜水艦による無差別攻撃は失敗に終わった。

食料が不足するというイギリスの懸念は、ドイツ側で発生した。ドイツ各地の都市で食糧不足を不満とする暴動が起きた。多数の餓死者が出た。ドイツの敗北に直結した１９１８年11月のキール軍港での反乱では、水兵たちは〝平和とパン〟を叫んだ。ひもじさに屈したのである。軍事専門家は、食料封鎖が連合軍の勝利の主要な要因の一つだと判断していた。『戦略論』という著作で有名な軍事専門家のリデル・ハートは、封鎖による飢餓ほど士気をくじいたものはなかったとし、後にはこれがドイツ軍敗北の決定的な要因だと述べている。

日本も傍観者ではなかった。英仏などの連合国軍に参加した日本は、頼まれて輸送船をヨーロッパ地域に派遣するなかで、どのようにイギリスがＵボートを撃退したかを目撃していた。各省庁は若手官僚をヨーロッパ各国に派遣して第一次世界大戦の情報収集に当たらせた。戦争が終結する頃、日本政府は、今後の戦争は兵士だけでなく民間の人員や物資なども投入する総力戦となるという認識を持っていた。１９１８年にはすでに〝国家総動員〟という言葉さえ作られていた。

イギリスは、Ｕボートの攻撃から食料供給を保護するだけでなく、食料の割り当て、食料ロスの減少、公園や学校を使った野菜などの生産により、十分な食料供給を行った。これに対し、ドイツは国民に食料を供給できず、国内でのモラル（士気）の低下により敗北した。食べられなければ戦争をするどころではない。〝腹が減っては戦はできぬ〟という言葉のとおりのことが起きたのだった。このことを、日本政府は認識していた（以上、この節についてはSheldon〔2024〕を参照した）。

第二次世界大戦前、日本政府は食料封鎖に耐えられるよう食料自給を達成していると考えていた。確かに、植民地からのコメの移送を前提とするものだったが、台湾も朝鮮も日本に近く、海上封鎖で食料供給を断たれるようなことはないと考えた。この前提は崩れてしまうのだが、それでも当時は植民地米を含めると食料自給率は１００％を達成していた。今の食料自給率38％よりもはるかに良好な状況だったのである。それでも食糧不足により敗戦を受け入れざるを得なくなった。さらに、戦後は未曽有の食糧難が待ち構えていた。第一次世界大戦のドイツと似たようなことが日本に起きてしまったのである。これから考えると、食料自給どころかカロリーの過半を輸入に依存している現在の日本がどれだけ危険かがわかるだろう。

4　崩れた食料自給——過剰から不足へ、自由から統制へ

植民地米の供給減少と陸軍省の外米輸入反対

１９３９年、朝鮮半島と西日本を襲った大干魃《かんばつ》によってコメが不作（朝鮮では予定面積の35％でのみコメを作付け）となり、朝鮮から日本への移出が２１５万トンからわずか6万トンに大幅に減少した。１９３５年には一石当たり29・87円だった米価は、１９３９年37・29円、１９４０年43・30円に上昇し、米穀配給統制法が設定した38円の上限価格（これ以上は上げないとする米価の水準）を突破した。売るコメがなくて廃業する小売店も出た。１９３９年10月には、白米の禁止、7分搗《つ》きの強制、酒造米の節約などの消費規制が始まった。

その後も朝鮮米の移出は回復しなかった。植民地においてもコメの消費が拡大していたことも

あった。これで植民地米を含めた帝国の食料自給という考えは崩壊した。農林省はタイやベトナムなどからコメを輸入しようとした。しかし、陸軍省は、軍備調達のための外貨がなくなるとして強く反対した。陸軍省は、輸入しなくても済むよう農林省に需要の抑制や、産業組合や商業組合からのコメの強制買い上げを強く主張した。しかし、コメ不足という事態を打開するためにはタイなどから輸入せざるを得なかった。１９３９年には１２０万トンが輸入された。また、輸入米を求めて日本軍が南部仏印に進駐する原因を作った。

農家への消費規制で供出増加

しかし、１９４０年に40万トンの追加輸入を決定するに当たり、農林省と陸軍省の対立は決定的となった。このため、農林大臣となった石黒は、農家の士気を阻喪させ生産意欲を阻害するとして農家の消費規制に抵抗する農林次官を更迭し、農家の自家消費を統制・制限することにした。農家が生産するコメから規制された自家消費を差し引いた量を政府に供出(売り渡し)させることにし、これによって政府に集荷されるコメの量の増加を図ろうとしたのである。

農家の自家消費米の水準については、最終的には農林省案どおり一人一日当たり４合(翌年の種もみ米込みの数字である)で決着した。しかし、農家からの供出量を増やして外米の輸入を制限したい陸軍省は３合を主張し、内務省は４合では農家の不満を抑えられないとして反対した。農業団体である農会も４合では少なすぎると主張したが、石黒は、〝屑米〟は自家消費米に含まれない(屑米は4合の外枠として認める）ことを提示し、納得させた。これによって、実際には農家の自家消費米は4合を超えた。

農林省と内務省の権限争いもあった。内務省は消費規制の強化を主張した。内務省は、コメを含む日用品全般について、市町村などによる切符制を推進した。1941年には、食糧管理法に先んじて、内務省の働きかけによって六大都市において本格的な配給制が導入された。後に、農林省は、切符制ではなく、日々の配給を記入する〝米穀配給通帳〟を導入した。農家の自家消費米を4合以上とすべきだとする内務省を農林省が抑え込んだのも、都市部では消費規制の強化を言いながら、農村部ではその逆を主張するのはつじつまが合わないと主張したからである。

食糧管理法による統制

帝国の自給は崩れ、過剰から不足へ、自由な市場経済から統制経済に移行した。東畑精一は、この変化を次のように要約している。

「1930年以後の農業恐慌期には、それでも過剰米に苦しんだが、それ以後の満州事変、日華事変の初期の段階を通じては、食糧問題、ことにその不足の問題に特に苦しんだということはなかった。自給自足政策は一応はその目標を達したように感ぜられたかに思われた。それ以来、いったん緩急に際して、『食糧は大丈夫』という感じを与えたのである。しかし、日華事変の錯綜に続いて、和平の曙光が見えざるままに太平洋戦争に突進していったが、そのころにはすでに日本の食糧事情は、あらゆる増産への叫びにもかかわらず、けっして楽観をゆるさないものとなった。(中略)それ以前の農業恐慌期に生まれた米穀統制法がむしろ米価の高位の安定ないし維持をねらい、どちらかといえばむしろ地主、農民の保護に専念していたのが、急激に一大回転をしたのである。過剰米の夢はすでに飛びさって、いまや直面したのは過少の憂いであり、これをいかに国民の間に公正に分かつかに眼目がおかれたのである。価格の安定をねらった間接統制より一段と飛躍して、生産者の食糧の供出とその消費者への配給をなす直接統制がなされるようになった」。

(食糧庁(1969a)4~5ページ)

江戸時代から200年以上続いた大阪堂島の正米市場(コメの先物取引市場)は1939年に閉鎖された。産業組合(今のJA農協)と米穀商などの商業組合の対立(反産運動である)を解消するため、農林水産関係の加工業や流通業の所管は商工省から農林省に移管され、農林省が食料の生産から加工・流通・消費まですべてを所管することになった。これにより、農林省はコメについて、集荷は産業組合、配給は商業組合という棲み分けを行った。また、1941年には膨大となった食糧管理業務に対処するため、農林省の外局として食糧管理局が設けられ、全国に19の食糧事務所と2カ所の出張所が設置された。食糧統制を完成する法制として、1942年には政府が市場を全面的・直接的に統制する〝食糧管理法〟が制定された。

消費者保護としての食糧管理法

戦時下の制度創設から戦後の食糧難の時代まで、食糧管理法は、乏しい食料を貧富の差なく国民に等しく配分するという一種の消費者保護立法だった。終戦直後も高いヤミ市場での価格に比べ、政府が農家から買い入れる価格は低く抑えられた。つまり消費者のために生産者を不利に扱う制度だった。

配給基準量の2合3勺は、国民の栄養供給の観点から決定されたものではなかった。当時のコメの供給量を、配給を受ける人口で割って出した一人当たり配給可能量だった。しかも、このうちコメはだいたい6割くらいで4割は麦やイモなどの代替食糧だった。したがって、配給基準量だけでは最低限必要となる栄養量を賄えないことから、戦時中から都市住民はヤミ流通や買い出しに手を染めるしかなかった。

食糧管理法の制定はコメ輸入を渋る軍部からも要請された。

「一九四〇年（昭和十五）五月はじめ、阿南惟幾陸軍次官名をもって、農林省に対し『食糧問題応急策に関する陸軍の意見』を提示してきた。その要点は、集荷配給機構の整備、強制出荷、各府県ブロック制の排除、自由売買と移動の禁止などを行ない、かつこの際消費規制に関し切符制度を採用するなど、徹底的な食糧統制断行に踏み切るべきであり、それを行なわずして、外米輸入により需給を調整しようとするのは、現下の経済運営上適当な方策ではない、という趣旨のものである」。

（日本農業研究所〔１９６９〕２５６ページ）

さらなる供給減少と農家の横流し

戦争が拡大するなかで、徴兵により農業労働力は減少し、軍事物資の生産増加により化学肥料供給も減少した。化学肥料の生産は、１９３７年の２８６万トンから１９４５年には34万トンに減少した。油粕などの有機肥料も１９３９年の98万トンから１９４５年には18万トンに減少した。多収穫品種の作付けを奨励したり、桑や果樹などの不急不要作物の作付けを制限し米麦などへの転作を強制したりした（１９４１年の農地作付統制規則による）が、焼け石に水だった。国内のコメ生産は、１９４２年１００２万トン、１９４３年９４３万トン、１９４４年８７８万トンと、年々減少していった。１９４５年には５８７万トンの大不作となった。

また、朝鮮や台湾からの移入も、現地での消費量の増加によって不安定になっていた。東南アジアからの外米輸入も、アメリカ軍の攻撃による輸送船舶の減少で困難となった。１９４１年、１９４２年には２２５万トンほどあった輸入および移入は、１９４３年１０８万トン、１９４４年72万トン、１９４５年24万トンに減少した。１９４４年には満州の雑穀を輸入しようとし、一時期ある程度成功したが、輸送船舶の減少や輸送船の沈没により、それも困難となった。

農林省は、農家の自家保有優先の原則を崩して、農家の消費を規制して政府への供出量を増やそうとした。供出割当量は農家から市町村、府県、国という積み上げではなく、総配給量を確保するため、国から府県、市町村、農家へと割当量が下りてくるという方法をとった。このため、農家によっては自身の自家消費許容量に食い込んで供出する農家も出てきた。このような農家には不足分を配給するという〝還元米配給〟という奇妙な制度も導入された。1943年は朝鮮米の不作により移入量が減少したため、1942年産米については供出量に加えて15万トンの節約供出を農家に要請した。1942年産米からは、集落のまとまりを利用して供出責任を果たさせようとする〝部落供出制度〟が導入された。1944年産米からは、収穫後の事後割り当てだったものを、「国家の必要とする需要量を是が非でも確保せんとする」として、作付け前の事前割り当てに変更した。

しかし、これには多くの抜け道があった。まず、国内生産量全体の統計に問題があったばかりか、個々の生産者の生産量を把握できなかった。基盤整備された農地が多い現在と異なり、不整形で小片の農地が多数の場所に散在していた。さらに、面積が把握できても、過去の収量から予想収穫量を正しく推定できないと、個々の農家に対する供出割当量は決定できない。農家は収穫量や農地面積を過少に申告した。(農地面積に応じて交付される)肥料の配給のために調査すると農地は増え、コメの配給のために調査すると減るという事態も報告されている。4合の外枠として認められた屑米についても、屑米かどうかは農家の判断に任された。自家消費の計算についても、農林省は、農家戸数は把握していても、世帯人員まで把握できなかった。これは農村以外の世帯に配給する場合も同じだった。人の出入り(転入と転出)が多かったのである。こうした供出割当量の決定などの業務は、農業団体である市町村農会が集落の農業団体を手足として行った。

農家と直接折衝する農業団体や集落の役員および食糧事務所の職員は、供出を督促する農林省と農家の板挟みにあった。1944年4月からは超過供出を行うと奨励金を出すことにした。これを利用して、過剰に供出し不足した飯米を政府から安く配給してもらう還元米配給制度を利用する農家・集落もあった。集落全体の供出量を達成するため、これを奨励する地方機関もあった。農林省の狙いも自家用米の節約、供出にあった。しかし、一部の農家は、コメを隠匿し、政府に売るよりも高い価格で非正規市場に横流しした。その一方、都市住民は2合3勺の配給では食べていけないので、1943年頃から農家に買い出しに行った。最初は一人8貫目(30キログラム)までならよいと警察も黙認していたが、買い出し者の増加により1944年には禁止された。戦前においてもかなりの摘発が実施された。供出の督促と横流しの防止は、食糧事務所の職員の仕事だった。食糧事務所は人手不足に悩まされた。

統制の対象は、米麦などの食糧だけではなかった。鉄、繊維、燃料、機械、化学薬品などほとんどの物資の供給が逼迫し統制経済に組み込まれた。1937年、重要物資の需給計画を立てる物資動員計画などを定めるため、国家総動員機関である企画院が設けられた。企画院は各省庁の上に立つ機関だった。肥料については、硫安が重要戦略物資として扱われた。農業生産の増加だけでなく、いざとなれば軍事用にも転換できるという思惑があった。1940年、肥料の仕向け先として、米麦の生産に優先して割り当てることが告示されている。そして、1943年、企画院と商工省の一部を統合して軍需省、農林省と商工省を合体して農商省が設置された。軍需品は軍需省、生活物資は農商省という役割分担だった。

5 第二次世界大戦のアメリカの食料封鎖

失敗した日本による中国の食料封鎖

日本の軍部や農林省が食糧不足に無策だったかというとそうではない。第一次世界大戦でドイツが降伏した大きな原因はイギリスの食料封鎖による食料難だということは十分に分析し研究していた。

イギリスもドイツも第一次世界大戦の教訓を生かした。イギリスは、小麦などの備蓄を積み増すとともに、1939年の第二次世界大戦勃発と同時に5000万の配給通帳を配った。さらに、同盟国であるアメリカやカナダなどの食料生産も拡大していた。このため、深刻な食糧不足は起こらなかった。配給通帳が利用されたのは、戦争末期になってからだった。ドイツも備蓄の増加や配給制を導入した。また、占領した東ヨーロッパから食料を調達(略奪)した。食糧不足は起きなかった。

日本も中国に対して海上からの食料封鎖を試みた。しかし、中国は海外からの食料供給にそれほど依存していなかったことと、ソ連から陸路で供給を受けることが可能だったことから、これは失敗した。

アメリカによる日本の商船攻撃

植民地米の移入により帝国の食料自給を達成したと考えていた日本政府は、1939年の朝鮮での大不作により、東南アジアからの輸入を前提として食料供給を考えざるを得なかった。緒戦では東南アジアへの侵攻は成功を収めた。しかし、台湾や朝鮮と異なり、東南アジアは5000～6000キロメートルも海で日本と隔たれていた。

しかも、アメリカにとって、日本に対する食料封鎖はヨーロッパ戦線よりも容易だった。イギリスがドイツを食料封鎖した場合には、ドイツに食料を供給する可能性があるスウェーデン、スイス、トルコといった中立国と交渉する必要があった。ところが、太平洋地域においては、そのような国はなかった。

アメリカの食料封鎖は飢餓作戦（Operation STARVATION）と名付けられた。輸入に食料供給の2割を依存していた日本が、輸入を断たれると飢餓状態になり、国民の戦争継続の士気が喪失することを狙ったものだった。

当初は、アメリカの商船攻撃は成功しなかった。日本は失った商船を超える船舶を建造した。しかし、1943年末になるとアメリカ軍は、潜水艦の指揮官や乗組員の技術の向上、魚雷の改善に加え、日本軍の通信の傍受により商船を簡単に発見できるようになった。1943年9月から1944年まで、潜水艦だけで300万トンの商船を沈めている。日本も商船の建造を優先し、1944年には160万トンにまで増やしたが、沈没した商船をカバーできなかった。

1943年、日本の護衛艦はアメリカの潜水艦15隻を沈めているが、鉄などの原料の供給が減少したため、必要な護衛艦を建造できなくなっていった。最終的に深刻な食糧難に直面した日本は1945年に石炭、鉄鉱石などの軍事物資の輸送よりも満州からの穀物や塩の輸入を優先する決定を行った。しかし、満州からの物資の受け入れ輸送に重要な役割を果たしていた下関がB-29の空爆を受け、万事休した（以上、この節についてはSheldon〔2024〕を参照した）

6 食糧難によるポツダム宣言受諾

士気をくじいた食糧難

戦時中、政府は麦やイモなどの代用食も含めて2合3勺を配給の最後の一線として国民に戦争への協力を訴えていた。しかし、終戦間際の1945年7月、配給は2合3勺から2合1勺に減じられた。これは国民の士気をくじいた。「国民の大多数は戦争の進むとともに満腹感をもつということから、日々に隔たっていった。それは国民の士気を弱くし、工場労務者の能率を下げていった」（食糧庁〔1969a〕5ページ）。

しかし、日本では、第一次世界大戦のドイツのような大衆の暴動は起こらなかった。軍部の中でも、キール軍港のような反乱は起きなかった。天皇制の下で思想統制が徹底していた。軍部は本土決戦による徹底抗戦を主張し、マル秘の閣議決定まで行っていた。

軍部を納得させ、降伏するには、天皇の聖断という形をとるしかなかった。その判断に大きな影響を及ぼしたのは、アメリカの飢餓作戦が意図したとおり、未曽有の食料危機だった。終戦後、アメリカ軍の尋問に対し、日本の軍部、政治家、実業家たちは、アメリカの食料封鎖が戦争を終結させるための最も効果的な戦術だったと述べたという。

終戦時の鈴木貫太郎内閣の農商大臣は、戦前農政の大御所と言われた石黒忠篤である。彼は、負けを認めたくない軍部は敗戦の責任をとろうとしないだろうから、農林省の政策が悪かったため食糧不足を招き降伏するのだという覚悟で、農商大臣に就任している。石黒は東京帝国大学法学部長だった南原繁（戦後東京大学総長）と連絡しながら終戦工作を行っていた。南原が政治学史という講座を受け継いだのが、石黒の義兄に当たる小野塚喜平次（東京帝国大学総長）だったという関係から、南原と石黒は交流があった。

石黒忠篤の抵抗

次は、終戦間際の閣議でのやり取りである。軍部が最後まで本土決戦にこだわっていたことがわかる。石黒は、しゃにむに本土決戦に突き進もうとする陸軍に対して、本土決戦をする前に食料がなくなって国民が餓死してしまえば国が滅んでしまうと主張したのである。

「小磯前内閣が退陣(昭和二十年四月五日)直前の二月二十三日に『国民義勇隊組織要綱』が、また四月二日にはその機構大綱がそれぞれ閣議決定されていた。石黒は鈴木内閣に入閣してから、はじめてそれを知った。よく聞いてみると、それは本土決戦に際し国民がみな武器をとって起つための準備だという。彼は、それが軍隊組織とどういう関係に置かれるのか、疑問に感じて、『国民義勇隊は正規兵になるのか。』

と聞きただすと、初めはなかなかはっきりいわなかったが、結局『そうだ』という。そこでさらに、

『いま陸、海軍は多数の人を召集しているが、着る軍服も担ぐ銃も足りないという状態で、人ばかり集められている。その上大事な産業に活動している国民を、義勇隊の名による軍隊にして、何をやらせようとするのか。』

と追及すると、

『本土上陸の際、決戦隊として即製の正規兵になるのだ。』

『その正規兵に対する武器はあるのか、いまの軍需生産状態では、すでに召集した軍隊にさえ行き渡らない有様なのに、いったいどうするのだ。』

といった問答が石黒と軍部大臣との間に、閣議のおり、とり交わされた。軍部の関係者はこの発言に弱ったらしく、石黒農商大臣が納得するまで説明するように、ということだった

が、石黒はなかなか納得しなかった。そのうちに閣議後の相談の席へ、国民義勇隊の草案が配られた。それに目を通した石黒は、

『前々から申し上げているように、こうなると食糧が非常に大事で、敵が来たら水際で撃破すると前総理もいい、また今の総理もいわれていますが、それは当然のことであります。けれども、そんな状態が長くつづけば、撃破する前に、日本民族はひとり残らず餓死してしまうでしょう。そうとすれば今や食糧問題よりも重要な問題はないのだから、国民義勇隊もこういう事態においては、それぞれの職域とするところに一身を打ち込んで、各自の職場で倒れるまで職務に励むことが、義勇隊の第一の任務でなければならぬと思います。』と重ねて強く主張した。

（中略）

ついに彼は閣議の席上鈴木首相に迫った。

『あなた自身の考えはどうですか。国民義勇隊は国民全部を正規兵に編成するのか。兵隊としての特権や給与を与えず、いざという時に武器をとらせ、正規兵に編入する、というそれだけが目的なのか。そうではなく、敵弾雨飛の中にあって、軍需生産に従事する者は工場の機械から手を離すな、農民はクワを離すなという意味か。どっちかはっきりしないと、私が困ってしまうばかりでなく、国民が混迷に陥ってしまう。だから総理から、そのどちらが主目的なのかを明示していただきたい。』

それに対して鈴木首相は、

『敵が上陸してきた時、これに対し直ちに武器をとって戦う軍の組織になるのです。』

というはっきりした説明があった。そこで石黒は、

『それでは義勇隊にとらせる武器が、いったいあるのか。』

とただすと、

『映写室に並べてありますから、閣議後食事の前に御覧願いたい。』

という。閣議後見に行ったら、手投げ弾や竹ヤリ、大弓などが並べられていた。陸軍の主任少佐が、それらについて説明した。手投げ弾は、戦車が来たらそれを抱いて横から体当りするのだとか。石黒はからかい半分に弓を取って、

『これはなんという武器か。』

と聞くと、その少佐はまじめくさって、

『やはり引くのです。大弓場で引くように。』

と説明した。見かねた米内海相が、

『どうです、農商大臣、食事に行こうや。』

と石黒を部屋から連れ出してしまった」。


（日本農業研究所〔１９６９〕３５３〜３５６ページ）

海軍大臣の米内光政も、抵抗する陸軍に対しポツダム宣言受諾を強く主張した人物だった。大弓や竹やりによる本土決戦をあきらめさせたのは、圧倒的な食糧不足だった。アメリカの飢餓作

戦は成功した。

第5章

戦後の食糧難の教訓

1 何より食べ物が優先した

大不作となった1945年産米

終戦時、東京の政府倉庫には都民3日分の配給米しかなかった。配給する食糧が不足していたので、終戦前の7月には配給量が2合3勺から2合1勺に減らされていた。2合1勺のコメの供給熱量は1042キロカロリーで、必要最低限とされる国民一人一日当たり2000キロカロリーの半分しかない。しかも2合1勺の配給はすべてコメではなく、麦、イモ、雑穀や大豆なども含まれていた。端境期ではコメは1割くらいしか配給されなかった。

農業生産については、天候不順に、戦争による社会的・経済的な悪条件が加わった。男子は戦争や軍事工場にとられていて労働力が不足し、また軍需物資の生産に資源を優先的に使用されたので化学肥料も使えなかった。脱穀機などでは機械化がある程度進んでいたが、それを動かす石油もなかった。多労多肥が特徴とされた当時の農業にとっては、使える生産手段が激減していたのである。

この結果、1945年産米は40年ぶりと言われる大不作（作況指数67）となった。生産量は587万トンで通常年を300万トンも下回った。昭和初期の農業恐慌の一因となった1930年代前半の不作よりも厳しいものだった。

遅配、欠配が続く

政府は、2合1勺というあまりに過酷な配給量は10月の端境期までの対策であり、1945年産米の作況が平年並みであれば、配給量を2合3勺に戻す予定だった。しかし、それが大不作でできなくなった。他方で、1947年までに624万人が海外から復員・引き揚げをしたため、需要も増加した。このため、その2合1勺の配給も遅配や欠配が続いた。

東京では、1946年3月から遅配が始まり、5月の配給量は2合1勺の7割しかなかった。遅配というが、最後まで埋め合わせはなかったので、実質的には欠配だった。ないものは供給できないからだった。輸入食料の到着が遅れたため、1947年4〜5月には意図的に政府が配給を遅らせる計画遅配も行われる始末だった（その後、配給量は、1946年11月に最低限これだけは必要だとして2合5勺、1948年11月に2合7勺に改定された）。

次は浜松市で当時6歳の少年だった人が2020年に中日新聞に投稿した記事である。

「お米に麦を二、三割まぜたご飯があれば良い方で、『おじや』や『すいとん』が主な食べ物だった。『おじや』は、量を増やすために、ほんの一握りのお米に、野菜や芋などを一緒に煮込んだ『おかゆ』である。『すいとん』はメリケン粉（筆者注：小麦粉）に水を加えてよく練り、『だんご』にしたものと、菜っ葉など野菜の切れ端がプカプカ浮いているだけの『スープ』である。これだけではすぐにおなかがすくので干し芋や、いった豆などで空腹を満たした。

サツマ芋が大豊作だった時は連日、サツマ芋、サツマ芋。サツマ芋ばかり、嫌になるほど食べさせられた。まずは『蒸（ふ）かした芋』、薄く切って干した『干し芋』、細かく角切りにしてご飯に入れた『芋ご飯』、パン焼き器で『芋入りパン』も焼いた。毎日、朝も昼も晩も、サツマ芋だったが、おなかがすけば何でも食べられた。（中略）
当時、砂糖は貴重品でほとんど手に入らなかった。何かの幸運に恵まれて砂糖が手に入ると、指につばをつけ、砂糖の粉を少しだけくっつけて、口の中へ入れてその甘味を楽しんだ。（中略）浜松航空基地にも、アメリカ兵が駐留して来た。兵士がチョコレートやキャンディーなどを投げてよこした。（中略）アメリカ製のチョコレートの甘さは、格別であった。チョコをひとかけら指につまんでその匂いと甘さを楽しみながら、少しずつかじる幸せはまさに、天国にいるようであった」。

（2020年8月14日付中日新聞）

砂糖はなかなか入手できなかったので、サッカリンで代用されていた。

1955年までは慢性的な栄養不足が当たり前

都市住民は、カロリー供給の3割をヤミや買い出しで埋め合わせ、やっと生きながらえた。人々は生きるために、争って食べ物を確保しようとした。政府が需給操作のやりくりに最も苦しんでいた頃の1946年7月のエンゲル係数（家計の消費支出に占める食料費の比率）は、なんと78％である。支出の8割を食費に回している。主食費の割合は平均で47％。しかも、所得階層が高いほどこの割合は高くなっている。最低階層で29・5％、最上位階層で51・2％である。所得が上昇するほどエンゲル係数が低下するというエンゲルの法則に逆行するような現象が起きている。これは所得の高い層ほどヤミ市場での購入が多かったためである。金持ちはヤミ米をたくさん買えたのである。ちなみに、2000年以来の日本のエンゲル係数は25～30％の範囲内に収まっている。

東畑精一は、戦後10年経過した後、当時を次のように振り返っている。

「戦後の10か年の間（中略）の経緯、変化はまさに一場の夢のようにすすんだのであった。あのスシ詰めのボロ列車にわずかの席を争って大都市を出発し、ほとんどなんのあてどもなく農村を彷徨して、わずかの食料をルックサックに詰めて、疲労し切って夕刻帰ってくる市民の大群の姿は、今日街頭の店舗にあらゆる食品が陳列されてあるのを見るものからいうならば、まさに遠き世の事柄であるとさえ映ずるであろう」。

（食糧庁〔1969a〕3ページ）

都市住民は、タケノコの皮を一枚一枚剝がすように、買い出しの都度タンスから着物がだんだんなくなっていくタケノコ生活を経験した。著しいインフレでカネよりもモノが好まれた。苦労

して農村に行っても、農家から売る物はないよと冷たい言葉を浴びせられた。運よく食料を手に入れても、都市で待ち構えている警官に没収された。この時のつらい経験をいまだに忘れない人が多い。

それでも慢性的な栄養不足、カロリー不足に悩まされた。国民一人一日当たり供給熱量は、戦前の1934〜1936年平均の2030キロカロリーに対し、1946年1449キロカロリー、1947年1695キロカロリーであり、戦前の水準を上回るのはコメが豊作となった1955年（2217キロカロリー）になってからだった。

なかでも都市部の食料不足が顕著だった。浮浪者が集まる東京・上野駅では、毎日2〜3人の死者が出た。遅配が慢性化した1946年5月には、皇居前広場で25万人が参加する「食糧メーデー（飯米獲得人民大会）」が開催された。その前後には江戸川区、板橋区や世田谷区などで「米よこせ大会」が開かれている。

東畑は、都市住民だけでなく農民、政府を含めた当時の社会全体を次のように記述している。少し長いが紹介したい。

「戦争直後の食糧事情はいわば国民的餓鬼道をもって始まった。特に都市消費者についてしかりであって、彼らは食糧を農村に漁って彷徨し、都市におって濁した眼光をみがくのみであった。食いたし、否、ひとたび満腹したし、というのがその意識の強い面となっていた。こういう事態を眼のあたりに眺めたり、また耳に聞いて、他方、農民の心理はいかがであっ

たか。終戦とともにひとたびは国民の一体感は著しくゆるんでしまっておって、そのため農民のなかに、食いものを自分たちがもっているという一種の優越感を養ってしまったことも確かであった。食糧生産者たる自負心もまた養われた。自分たちも庭に食糧を乞う都市民に接しては、それもまた当然であった。今まで『百姓』という呼称には一種の軽侮の気持ちが盛られていたし、また農民自体もそういうふうにみずから卑下し卑屈する心持をもち、社会意識において、どうかというと日本の都市民と農民との間には大きな水準の差があったのである。日本はそういう意味で二元的・二重的社会を持っていたのである。その場合、心の隅にあった農民の卑下の心持が、食糧難に会して一種の『反逆的』な心理となって表れたのは、まったくの自然の心理的経路といわなくてはならない。明治以来、日本の農民がこのときほど都市民に対して自負自慢の心持を抱いたこともあるまいし、また全般的に都市民がかくも食糧の前に卑屈となり、みっともなさを現したこともない。進駐軍の投ずる巻きたばこの殻に集まり、銀めしに随喜し、たまたま外国に旅するものは真先きに白き砂糖と旨き牛肉の記事をそのひもじい旅日記の巻頭に記し、極端なものは満腹感をえるためには日本をあげてアメリカの一州たらしむとさえ公然と論じたのである。――およそこういった事態において食糧管理をなしたのであったが、その場合の国民最小限がなんであったかは、いわずとして明瞭であろう。食糧の質の問題などは、よほど高次元のことで、なによりもとりあえず量の問題、換言すればカロリー一本の考えに集中し、その最小限を国民に保証しようとしたのは当然である。それも、この段階であっては、幸いにして米食という単食の比較的に可能なものの最小限の保証というのが、せめてその理想であるというふうに考えられたのである。食糧の生産者たる農民に対してもまた同じことを強制しようとしたのである」。

（食糧庁〔1969b〕4〜5ページ）

2 日本を助けたアメリカの食糧援助

アメリカ政府への輸入要請

〝カロリー一本の考え〟に絞っても、国内の食料だけでは7200万人を養うことはできなかった。戦時中と同様、食料を輸入しなければならない。しかし、食料を輸入する外貨が不足していた。国内供給だけでは飢餓を克服できないと考えた吉田総理以下日本政府は、マッカーサー連合国軍最高司令官に食糧援助を繰り返し懇請した。

ところが、世界的に農産物が不作で終戦時は食料の供給が不足していた。戦時中日本に輸出していた東南アジアも、戦災により農業生産が打撃を受けたり、収穫物はあっても輸送手段が破壊されたりしていた。頼れるのは、農産物輸出国のアメリカしかなかった。しかし、これまで交戦していた日本に対するアメリカやイギリスなど連合国の世論は厳しかった。日本への援助は優先順位が低く後回しにすべきだとされた。

1945年11月、後がないまで追い詰められた日本政府は、1946年度300万トンの食料輸入を要請した。アメリカ政府も160万トンの輸入なら認めてもよいと、アメリカ、イギリス、カナダの3カ国による合同食料委員会に諮ったが、この委員会は、日本には一切の輸入を認めないとして拒否した。その後、日本政府は200万トンに要求を切り下げたが、良い返事はなかった。

助けてくれたのがGHQである。マッカーサーは、1946年1月にアメリカ政府だけにファンタスティック・アマウント（fantastic amount）の対日食料輸出を要請した。これに対して、アメリカ政府が許可したのは2万5000トンの小麦輸出を3月中旬までに実現するというものだった。これに怒ったマッカーサーは、3月にはアメリカ政府に対し、何を考えているのかという趣旨の「最強硬な（strongest positive term）」電報を打つとともに、「最低限の要求（minimum requirement）」として4～6月分60万トン（各月20万トン）の輸出を要求した。

紆余曲折はあったものの、アメリカ政府は概ねこれに沿った輸出を認めた。イギリスなどがこれは過大だとして抗議したが、アメリカの農務長官は、「マッカーサーは『小麦を送らないなら暴動が起きるので軍隊を派遣しろ。しかし、兵隊は1日5000キロカロリーが必要なのに日本人は1000キロカロリーでやっていける』と言っている」と反論した。

小麦を送るほうが安上がりだというのだ。しかし、アメリカの兵隊の数と日本の人口は同じではないし、アメリカ兵はアメリカにいても日本にいても食べなければならないので、マッカーサーの主張は論理的ではない。それでも人を納得させたのは、マッカーサーが太平洋戦争の英雄であるばかりか陸軍士官学校（ウェストポイント）きっての大秀才だという先入観があったからだろう。アメリカ政府に頭ごなしに要求できるマッカーサーがいなければ、輸入はかなり困難だった。マッカーサーも、食料関係の電報には熱心に目を通したという。

ＧＨＱの緊急放出

１９４６年7月以降の輸入も計画されたが、これらは計画どおりには輸入されなかった。マッカーサーは必ず輸出しろと強硬な電報をアメリカ政府に打つが、最終的に１９４６年度の輸入は日本の要求２００万トンを大幅に下回る79万１０００トンとなった。十分な食料が供給できなかったため、遅配や欠配を余儀なくされた。特に、厳しかったのは、前述のとおり東京をはじめとする都市だった。ＧＨＱの内部レポートは、輸入不足のため「食糧配給制度の崩壊と広範な飢餓とが避け得られるや否やは疑問視される」と述べている（「農林水産省百年史」編纂委員会〔１９７９〕63ページ）。

この窮状を打開するため、本来翌年の出来秋までに消費するために生産地で保管している政府米を輸入食料との交換を条件にあらかじめ消費地に搬出させる〝赤字搬出〟（ＧＨＱがつけた英語は“deficit transfer”）も行われ、これによって生産地と消費地の配給をならそうとした。しかし、政府のコメを政府が輸送することに生産県の知事が反対したり、また倉庫からのコメの搬出が農民の

図表5-1　1948年7月〜1949年6月の食料輸入量

（千トン）

	小麦	小麦粉	大麦	トウモロコシ	マイロ	米	計	%
北米	1,185	295	318	221	52	18	2,089	94.5
ブラジル	—	—	—	2	—	—	2	0.1
香港	—	—	—	2	—	—	2	0.1
インド	—	—	—	3	—	—	4	0.2
エジプト	—	—	—	—	—	52	25	1.1
ジャワ	—	—	—	5	—	—	6	0.3
オーストラリア	50	—	—	4	—	—	54	2.3
チリ	0	—	—	0	—	—	31	1.4
計	1,235	295	318	239	52	94	2,214	100

出所：内村［1950］「わが国食糧需給の構成について」農業綜合研究 臨時増刊 特輯「米」の諸問題（1950年3月）所収p.101より筆者作成

実力阻止にあったりして、予定の半分も輸送できなかった。

ＧＨＱは、窮迫地の火消し的緊急放出として、アメリカ軍手持ちの穀物や缶詰を放出した。これが配給数量に占める割合は、１９４６年７月34・２％、８月33・５％、９月27・２％に及んでいる。

救いは、１９４６年産のコメやサツマイモが豊作だったことである。これらを早期供出（早食い）することにより、なんとか１９４６年８～９月の端境期を乗り切ることができた。最終的には、ＧＨＱの援助に加え、１９４５年産米が農林省の予想したほどの不作ではなかったこともあり、欠配は20万トン程度で済んだ。

日本政府が要求したより大幅に少ない輸入で済んだことをマッカーサーからなじられた吉田は、「日本の統計がしっかりしていたら貴国と戦争なんかしなかった」と煙に巻いた。事実、人手がないことや統計手法が確立していなかったため、１９４５年産米の統計は杜撰だった。このため、農林省はGHQの指導の下、統計方法の見直しを行った。

GHQは真の危機に備えるとして、輸入した食料をなかなか放出しようとはしなかった。しかし、アメリカからの輸入食料が日本人を餓死から救ったことは事実だった。日本の輸入はほとんどアメリカからだった。輸入のための資金はガリオア資金が活用され（当初日本政府は無償だと判断していたが後に一部を返還）、また輸送船もアメリカの船舶を使用した。1946年後半の東京都の配給はほとんど輸入食料だった。

3 アメリカが食糧援助の代わりに要求したもの

厳格な供出の要求

GHQは戦前の陸軍省と同様、輸入するなら国内での供出にまずは努力すべきだという厳しい対応をとった。農家からもっと供出させろというのである。これが1946年産米、1947年産米について、進駐軍によるジープ供出という形になった。

農家への供出割当量は生産量から自家消費米の量を引いたものである。それは収穫後の事後割り当てとされたが、事後と言っても収穫前の予想収穫高によって供出割当量を決定していた。供出量を少なくしたい農家は、食糧庁の係員に収穫高を低く主張した。収穫量検査のために田んぼで刈った稲穂の一部を、係員に見えないよう巧妙に隠したりした。

農林省は都道府県知事と個別に折衝して、全体の供出割当量を定めていたが、その折衝は難航した。生産県の知事は他県への搬出をできる限り抑制しようとしたり、義務供出実施後に超過供出奨励金の上乗せによって農家手取りが高くなる超過供出の量を増やそうとしたりした。このため、農家と同様に収穫高（生産量）の見通しを低く主張して、自県の義務的な供出割当量を少なくしようとしたのである。

たとえば、1946年産米の予想生産（収穫）量は、豊作が確定的となった9月に折衝されたにもかかわらず、都道府県知事との折衝の結果862万トンと決定された。GHQは少なくとも900万トンはあるはずだと主張したため、農林省は輸入を要請する前提として、供出割当量の1割程度を農家に自発的に超過供出するよう求める声明を出さざるを得なかった。この時、実際の生産量はGHQの主張よりも多い921万トンだった。続く1947年産米は、前年に比べて不作になったにもかかわらず、農林省は供出割当量を増やそうとしたので、都道府県知事との折衝は行き詰まってしまった。

政府は、農家にとって有利な奨励金込みの超過供出を合理化するため、供出割り当ての方法を収穫後の事後割り当てから作付け前の事前割り当てに移行することを目的として、1948年「食糧確保臨時措置法」を成立させた。農家が事前割り当て以上にコメを生産すれば、それは収入の高い超過供出として政府に売却することができるようになるからである。農林省は、「精農的努力による増収に対して超過供出としての特権的利益を与えようとする画期的な供出制の改革」とうたった。

この法律は、米麦などの主要食糧について農家ごとに農業計画を定めて事前に生産量、作付面積と供出量を割り当てる一方、その生産が実現できるよう、農家に肥料、農薬、農機具を配給して生産の裏打ちを行うというものだった。こうして農家の責任を定めるのと同時に、それ以上は供出量を割り当てないという限度を示すため、生産量が増えても追加供出割り当ては行わないこととした。しかし、国会で戦時中の作付け統制令と同じではないかという批判が強かったため、作付面積の割り当ては廃止し、不要不急農産物の作付け制限違反については罰金刑にとどめた。

ところが、厳格な供出を求めるGHQは、追加供出割り当てを行わないことに異議を唱えた。このため、政府は同法の改正案を1949年に国会に提出したが、国会は本質的な部分の変更だとし、改正案は成立しなかった。政府は1949年12月にポツダム政令「食糧確保のための臨時措置に関する政令」を公布し、追加供出割り当てを法制化した。

農家への供出割り当ての軽減

ただし、戦後は農家の地位が向上した。一人当たりの自家消費米の基準量は4合から4合6勺に緩和された。加えて、復員や引き揚げなどで農家人口が増加した。これによって自家消費（農家保有）米が増加した結果、農家への供出割当米が減少した。供給計画量は、戦前の1944年660万トン、1945年719万トンに対し、戦後は1946年522万トン、1947年

図表5-2　コメ生産に占める供出割当率

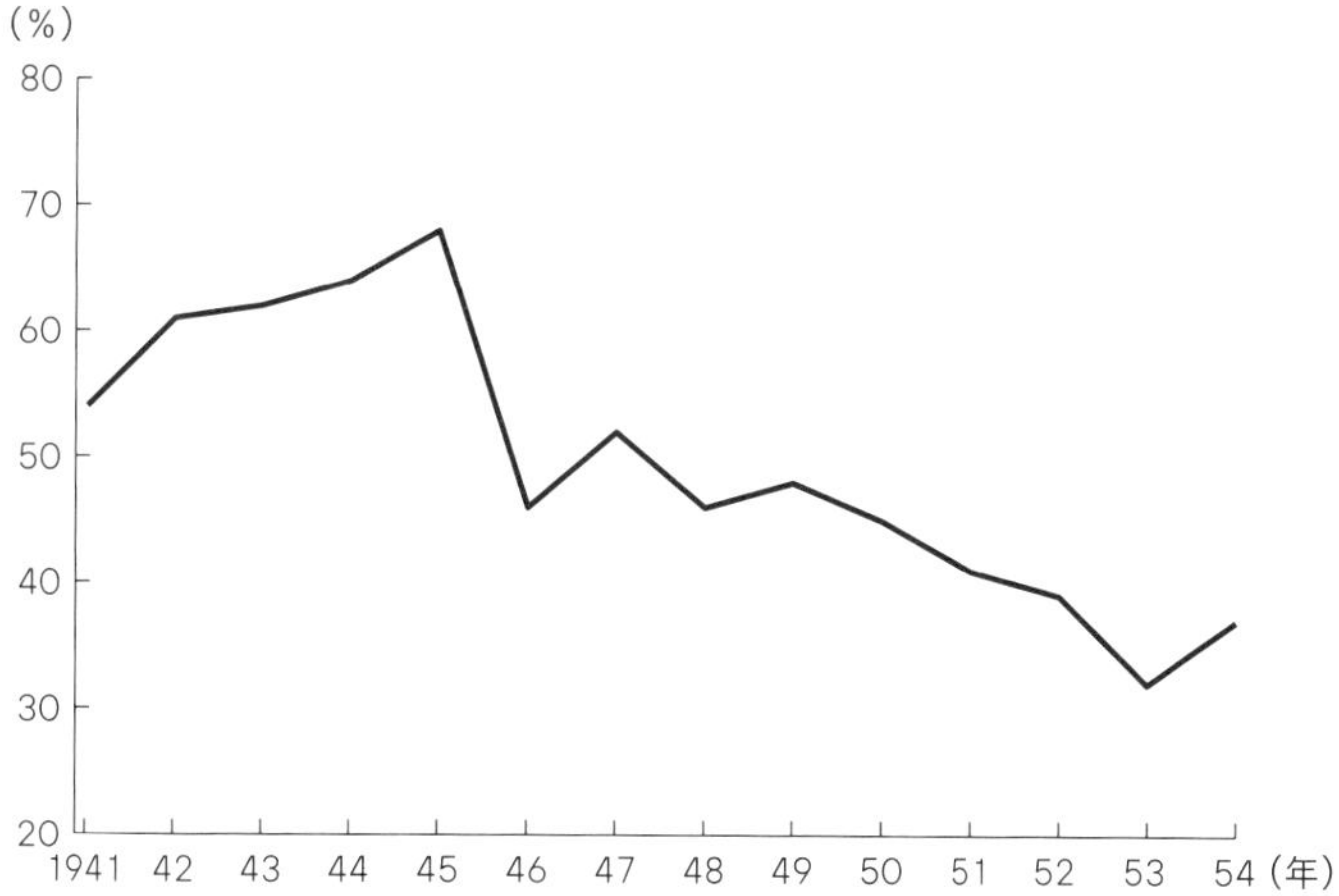

出所：『戦後日本の食料・農業・農村』第2巻（1）p.62-63より筆者作成

534万トン、1948年575万トン、1949年576万トンに水準が切り下がっている。さらに、コメの代わりに屑米、麦、雑穀、食用切干サツマイモによる供出が無制限に認められる総合供出制となった。1943、1944年産米では集落で責任を持って供出するという体制だったものが、戦後は個人の責任制に変更された。

農家には、食糧管理法によって供出割当米の政府への売り渡し義務が課されていたが、その内容が大幅に軽減されたのである。農家保有米が増加したことはヤミに仕向ける量が増えたということである。これは農家にとっては米価引き上げによる所得増加に働いた。

図表5－2は、生産量に占める供出割当量の比率の推移である。戦前に比べて、比率が大きく低下していることがわかる。

供出へのインセンティブ措置

しかし、食管制度によるコメの政府買い入れ価格は1940年代後半まで低く抑えられた。財政的な余裕がなかったためである。生産が拡大するにつれて、ヤミ値との格差は縮小していたが、それでも、政府買い入れ価格はヤミ値と比較して、1946年8分の1、1947年5分の1、1948年は4分の1、1949年は3分の1という低米価だった。このままでは、農家には、政府に供出する経済的なインセンティブがない。これに代わる強権的な手段として、1946年2月には食糧緊急措置令が公布され、悪質な供給不良者から強制的に収用（差し押さえて強制的に買い上げ）すること、供出を妨害する者に3年以下の懲役等を科すことなどが定められた。進駐軍によるジープ供出など強権を発動して農家に供出させていた。

しかし、日本の秩序が回復するにつれ、政府は強権的なやり方ではなく、供出を促進するため経済的なインセンティブを農家に与える方向に変化していった。農家に肥料、農機具、酒、衣料品などの報償物資を交付したり、早期供出奨励金、供出完遂奨励金、超過供出奨励金が交付されたりした。食糧逼迫が甚だしかった1948年度の超過供出特別価格は奨励金を入れると通常の買い入れ価格の3倍となった。供出割当量が抑えられたこともあって、これに対する実際の供出量の比率（進捗率）は1945年産米を除いて良好だった。その後、1949年のドッジラインによる強力な財政金融引き締め政策によってインフレは収まり、ヤミ米の価格も低下したため、緊急供出対策はほとんど行われなくなった。

図表5-3　コメの供出進捗率

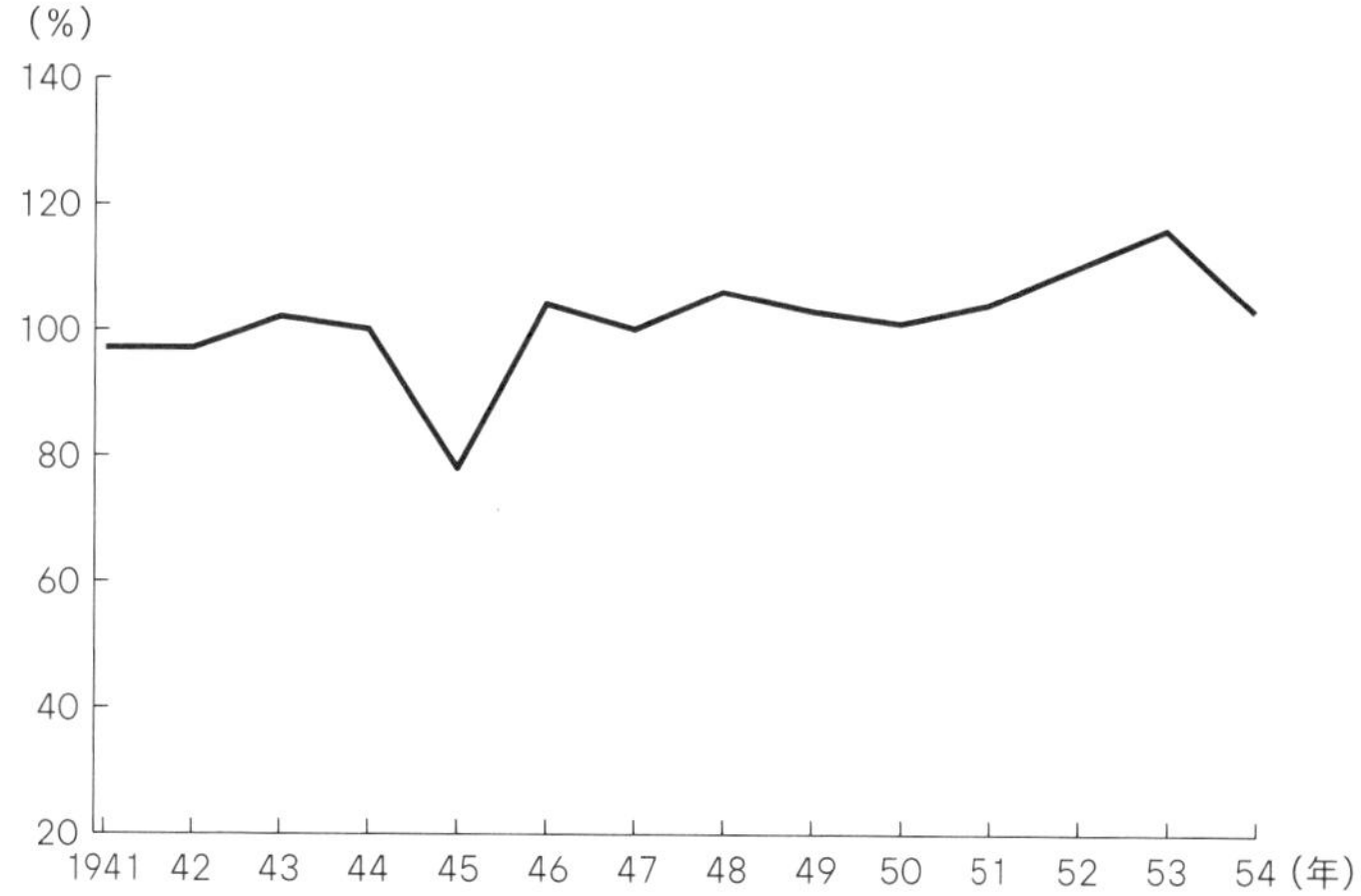

出所：『戦後日本の食料・農業・農村』第2巻（1）p.62-63より筆者作成

政府が卸売業者に売り渡す価格（政府売り渡し価格）は政府買い入れ価格よりも低く設定されていた。二重価格制をとったのである。この結果、消費者が購入する配給米の価格はヤミ価格よりもはるかに安くなった。農家には政府に売り渡す経済的なインセンティブはないが、消費者が配給米を購入するインセンティブはきわめて高かった。まずは配給米を買って足りない分をヤミで補った。配給米は最低限の食料供給をすべての国民に保証したのである。ヤミ値と配給米価格の差は縮小していったが、配給米価格がヤミ値の3分の1くらいだった1950年までは、配給基準量の改定（1946年11月に2合5勺、1948年11月に2合7勺）による配給量の増加も加わり、配給米への支出が増加し、ヤミ米への支出は減少していった。その後、価格差がさらに縮小していくと、逆にヤミ米への支出が増加し、配給米とヤミ米への支出割合はほとんど同じ程度になっていった。イモや食味の悪い外米などでは配給辞退も起きた。

二重価格制は、配給米（政府売り渡し米）とヤミ米の価格差がほぼ解消した後も継続された。この結果、政府買い入れ価格はヤミ米価格を上回るので、農家はヤミに売るよりも政府に売るほうが有利になった。

同時に、内外の食料需給が好転していくと、農家に供出量を強制的に割り当てる必要性も減少していった。このため、1955年から生産者による政府への売り渡しは〝予約売渡申込制度〟に移行することとなった。これは農家からの自主的な売り渡し予約の申し込みを受けて政府がコメを買い取り配給に回すというやり方である。ただし、法律的には、農家が申し込んだ売り渡し数量が食管法第3条の政府への売り渡し義務数量となり、これを守らなかった場合には3年以下の懲役などの罰則が科されることになる。しかし、1955年の予約売渡申込期間中の豊作予想と実際の大豊作によって、予約売渡申込制度への移行はきわめて円滑に実施された。さらに、米価闘争によって政府買い入れ価格（生産者米価）が引き上げられていくと、政府への売り渡しは農家の義務ではなく権利として受け止められていくようになる。

コメの集荷・配給組織

既述のとおり、政府がコメの集荷のために活用したのが、戦時中の統制団体を改組した農業協同組合だった。

配給する組織も、1942年の食管法と同時に結成された中央、地方における食糧営団組織に一元化された。ただし、これは民間の団体だったので、民間の統制機関は廃止すべきだというGHQの方針により解散され、1948年、全額政府出資の食糧配給公団が設立された。この公団は、卸機能を果たす政府から食糧を譲渡され、末端の配給機能だけを任務とするものだった。しかし、これも暫定的な措置とされ、1951年からは民間の卸売業者、小売業者による体制に移行した。

ただし、民営化と言っても卸売業者と小売業者、小売業者と消費者は一対一の関係で結び付いており、自由な売買は認められなかった。民営化後も配給統制は継続したのである。これによって政府は、（小売り）配給所への配給量を対象人数と基準配給量によってあらかじめ固定することができ、それと結びついた卸売業者への政府米の売却量も固定することが可能となる。このため、統制上の監視が容易になるばかりでなく、コメのランニングストックを最小限にすることができた。また、流通段階での食品（コメ）ロスはほとんど生じなくなる。産地の倉庫から消費地の倉庫へはLP（線形計画法）計算によって、最も合理的・経済的に輸送することが可能となった。

4 農地改革と農業生産の拡大

供給する側の農業自体はどうだったのだろうか？　戦後の画期的な農業政策は農地改革である。

食管制度を利用した地主制度の解体

農地改革には前史がある。農林省は戦時中、食管制度を利用して地主制度を弱体化した。小作人が受け取る米価を地主が受け取る米価より高く設定したのである。１９４１年に一石（１５０キログラム）当たり生産者（小作）米価49円、地主米価44円としたのが始まりで、これが１９４５年には小作米価92・5円、地主米価55円、１９４６年には小作米価５５０円、地主米価75円となった。

小作米（小作料）以外の生産のうち自家消費米を除いて小作人が自己の名義で政府に売り渡す米の代金は、まるまる小作人の収入となる。たとえば、生産量を１００として、50が小作米、30が自己の名義で政府に売り渡す米、20が自家消費米とする。小作人の受け取り額は、生産者米価から地主米価を引いた額に50の販売量を乗じた額と、生産者米価に30の販売量を乗じた額の合計となる。地主に収めていた小作米についても、すべてが地主のものとなるのではなく、小作人の取り分が生じるようになったのである。このような米価による小作人の地位改善の結果、小作人受け取り額に占める小作料の割合は１９４１年の52％から１９４６年には６％まで減少した。農林省は、食管制度を利用することによって地主制度の解体を進めたのである。

同時に、こうした仕組みは、小作人がコメを政府に供出するインセンティブとしても働いたと考えられる。一石二鳥の名案だった。

農林省の悲願達成

農地改革は、地主階級に支持された保守党の中では異色の自作農主義者だった松村謙三が1945年10月、幣原内閣の農林大臣就任直後の記者会見で「農地制度の基本は自作農をたくさん作ることだ」と発言したことが発端である。

敗戦直後、農作物の強制的な供出、農業生産に不可欠な肥料の入手困難という状況に加え、農地改革を避けようとして地主による土地の取り上げが起こり、農村に社会主義・共産主義勢力（農民組合運動）が急速に拡大していった。松村の危機感はこれに根ざしていた。小作人解放への悲願達成に燃える農林省は、松村の発言にすばやく対応した。法律原案ができたのは松村の大臣就任の4日後、国会への法案上程は1カ月後という異例のスピードだった。

第一次農地改革の内容は、不在地主の所有地のすべて、および在村地主の5ヘクタールの保有限度を超える小作地を地主との交渉によって小作人に買い取らせる、1945年産米の（低い）地主米価を基準にして小作料を金納固定化する、というものであった。存村地主の保有限度についての松村大臣の案は1・5ヘクタールだった。これでは中小地主からも取り上げることになるので過激すぎ、議会が納得しないとした農林省当局の説得により3ヘクタールに、5回も行われた閣議での所有権絶対主義者、松本烝治国務相の執拗な反対により5ヘクタールとなった。

こうして閣議を通過した農林省案についても、地主階級の代弁者だった帝国議会は、私的財産権の剝奪は憲法違反であるなどとして戦前に続き葬り去ろうとした。しかし、12月9日に「数世紀に亘る封建的圧制の下日本農民を奴隷化して来た経済的桎梏を打ち破り、耕作農民に対しその労働の成果を享受させる」という激烈な言葉によって地主制を批判したＧＨＱによる農地改革の覚書が出たため、わずか13日で国会を通過した。

その後、「在村地主の小作地保有限度を５ヘクタールとしたため全小作地の38％しか対象にならず不徹底である、国家が直接買収すべきである、５年かけて実施するのではなく短期間に実施すべきである」などの理由で、第一次農地改革はＧＨＱから反対され、在村地主の小作地保有限度１ヘクタール、国による直接買収などを内容とする第二次農地改革が実施される。不在地主の所有地のすべての譲渡や小作料の金納制への移行は、第一次農地改革のとおりだった。

この時、農林省はＧＨＱの指示のうち、自作農の規模を都府県３ヘクタール、北海道12ヘクタールに限定することには、規模が大きく生産性の高い経営を損なうものとして強く反対し、粘り強く交渉した。最終的には、都府県３ヘクタールなどの基準を超えるものについては農業の発展上好ましくないものに限り、買収することとなった。このため、この基準を超える農地については、「好ましくない」という認定は行われず、買収はほとんど行われなかった。

農地改革は２５２万戸の地主から全農地の35％、小作地の75％に相当する１７７万ヘクタールをきわめて低い価格で強制的に買収し、財産税物納農地と合わせて１９４万ヘクタールの農地を４２０万戸の農家に売却したものであった。これにより、小作地のシェアは46％から13％に低下した。

２５２万戸という数字からも明らかなように、大地主だけでなく多数に上る中小の地主からも農地を取り上げることになった。窮迫したため、上級の学校への進学を断念した中小地主の子弟もいた。その後、かつての小作人が農地改革でタダ同然で入手した農地を宅地などに転用して大きな利益を得ていることを目の当たりにした中小の旧地主から、農地改革の違憲訴訟が相次いだ。農地改革後、農林省はこれに苦しむ。農地改革から約20年が経過した1965年「農地被買収者に対する給付金の交付に関する法律」が成立し、補償問題はようやく決着した。

戦後の農地改革は、小作人解放と同時に、食糧難の中で耕作農民に土地の所有権を与えて食料増産意欲を高めるという大義名分があった。戦前の農業を支配していたのは大地主だった。地主はコメの供給を少なくして米価を維持することに関心を持っていた。政府が増産を唱えても、地主はこれに応えようとしなかった。これに対し、耕作者が所有権を持つ自作農では、コメの増産の意欲が増すことが期待された。「所有の魔術は砂を化して黄金となす」（18世紀イギリスの農学者アーサー・ヤングの言葉）という農業の格言がある。

地主階級が大きな政治力を持っていた戦前・戦後において、小作人解放に、社会のコンセンサスがあったわけではなかった。多数を占める中小の地主がいてこそ農村の平穏・安定が図られるという主張が強かった。このため、第一次農地改革を主導した松村謙三農林大臣は、食料増産を掲げて、地主階級の利益を代弁する帝国議会や政府内の反対勢力と対峙した。

緊急開拓事業

農地改革と同時に政府は緊急開拓事業を計画した。これは5年間で155万ヘクタールを開墾し、そこに100万戸を入植させようとするものだった。終戦によって復員・引き揚げ者が増えるとともに、軍需工場の労働者は失業した。政府は、これらの人を帰農させることによって、失業対策と食料増産対策を同時に進めようとしたのである。しかし、開墾対象と期待された旧軍用地と国有林野は少なかった。内地で予定された85万ヘクタールのうちこれらは19万ヘクタールに過ぎなかった。それ以外は、民有の未墾地だったのである。

しかも、開墾自体も進まなかった。1946年度から1952年度まで政府は136万ヘクタールを取得したものの、開墾した土地は34万ヘクタール、25%に過ぎなかった。また、21万戸が入植したが、農作業に慣れない人も多く、その3割が離脱した。開拓事業予算は1950年までは土地改良事業を上回っていたが、1951年以降は逆転された。食料増産の重点が開拓から土地改良に移ったのである。

農業生産の回復

戦後、農業生産は回復していった。復員・引き揚げ者の多くは、工業が壊滅的な打撃を受け仕事がない都市ではなく、実家の農家などを頼って農村部に移り住んだ。農家戸数は、1941年の541万戸から、1946年570万戸、1949年625万戸に増加している。しかも、農村部に工場は展開していなかったため半数程度の農家は専業農家であり、農業が主の第一種兼業農家まで含めると、その割合は農家の8割を占めた。彼らは労力のほとんどを農業に注ぐことができた。農業に必要な労働力が増加したのである。

肥料生産も回復していった。戦後を画する経済政策は「傾斜生産方式」だった。傾斜生産方式とは、輸入された石油などの生産資材を鉄の生産に重点的に振り向けて鉄を増産することで、増産された鉄を石炭の増産に利用し、さらに増産した石炭で鉄を増産するという形で石炭と鉄を中心として生産を拡大し、これによって化学肥料や電力などの重点的な産業に資材を重点配給するものである。

芦田内閣は昭和電工事件により総辞職するが、昭和電工事件とは、傾斜生産方式による化学肥料増産のための復興金融金庫融資を化学肥料会社である昭和電工が不正に受けたものであった。食料生産を増加させるためには、傾斜生産方式によって化学肥料を増産する必要があった。これによって、化学肥料生産は、戦前の1930年の水準に比べて、1950年には概ね1・5倍、1955年には2倍程度に増加した。

それでも化学肥料の依存度は高くなく、1940年代後半ではほとんどが、1950年代以降でも3割から5割が自給肥料（堆きゅう肥、緑肥、人糞尿など）によって賄われていた。窒素、リン酸、カリウムのうち自給肥料の割合（%）はそれぞれ、1945年82・7、94・0、98・2、1949年53・5、47・3、80・4、1959年45・3、31・6、46・0だった。

農家が自給肥料を作るためにはたくさんの労働が必要だった。これも当時、農村にいた多くの農業者によって可能となった。また、農家の周辺の里山は、自給肥料となる雑草や落ち葉などだけではなくタケノコや山菜などの食料も供給していた。当時トラクターなど耕作のための農業機械はほとんど普及していなかったが、農耕のため1～2頭の牛馬が役畜として飼われていた。この糞尿もきゅう肥として活用できた。

1950年代に入ると朝鮮戦争による世界的な食料不安が生じたため、政府は積極的に食料増産に取り組むようになる。政府は1950年に食料1割増産を閣議決定し、1952年には食糧増産5カ年計画を策定し、農地の開発・改良、栽培技術の向上によって5年間で米麦を264万トン(コメ換算)増産、輸入食料を86万トン減少することを目標にした。コメの政府買い入れ価格は1950年から1955年まで1・9倍に引き上げられ、1955年頃にはヤミ値との差も解消した。

これによって大きく予算を増加させたのが土地改良事業(灌漑排水、区画整理、農道整備、開墾など)だった。1951年に土地改良事業への補助金交付を内容とする「積雪寒冷単作地帯振興臨時措置法」という特定地域法が制定された。これに続き、「急傾斜地帯農業振興臨時措置法」などが続々と作られ、日本全土が特定地域法の対象地域となった。これが、現在も農業予算のかなりを占める農業・農村整備事業(農業公共事業)の起こりである。土地改良事業費の増額によって、農業予算は増加し、一般会計に占める農林省予算の比率は1950年の7・7%から1952年には16・6%に増加した。

第6章

食料について知っておくべきファクツ

1 リスクを誰が判断するのか

リスクとは何か

リスクとは、好ましくない事態が起きることによって生じる被害の大きさとその被害が起きる確率を考慮したものである。つまり、「リスク」は数学的・統計学的な概念であって、毒物や危害のように目に見えたり直接機器を使用して測定したりできるものではない。

たとえば、食品の場合、健康に悪影響を与える食品中の物質・要因、または食品の状態を〝ハザード（危害）〟と言う。ハザードには、有害微生物（O157、サルモネラ菌、黄色ブドウ球菌、腸炎ビブリオなど）、天然毒素（テトロドトキシン、貝毒、カビ毒など）、環境からの汚染物質（ダイオキシン、カドミウム、水銀など）、生産加工中に使用する物質（農薬、動物医薬品、飼料添加物、肥料、食品添加物など）など、さまざまなものがある。

食品のリスクは、食品に含まれるハザードの毒性の種類や程度、どの程度食品を摂取するかなどによって決定される。O157と食品添加物というハザード同士は比較することはできない。しかし、リスクは、10万人に1人死ぬか、100万人に1人死ぬかという数学的・統計学的な概念なので、本来比較できないさまざまなハザードを、確率を加味したリスクという物差しに転換することによって、対処する優先順位を決定することが可能になる。

原発事故とＢＳＥの教訓

そうは言っても、リスクの評価は必ずしも客観的・科学的に行われるものではない。科学的な評価と言っても一義的に決まるものではなく、評価する者が置かれている立場、企業の利益や政治的な思惑などが絡むからである。ある汚染物質がどれだけの健康被害を与えるかについて、生産する企業と消費者団体とでは、異なる科学的証拠を提示する可能性がある。

２０１１年、東日本大震災によって東京電力の福島第一原子力発電所の事故が起きた。この事故は甚大な被害を周辺の住民や産業に与えた。発生から13年以上経過しても、なお故郷の町に帰れない人もいる。２０２３年、処理水の扱いをめぐり、中国は水産物の輸入を禁止した。東京電力の幹部は、こうした被害が生じるとは思ってもいなかっただろう。思っていた人もいたかもしれないが、組織の中で発言することは憚れたのだろう。原子力発電所で事故が発生することによる被害の重大性はある程度認識していたかもしれないが、事故が発生する確率については意識的に低く評価してしまった。結局、事故のリスク（これを避けることによって得られる利益）をきわめて低く評価することになった。

あるいは、事故を回避する手段を検討したかもしれないが、そのために必要なコストが高いと判断したかもしれない。国民にとっては、これによって健康被害や生活・生計の場の喪失という甚大な損失を回避するという大きな利益があるが、東京電力としてはこの手段を実施することによる自社の利益は大きなものではないと判断したのかもしれない。利益をコストが上回ると判断すれば、対策は実施されない。

逆に、2001年に日本で発生したBSE（いわゆる狂牛病）については、リスクを過大に評価し、不必要な対策が講じられた。テレビでBSE感染牛が異常な行動を行うという映像がたびたび放送されたこともあり、消費者がリスクを異常に高く評価し、牛肉の消費は大幅に減少した。

若い牛からプリオンは検出されないことがわかっていたのに、全頭検査が行われた。また、OIE（国際獣疫事務局）という国際機関は、危険部位を除けば、牛肉から人への感染はないとしているのに、農林水産省は全頭検査の導入前に解体された国産牛肉を買い入れて焼却処分するという政策を実行した。これによって、輸入牛肉を国産牛と偽って不正に補助金を得るという事件が発生した。自民党農林族は、国内の牛肉産業が打撃を受けることがないよう、十分すぎるほどの対策を講じていることを支持者である畜産農家に示そうとした。その圧力に政府は屈し、3000億円ほどの国費が投入された。

現在は、24カ月齢以上の牛で、生体検査時になんらかの神経症状または全身症状を示す牛についてのみBSE検査が行われている。そもそも、これまでBSEに感染した牛は世界で190万頭。これに対して、BSE感染症から感染したと言われるクロイツフェルト・ヤコブ病（vCJD）に感染した人は233人に過ぎない。わが国では、BSE感染牛は36頭、vCJDを国内で発病した人は1人もいない。被害が起きる確率はきわめて低かったのである。これは、原子力発電所事故と異なり、本来リスクはきわめて低かったのに、それを高く評価してしまったケースである。

農林族議員からすれば、コストをかけて対策を講じるのは政府であって自分の懐が痛むわけではない。他方で、自分たちが政府に十分な対策を講じさせたと支持者である畜産農家に示す利益は大きかった。農林族議員にとっては利益がコストを大きく上回った。原発事故の場合は、金銭的な負担をして対策を講じるのは東京電力であるが、その対策から受ける自社の利益（対策を講じないことで生じる被害者への補償などの不利益の回避を含む）を東京電力は十分評価しなかった。

なお、福島の原発事故では、甚大な損害を生んだ第一原発に対し、わずか12キロメートルしか離れていない第二原発では被害は大きなものとはならなかった。第一原発は第二原発に比べ老朽化した施設だったことに加え、非常時の電源確保のための発電機が頑丈ではない建物に設置され、また、第一次冷却系に必要な海水取水ポンプが海岸側にむき出しの状態で設置されていた。施設の改善を行えば、第二原発のように被害を最小限に食い止めることは可能だった。東京電力が必要なコストを払うだけで、国民は大きな被害を回避することができたはずである。

食料安全保障のリスクを誰が判断するのか

食料安全保障はどうだろうか？

国際的な穀物価格の高騰という危機は発生する確率が高くても、わが国に与える被害は輸入食料の価格上昇という程度で、大きなものではない。リスクとしては高いものではない。

逆に、輸入途絶による食料危機については、発生する確率が高くなくても、発生すると甚大な被害が生じる。毎日食べられないと餓死する。供給不足が生じる可能性が50年に一度という低い確率だとしても、悲惨な事態が生じる。しかも、1918年のコメ騒動のように、経済的のみならず、社会的・政治的な不安や混乱が生じかねない。また、危機になってから農地開発をしても、目前の飢餓の解決には間に合わない。リスクは高い。それを回避する措置を講じることによる国民の便益はきわめて大きい。

問題は、誰がリスクを判断するかである。直接リスクを受ける国民が十分な情報をもとに判断するのであれば、原発事故やBSEの場合のような問題は起きない。原発事故の場合は東京電力、BSEの場合は農林族議員が、自己の利益という観点から対策を講じるかどうかを判断した。

食料安全保障の場合、われわれはリスクの判断や対策を政府に委ねている。政府の中で第一義的に判断するのは農林水産省である。その農林水産省は、JA農協や農林族議員と相談しながら政策を決定している。つまり、食料安全保障についての対策を決定するのは農政トライアングルなのである。国民は農政トライアングルに食料安全保障を信託していることになる。

しかし、農政トライアングルが国民のために行動するという保障は全くない。考慮するのは、国民全体の利益ではなく彼ら自身の既得権益である。そうでなければ、世界が穀物の生産を増やしているのに、農林水産省が政策によってコメの生産を意図的に減少させるわけがない。減反政策の推進や農地資源の喪失など、農政トライアングルは国家的な食料安全保障の利益を損なうことばかり行ってきた。われわれはどうすればよいのだろうか？

2 食料安全保障のコスト

「農業保護」という保険料は妥当か

わが国は水資源に恵まれるとともに、40万キロメートル、地球の10周分にも及ぶ水路が張り巡らされており、水資源の供給には問題が少ない。危機にさらされているのは農地資源であり、フランスのように確固としたゾーニングにより農地を確保することが必要である。同時に、水路などの農業生産資源を良好に維持・確保しておくことが必要である。

毎年農業生産を行おうとすると、自由貿易を実施して安い農産物を輸入するよりも、国民に財政負担や消費者負担を強いるかもしれない。しかし、これこそ安全保障のコストにほかならない。安全保障とは飢餓や紛争などの危機に備えるため、通常の事態において軍事費や備蓄などの負担を行うものだからである。農地などの農業資源をなくしてしまうと、いざ輸入途絶となったときに飢餓という大変悲惨な状態に陥る。一定期間の負担は〝いざ〟という時のための保険料である。

問題は、その保険料が妥当なものかどうかである。食料安全保障や多面的機能が重要だとしても、そのベネフィット（便益）がコストを上回らなければ、農業を保護すべきということにはならない。食料安全保障のために農業生産を維持するという手段を選択した場合の保険料は、国内の農業生産にかかる費用から外国産農産物の輸入額（関税は除く）を引いたものである。

国際的な穀物価格の高騰というリスクは高いものではない。このように低い便益に対して、国内の農業生産を行うことによるコストが高すぎれば、対策を講じるべきではない。国産の農産物価格が高すぎることにより保険料が過大となれば、国民は保険に加入すべきではない。そもそも、国際価格が高騰してもなお国産農産物の負担のほうが高ければ、便益自体が存在しない。

逆に、輸入途絶のようなリスクの高い場合には対策を講じる便益（生命の維持そのもの）は高くなる。高い保険料を払ってもよいと国民は考えるはずである。

しかし、この場合でも、便益からコストを引いた純便益を最大限にしようとすると、対策はよりコストのかからないものである必要がある。他の手段よりも国内農業生産で対応したほうが安上がりでなければならない。ほかに安いコストでその価値を実現できる方法がある（たとえば、安い外国産農産物の備蓄）なら、国内での農業生産にこだわるべきではない。

コメの減反をしながら他作物に転作して食料自給率を向上させるという名目で、水田での麦や大豆の生産に毎年約１５００億円（減反補助金および経営所得安定対策など）の税金を投入している。しかし、これで作られる麦は約60万トン、大豆は約20万トンに過ぎない。同じ税金で毎年３００〜５００万トンの小麦を輸入できる。エサ米については、９００億円程度の財政負担で生産しているのは約76万トンである。これで２５０〜４００万トンのトウモロコシを輸入できる。

しかも、財政で作られた生産なので、財政支援がなくなれば麦、大豆、エサ米の生産はなくなる。生産を維持するためには、毎年同額の財政支出が必要である。危機が発生するまで継続すると、累計の財政負担は膨大なものになる。10年間だと10倍である。

洪水防止や水資源の涵養などの多面的機能も、農業生産に多大のコストがかかるのであれば、農産物は国際価格で輸入して、植林やダムなどで対応するほうが国民負担は少なくて済む。

つまり、食料安全保障や多面的機能を理由として農業保護を正当化するためには、農業の生産コストが低いことが必要なのである。生産性向上に努力しない農業は保護に値しないと言ってもよい。現在の農林水産省の政策は、価格・品質両面で国際競争力のあるコメ作りをやめて、品質面で劣るうえ国際価格の3~5倍のコストがかかる小麦の生産を多額の財政負担を行って増やそうとしている。これは費用便益分析を行うまでもなく、とうてい正当化できるものではない。国民は不当に高い保険料を払っている。

そもそも、国民は保険料を払っているのに、政府(農林水産省)は必要な対策を講じているのだろうか？　減反によるコメ生産の減少、農地資源の転用などによる大量の喪失など、食料安全保障や多面的機能を高めるのではなく、逆に減ずるような措置を実施している。われわれはマイナスの便益のために保険料というコストを払っているのである。純便益はプラスになりようがない。保険料を払っているのに、食料危機時に政府はわれわれを救ってくれない。農林水産省は食料が途絶したときに助かる命も助からないような政策を講じてきたのである。国民への奉仕という視点はなかった。

3 食料の特性と食料危機

必需品としての食料

他の消費財と異なる食料の特徴は、人の生命・健康に不可欠な必需品だということである。しかも、ほぼ毎日消費しなければならない。1年間十分に食べたから翌年は食べなくてもよいというものではない。多いときと少ないときを平均して十分な供給があればよいというものでもない。同時に、胃袋は一定なので、消費量に限界がある。テレビの価格が半分になると、もう1台買おうという気になるかもしれない。しかし、コメの値段が半分になったからと言って、コメを倍食べようという人は少ない。消費量は価格にそれほど反応しない。

キャベツの生産が増え、それを市場でさばこうとすると、価格を大幅に下げなければならない。農家の側から見ると、価格に販売量をかけたものが売上高なので、わずかに販売量が増えた結果、価格が大幅に低下すると、売上高は減少する。これは〝豊作貧乏〟と言われる現象である。逆に、長雨などで不作になると、どうしても一定量は食べなければならないので、市場の価格は高騰する。この時には、売上高は増加する。

これを利用しているのが、コメの減反政策である。農家に補助金を出してコメ生産を減少させると、生産の減少以上に価格は上昇するので、農家の売上高は増加する。売上高に比例して販売手数料収入が決まるJA農協も利益を受ける。

このように、供給がわずかに増えたり減ったりするだけで、価格は大きく変動する（これを、食料の需要は〝非弾力的〟だと言う）。これが穀物の国際相場が大きく変動する原因の一つである。

他方で、食料を供給するのは農業である。特に、コメなどの穀物は温帯では基本的に年に一作である。2024年の海外旅行者によるコメ消費増加の場合のように、需要が増えたからと言って生産を急に増やせない。5月以降消費の増加がわかったとしても、すでに当年産のコメの作付けは終わっている。生産が対応できるのは翌年産で、収穫できるのは来年9月以降である。つまり消費の増加に生産が対応するのに、1年以上かかってしまうのである。農業による食料供給の特性からも、需要がわずかに増えたり減ったりするだけで、価格は大きく変動する（短期的には、食料の供給は完全に〝非弾力的〟である）。

2024年のコメ不足の際には、これまで需要は減少する一方だったので、農林水産省は毎年需要が10万トン減るという前提の需給計画を作ってきた。需要が非弾力的なので、わずかな供給の増加によって米価は大きく下がる。これを避けるためにはできる限り生産を抑制する必要があった。全く余裕のない供給である。需要が増加する事態は想定外だった。猛暑で整粒割合が高く被害粒が少ない一等米の比率が減少し、コメの流通業者が割れたコメや被害を受けたコメなどを流通から排除した。海外旅行者の増加などで消費も増えた。これらはコメ全体の需給からすればわずかだったにもかかわらず、米価は上昇した。

これは当然の結果だったとも言える。農林水産省やJA農協は米価を上げるために減反を強化してきた。２０２１年産米に比べ3年間で米価は8割上昇した。彼らが恐れているのは米価の低下であって、米価の上昇は彼らが政策的に意図してきたことだった。備蓄米を放出しないのも、供給が増えると米価上昇の成果の一部を帳消しにするからである。ただし、スーパーマーケットの棚からコメが消えるという事態までは想定外だった。廃止したはずの減反が残っていることが国民に知られたからである。

農業生産以外のサプライチェーンの重要性

衣料、電気製品や住居なども毎日消費しているが、一度購入すると長期間消費することができる。しかし、食料の場合、穀物などのようにある程度保存できるものもあるが、野菜、果実、魚などの生鮮食品については、頻繁に購入しなければならない。穀物や大豆でも、長期間保存できるスペースを持っている家庭は少ない。仮に保存できたとしても、小麦や大豆などは加工しなければ食用には供し得ない。コメはもみや玄米で貯蔵すると長期間保存可能だが、精米では早く劣化する。もみ貯蔵が最も望ましいが、もみ殻の分だけ貯蔵スペースが必要になるので、コストが大きくなる。

食料については、他の消費財と比べて、消費者の購入頻度はきわめて高い。これを供給サイドから見ると、消費者に頻繁に届けることができる生産・加工・流通体制が必要となる。この点で、毎日供給を受ける電力と似たところがある。しかし、電力がなくなったからと言っても、直ちに生命が危険にさらされることにはならない。江戸時代には、電気がなくても生活していた。しかし、江戸時代でも食物がなければ生きることはできなかった。一週間でも供給が途絶すると飢餓が生じる。

保存期間を長期化する技術も開発されてきた。これは購入頻度を抑えるためにも役立つ。乾燥や発酵の技術、砂糖や塩、化学添加物など保存剤の使用、流通段階でのポストハーベスト農薬の使用、缶詰や真空包装などのパッケージ技術などである。冷凍食品も冷蔵庫とともに発達してきた。保存や輸送のために冷凍施設を利用しようとすると、エネルギーが必要となる。

危機という観点から問題となるのは、家庭による加工・調理のアウトソーシングが進み、消費者の加工・調理能力が低下していることである。加工業がなければ、小麦から作られるパンやうどん、大豆から作られる味噌、醤油や豆腐などが食べられなくなる。消費者が購入するのは精米で、玄米を搗いて白米（精米）にすることさえ、家庭では行われなくなっている。われわれは、自らこれらを作る知識や技術を忘れている。

経済が成長するにつれ、また、単身世帯の増加や女性の社会進出に伴い、食の外部化が著しく進展した。国民が支出する飲食料費の9割が加工・流通・外食に帰属する。われわれは、主に加工した食品、調理済みの食品、外食店で提供される食品を食べている。食料とともに石油などのエネルギーの供給も途絶して、加工・流通（保管・貯蔵・輸送を含む）・外食といった産業が十分に機能しなくなれば、食料供給に重大な障害が生じる。経済的には進化だったのだろうが、終戦時に比べ、危機への対処や生命維持の技術という家庭の能力は退化した。

農業生産だけでなく、その川上の肥料・農薬などの生産要素の生産、川下の加工や保管・貯蔵、流通という、食料のサプライチェーン全体が機能しなければ、食料は国民に届かない。ロシアのウクライナ侵攻で肥料供給の重要性は認識されたが、それ以外のサプライチェーンも重要である。しかも、これを維持・確保するには、多くのエネルギーが必要となる。

食料危機の際の穀物、大豆、イモの重要性

われわれが生きていくうえで欠かせない三大栄養素は、炭水化物（糖質）、脂質、タンパク質である。脂質は体内で合成できるが、炭水化物は合成できない。タンパク質はアミノ酸が結合したものであるが、20種類のアミノ酸のうち、ロイシン、リシンなど9種類の必須アミノ酸は体内では必要量を合成できない。つまり、炭水化物とタンパク質は、食料から摂取するしかない。

炭水化物は、生命維持に必要なエネルギー（カロリー）の重要な供給源である。われわれは、炭水化物を主として、コメ、麦、トウモロコシなどの穀物や大豆、イモ（以下、便宜上これらをまとめて〝穀物等〟として扱う）から摂取している。コメ、小麦、トウモロコシを三大穀物という。生産・消費が突出しているからである。高度経済成長で脂質やタンパク質を供給する畜産物（牛乳やバターなどの乳製品、食肉、卵）の消費が高まる前、日本人はカロリーを主としてコメから摂ってきた。

トウモロコシのほとんどは家畜のエサ用とエタノール用である。これはでんぷん含有量が多いデントコーンという種類で、われわれが食料とする糖分の多いスイートコーンとは別の種類であ

る。また欧米では、小麦(wheat)、大麦(barley)、ライムギ(rye)は全く別の穀物と認識されているが、日本や中国では冬作物としてこれらを麦と総称している。

カロリーを脂質やタンパク質から摂るときでも、脂質やタンパク質を供給する畜産物(牛乳やバターなどの乳製品、食肉、卵)のエサとして、穀物が使用される。つまり、穀物はカロリー源として直接食用に供されるほか、家畜のエサになって畜産物を生産し、間接的にカロリーを供給する。

脂質を供給する植物油の原料として、大豆は重要である。大豆は、日本では味噌や醤油、豆腐、納豆として直接食べるが、世界的には油を採るために利用され、搾りかすが家畜のエサとして使われる。このため、世界的には大豆は、菜種、ヒマワリの種などと一緒に油糧種子(oilseeds)に分類される。

タンパク質は、筋肉、骨、臓器、血液を作るために必要な栄養素であり、糖の代謝や免疫機能の維持に重要な役割を果たす。タンパク質の難点は、体内で貯蔵できないということである。タンパク質が分解されるとアミノ酸になるが、使われなくなったアミノ酸は排出されて、体内にとどまらない。タンパク質が足りなくなると、人体は筋肉を分解してアミノ酸を作ろうとするので、筋肉量が落ちて運動障害が起きる。それだけでなく、糖の代謝が悪くなって糖尿病を発症したり、免疫機能が低下したりする。タンパク質は、コンスタントに摂取しなければならない。

われわれは、タンパク質を主に魚、食肉、卵、乳製品、大豆製品などから摂取している。かつて保存も長距離輸送も可能なタンパク質供給源は穀物や大豆だった。エネルギーの使用が制約されると、穀物や大豆を主たる供給源とせざるを得ない。

現在、日本各地のコメ生産者が、食味の良いコメの生産を競っている。しかし、食味の良いコメとは、タンパク質含有量が低いコメである。食料危機の際、タンパク質の供給を優先的に行わなければならないとすれば、官民挙げて食味の良いコメの生産増に努めることは問題なしとはならない。

トウモロコシやサトウキビは、アメリカやブラジルでガソリンの代替品であるエタノールの原料としても使用される。アメリカの政策によりエタノール生産が増加したため、トウモロコシ、ひいては穀物の価格が原油価格と連動するようになっている。トウモロコシやイモは、でんぷんにも加工され、清涼飲料水に使われる異性化糖や紙のコーティング剤など多様な用途に使われる。コメを除いて直接食用に供される農産物は少なく、小麦が製粉されたのちパンや麺に加工されるように、食品として利用するためには加工業が必要である。大豆も同様である。食料供給のための加工の重要性である。

わが国は伝統的に粉食ではなく粒食だった。麦類でも、製粉しなければうどんにできない小麦ではなく大麦を食べてきた。粒食なら加工は少なくてよいが、粉食の場合には、小麦から小麦粉にして、それからパン、うどん、スパゲティなどにする加工工程が必要となる。このためもあったのか、戦前の主要食糧とはコメを指していた。小麦などの麦類は最終的には主要食糧に入ったが、当初はコメの代替食糧という位置付けだった。なお、戦後小麦が普及したのには、コメなら副食がなくても食べられるが、小麦を加工したパンの場合、副食として肉類、魚などが必要となるので国民の栄養水準が向上するだろうという考慮もあった。粉食を推進したのはアメリカというより日本だった。

自然相手の食料供給の不安定性

動植物（生物）を相手とし自然や気象条件などに左右される農業や漁業によって生産されるため、工業製品とは異なり、食料供給は本来的に不安定である。しかも、同じく農業だからと言って、コメ農家が簡単に野菜を作れるわけではない。

また、危機になってから作付けをしても、農地開発をしても、目前の飢餓の解決には間に合わない。工業品のように、いつでも工場で生産できるものではない。自然や生物が相手なので、生産には時間がかかるうえ、病虫害や冷害で予定した生産を実現できないかもしれない。供給が途絶する場合には、備蓄しているものを含めて、今あるものしか食べられない。

穀物（コメ、麦、トウモロコシ）、大豆、サトウキビやビート（いずれも砂糖の原料農産物）、イモなどは、土地を多く使う。これらは、土地利用型農業と言われる。このため、食料危機を想定して穀物等を生産しておこうとすると、農地を確保しなければならない。また、他の条件が同じであれば、農場当たりの農地が大きければ大きいほど、より大型で効率的な機械を使用することができ、生産コストは減少する。

農地は急には拡大できない。日本のように土地面積が少ない国では特にそうである。農産物の価格を上げると、農家は労働や肥料など生産要素の投入を増やすことによって生産を増大させようとする。しかし、農地は一定なので、生産要素の投入を増やせば増やすほどトータルの生産量は増えるが、追加1単位ごとの生産量の増加は減っていく。これは〝限界生産力逓減の法則〟と言われるものである。コストの面では生産を1単位追加するに必要な追加的なコスト（限界費用）は増加していく。〝限界費用逓増〟である。農産物の場合には価格と限界費用が一致する生産量で供給が行われるので、価格を上げても、生産量増加の効果は減少していく。

土地という生産要素の拡大が制約される農産物の場合、需要だけでなく供給も非弾力的となる。このため、短期的に食料供給を増やさざるを得ない戦時中や戦後の食糧逼迫時には、国内の生産拡大に多くを期待できないため、外国からの輸入に頼らざるを得なかった。

この場合でも、中長期的な増産の可能性はある。品種改良を行えば、より少ない生産要素を投入してより多くの食料生産が可能となる（〝produce more with less〟）。生産コストも減少する。しかし、残念ながら、減産を目的とする減反が長期に継続されたため、コメの収量を増やす品種改良は行われなかった。

食料危機と穀物生産のタイミング

野菜の中には、1年に複数回、収穫できるものもある。しかし、熱帯地域のコメを除き、温帯地域では、穀物等は基本的には一年一作である。しかも生育する期間が限られている。冬にコメは作れない。これは、食料危機時の対応に特別の配慮が必要となる。

毎年700万トンのコメを生産しているわが国で食料危機が起こり、小麦、トウモロコシ、牛肉などの輸入が途絶したときを考えてみよう。

輸入食料がないので、1600万トンのコメ供給がないと国民は必要なエネルギーを確保できない。1600万トンのコメ生産に必要な種もみや農地を確保できていたと仮定しても、危機が田植え後の6月に起きれば、その年に増産することはできない。出来秋の生産は700万トンしかない。増産のための作付けは、翌年の5月まで待つしかない。収穫は翌年の9月である。6月から翌年9月まで1年以上の期間を、年間1600万トン必要なところを700万トンの供給量のペースでしのいでいかなければならない。この影響を少しでも緩和しようとすると、十分な供給にはならないが、翌年の6月に収穫できる裏作の麦を復活させるなどの対応が必要となる。

畜産と食料危機

畜産は、基本的には牛(馬)の大家畜と、豚、鳥の中小家畜に分類される。人類の歴史の中で、牛や馬には草を食べさせてきた。しかし、最近では、中小家畜と同様、牛にもトウモロコシなどの穀物を食べさせるようになっている。道東地域の酪農、岩手県の短角牛、阿蘇のあか牛、山に放牧する山地酪農など、草地資源を活用している例もあるが、一部に過ぎない。道東地域の酪農でも穀物主体の濃厚飼料が供与されるようになっているし、都府県の酪農の多くは、トウモロコシだけでなく乾燥牧草も輸入に頼っている。

畜産は機械化・大型化が進み、全国にわずか４０００戸しかいない養豚農家が９００万頭の豚を肥育している。平均すると、農家一戸当たり２０００頭以上の豚を肥育している。養鶏農家（ブロイラー）は２０００戸の農家が7億羽の鶏を出荷している。一戸当たり35万羽である。酪農も、乳牛が自分で搾乳場に入るというフリーストール・パーラー方式や搾乳ロボットが普及することにより、多頭飼養、自動化が進んでいる。

日本の畜産は、トウモロコシなど輸入農産物の加工品と言っても過言ではない。動物がいる工場に、輸入農産物を投入（インプット）すれば、生産物（アウトプット）として牛乳、食肉、卵が出てくるというイメージを持ってもらえばよい。生物を利用するという点以外では、工業と変わらない。工場のような生産なので、天候や自然の影響を受けない。

畜産は、エサの輸入が途切れる食料危機の際には壊滅し、国民への食料供給という役割を果たせない。ただし、穀物供給不足時に家畜を処分して飢えをしのぐということも考えられる。畜産という英語の "livestock" とはその意味である。しかし、輸入途絶という事態が長期化する場合には、一時しのぎの対応に過ぎない。エサがなくなると動物も飢え死するので、一度に大量に殺処分するしかない。それによって生じる膨大な在庫を冷凍保存することが考えられるが、そのためには、保管する倉庫に加え多くのエネルギーを用意しておかなければならない。それができなければ、食肉を大量に廃棄するしかない。現在、一部で行われている自然の雪や氷を利用した貯蔵を展開することも検討する必要がある。

第 7 章

食料安全保障の不都合な真実

1 食料自給率のウソ——なぜ食料自給率は低いのか

食料自給率低下の通説

日本の食料自給率が1960年の79%から38%に低下したのは、食生活の洋風化のためだとするのが農業界の通説である。コメよりもパン、牛肉、牛乳・乳製品などを食べるようになったから、これに合わせてコメ生産を減少させなければならなかったというのだ。この見方は、図表7－1と7－2からすると、正しいように思われる。

図表7－3は、国民一人当たりの一日供給熱量をコメ、小麦、畜産物、油脂について、1960年と2022年を対比したものである。コメが大幅に減少し、小麦はやや増加、畜産物、油脂が大きく増加していることがわかる。

しかし、この主張は国内市場しか見ていない。食料自給率は国内生産量を国内消費量で割ったものだ。国内消費を上回って生産し輸出すれば、食料自給率は100%を超える。コメの国際市場は近年大きく拡大してきた。日本が得意なコメを輸出していれば、食料自給率は下がらなかった。

不思議なことに、1933年からコメの輸入数量制限を始めて以降、農林水産省は輸出をほとんど考えなくなった。1918年に起こったコメ騒動が輸出の拡大によって引き起こされたよう

図表7-1　品目別一人当たり供給熱量(1960年)

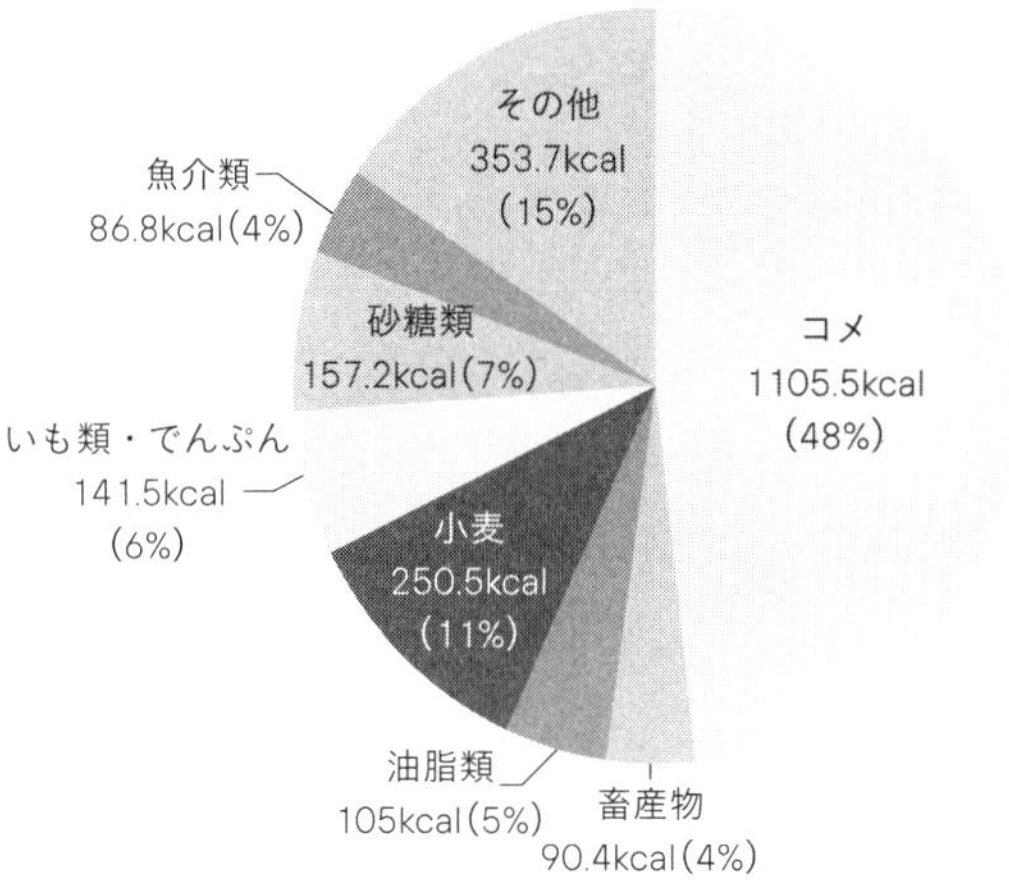

出所：農林水産省「食料需給表」より筆者作成

図表7-2　品目別一人当たり供給熱量(2022年)

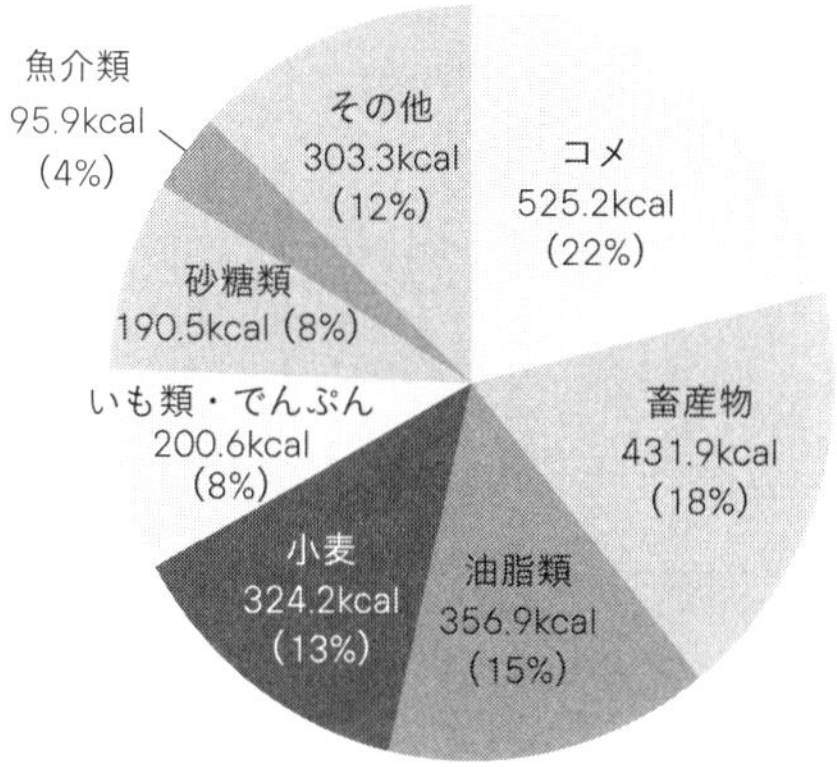

出所：農林水産省「食料需給表」より筆者作成

図表7-3　国民一人一日当たり供給熱量

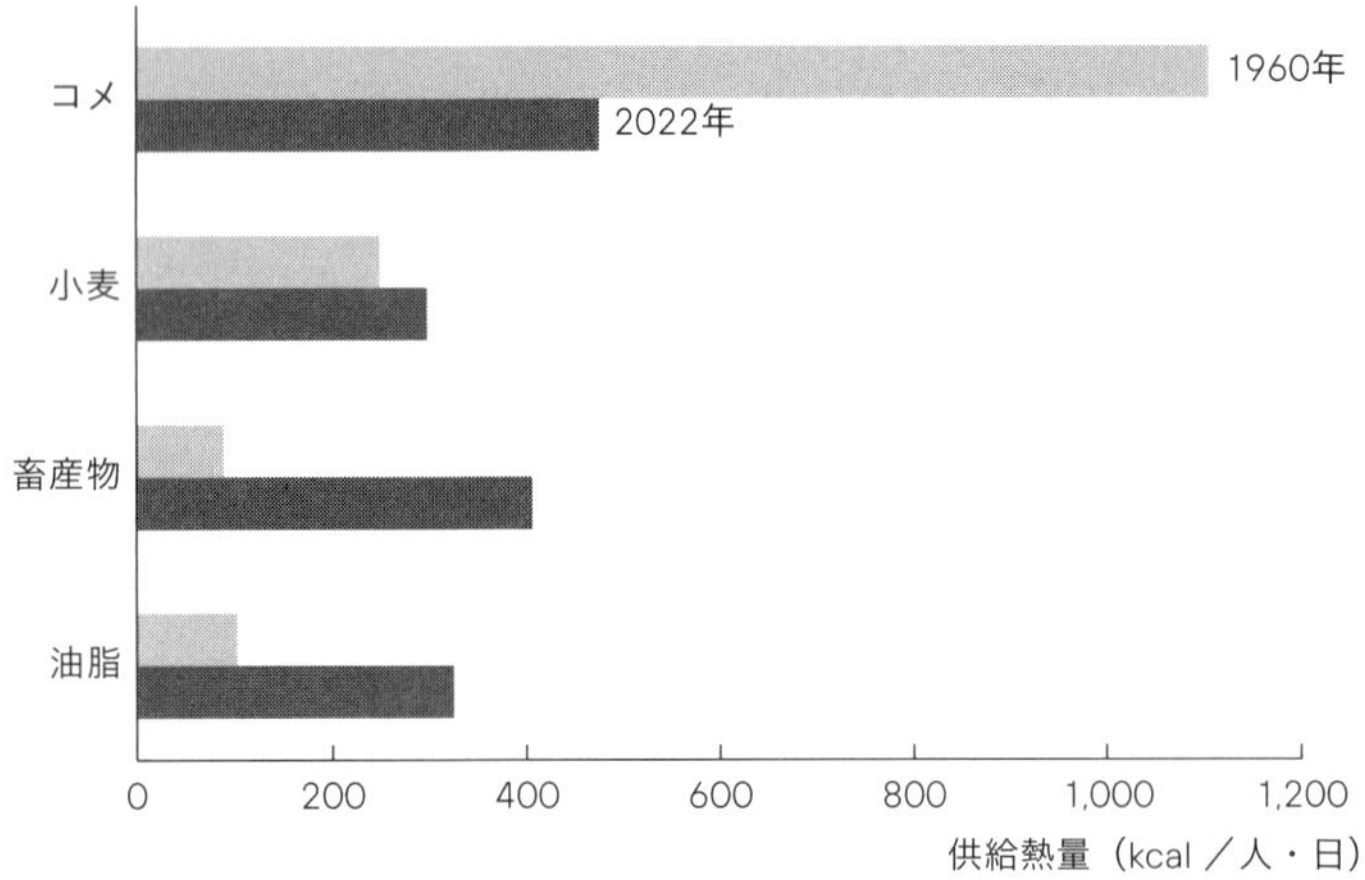

注：畜産物は「肉類」「鶏卵」「牛乳及び乳製品」の和である
出所：農林水産省「食料需給表」より筆者作成

に、日本はかなりのコメを輸出していた。

食料自給率を低下させた価格政策

さらに、国内市場だけを見た場合にも問題がある。所得水準が向上すると、コメの需要が減少し、パン食など麦の需要が増加することは予想されていた。コメの生産が多い日本では、食料自給率を減少させないためにも、農業政策はこのトレンドを抑制するよう運用されるべきだった。しかし、実際の農政は逆に、これを助長してしまった。

池田勇人蔵相が「貧乏人は麦を食え」と言ったように、コメと麦の消費には代替性がある。経済の原則からすれば、米価を下げて、コメの生産を抑制しながら需要を拡大し、麦価を上げて、麦の生産を増加させながら需要を抑制する

図表7-4　コメと小麦の価格推移

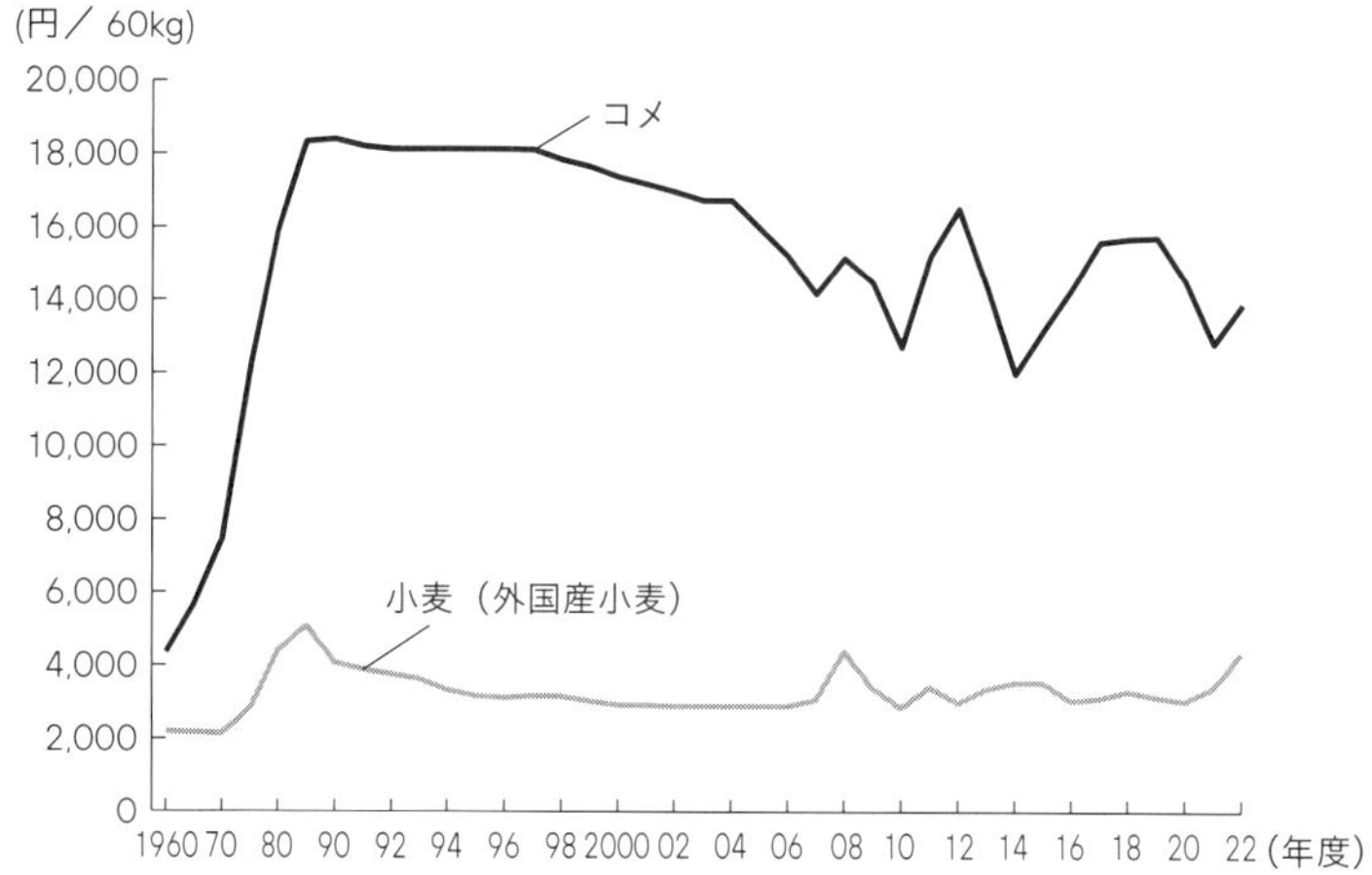

注：小麦について、価格は、年度平均の実績価格（包装代込）、1989年以降の政府売り渡し価格は、消費税額分を含む値である。コメについては、1977年9月1日の改定まではうるち1～4等平均、1979年2月1日改定については水稲うるち1・2等平均、1980年2月1日改定から水稲うるち1～5類、1・2等平均包装込み価格、1989年4月1日以降は消費税込みの価格である。また、2004年までは政府売り渡し価格、2004年以降は農協と卸売業者との相対取引価格の値である。
出所：農林水産省「麦の需給に関する見通し（2024年3月）」「食糧統計年報」より筆者作成

という政策が採用されるべきだった。しかし、その逆の高米価・低麦価政策により、コメは消費が減って生産が増えて過剰となり、麦は消費が増えたのに生産は激減した。そもそも洋風化というが、うどんやラーメンの消費も好調である。

米麦とも国家貿易企業である農林水産省が輸入して売却してきた。麦については、生産者価格を引き上げても、輸入麦の差益（マークアップと言われる、事実上の関税による収入）で国産麦の製粉業者への売り渡し価格（消費者麦価X）を低く抑える〝内外麦コストプール方式〟（図表7－5を参照）がとられた。

図表7-5　内外麦コストプール方式

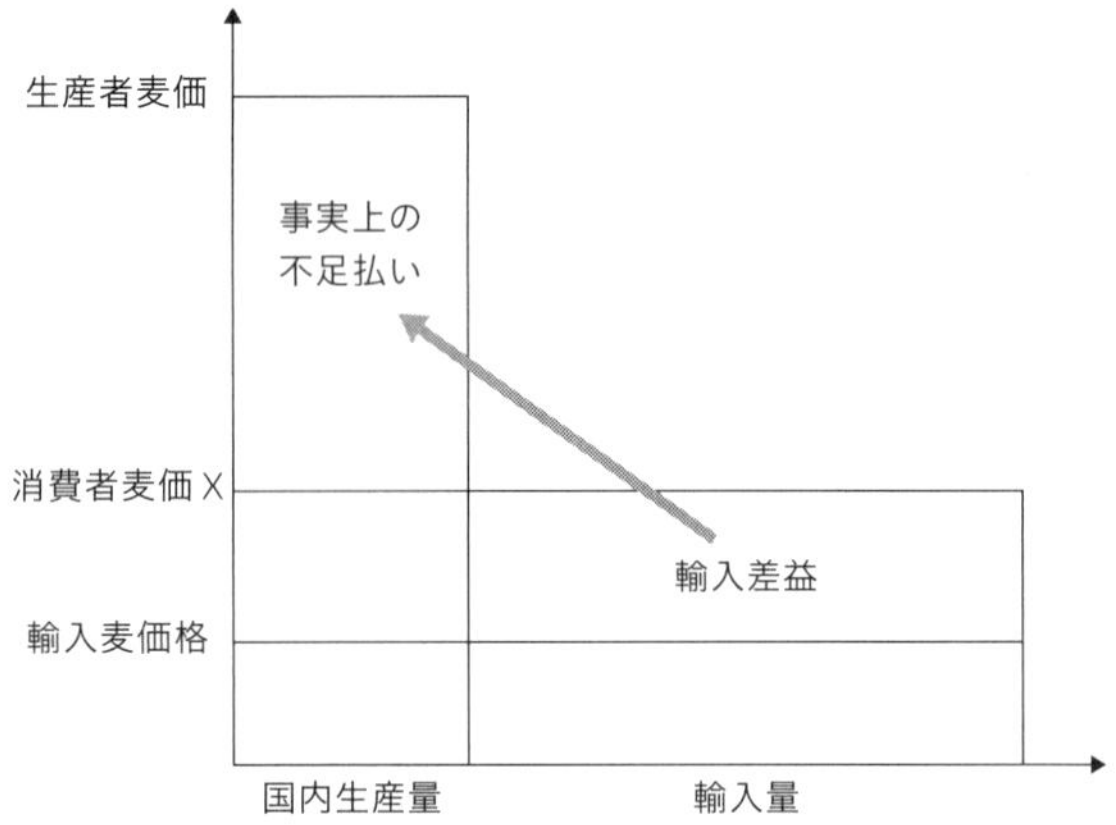

出所：筆者作成

（消費者麦価 X －輸入麦価格）×輸入量
＝（生産者麦価－消費者麦価 X）×国内生産量

右の式となるよう、消費者麦価Xを決めるのである。財源は輸入麦の差益という消費者の負担で行われるので、財政負担はかからない。これは、生産者の価格を高めても消費者の価格を低くする不足払い(deficiency payments)という価格支持の方法である。しかも、生産者米価は大企業並みの労賃を保証しようとして大きく引き上げられたのに対して、生産者麦価は物価の上昇に応じて価格を決めるというパリティ方式を採用したので上昇は抑えられた。このため、消費者麦価Xを高くしなくても済んだ。

しかし、麦だけで思考を閉じるのではなく、消費者麦価Xを大きく引き上げて輸入麦からとる課徴金を大きくする一方、それによる差益をコメに利用すれば、生産者米価を上げても消費者米価（卸売業者への政府売り渡し価格）を抑えることができたはずだった。

消えた麦秋

1950年代までは、裏作の麦を6月に収穫した後に田植えをしていた。麦の収穫は雨を避ける必要がある。他方で田植えは雨が降ったほうがよい。梅雨が来る前に麦を収穫し梅雨が来てから田植えをするという合理的な生産方法だった。二毛作である。しかし、農村地域に工場が進出したうえ、政府が米価を上げたので、農家は公務員や民間企業の給与所得者として勤務しながら、米作を継続した。ほとんどの農家が会社員米作農家となったのである。このため、まとまった休みのとれる5月の連休時にしか田植えを行えなくなってから、裏作の麦は作られなくなり、小津安二郎監督の映画の題名にもなった〝麦秋〟はなくなった。

JA農協も政治家も生産者麦価には関心を持たなくなった。生産者価格が物価上昇程度の引き上げとなった国産麦は、〝安楽死〟した。消費者麦価を上げて輸入麦の差益を大きくし、これによって消費者米価を下げることにより米麦の相対価格を是正して、コメの消費減少を食い止めるという発想をJA農協も農林水産省も農業経済学者の人たちも持たなかった。誰も真剣に食料自給率の向上なぞ考えなかったのだ。私は、1977年から1980年まで食糧庁にいたが、この間このような問題提起をしたのは、日本社会党の国会議員一人だけだった。

農林水産省・食糧庁が、なぜ米麦の相対価格是正に動かなかったのかは、はっきりしない。私の先輩たちは、産業として成熟しているコメ業界に比べ、食生活の洋風化を追い風に成長が見込まれる麦関連産業を伸ばしたほうが、天下り先として期待できると考えたのかもしれない。

図表7-6　コメと小麦の総消費量の推移

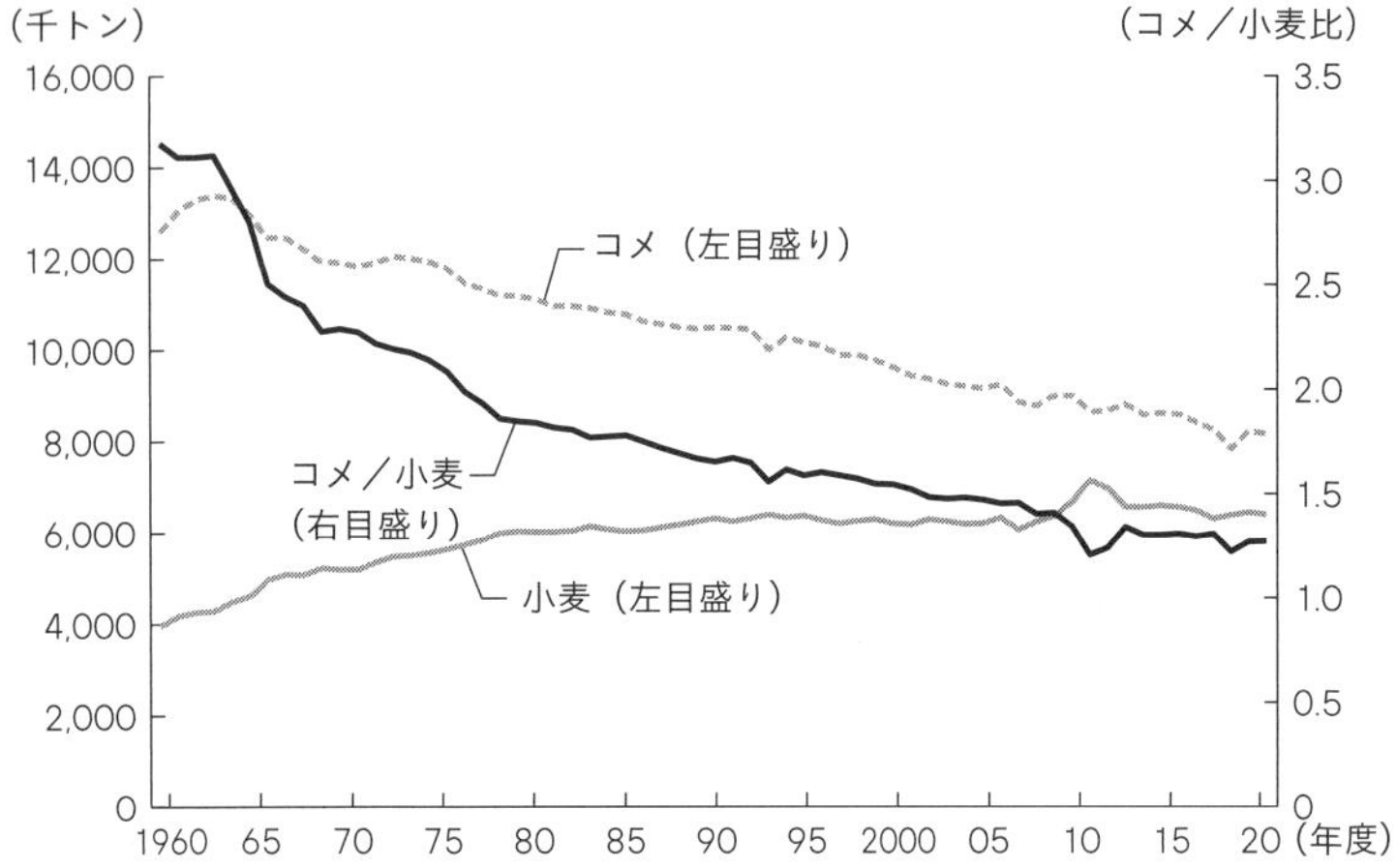

出所：農林水産省「食料需給表」より筆者作成

この結果、一人一年当たりのコメ消費量はピーク時の１９６２年の１１８キログラムから、２０２２年には50・９キログラムに減少し、総消費量（主食用に加え米菓、米粉、飼料用、加工用などを含む）は１９６３年度の１３４１万トンから２０２２年度には８０６万トンへ減少した。これに合わせてコメ生産はピーク時の１９６７年の半分以下に減った。他方で、麦の消費は増加したのに、国産麦（小麦に大麦・はだか麦を加えた合計）の生産は、１９６０年の３８３万トンから、わずか15年後の１９７５年に46万トンへと、８分の１まで減少した。その後、１９７３年の国際的な穀物危機から麦作奨励の政策が打ち出され、麦価も引き上げられた。この結果、麦の生産は２０２３年には１３３万トンに回復しているが、それでも１９６０年の３分の１である。

パンやラーメンの原料はほぼ１００％輸入小麦である。国産小麦の主たる用途はうどんだが、

図表7-7　農業生産額と食料自給率(2022)

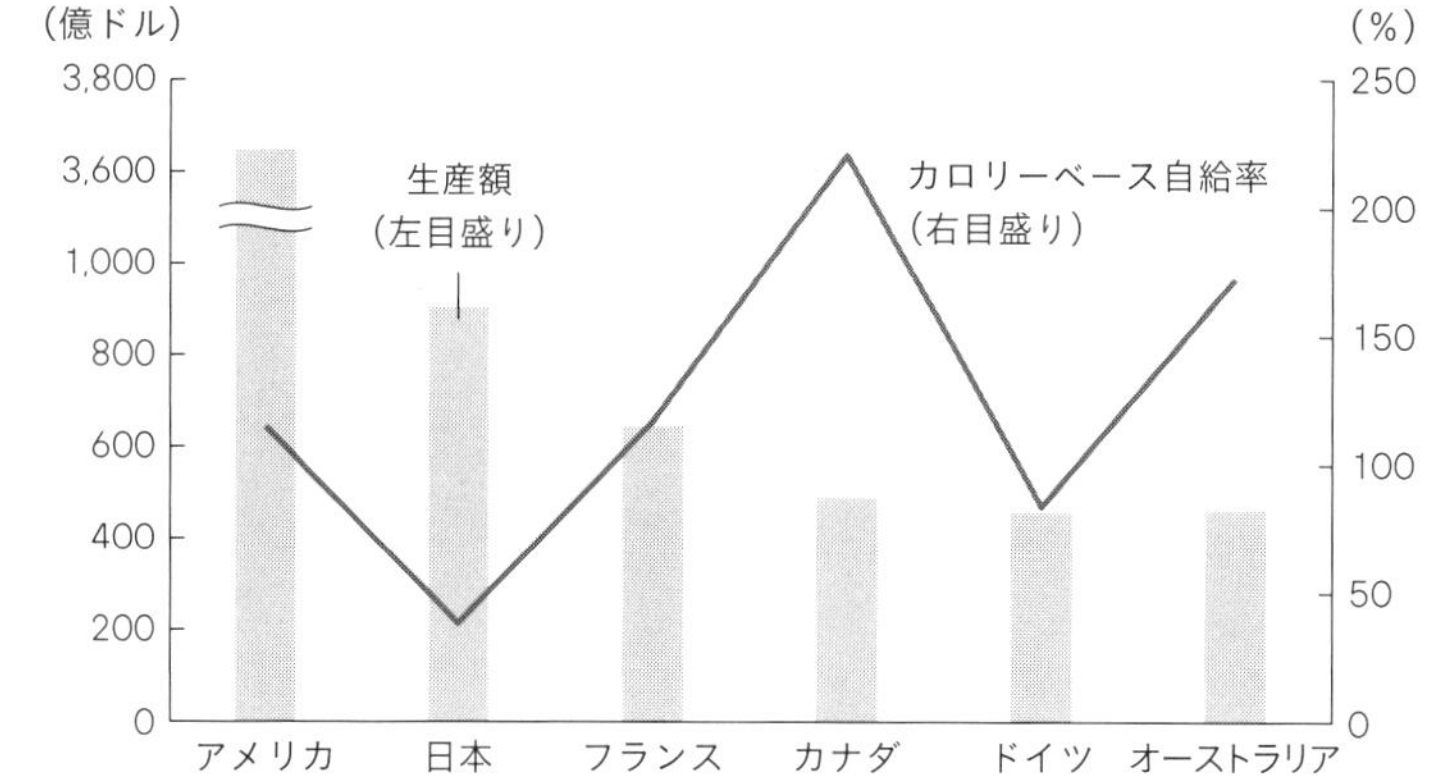

注：食料自給率は右目盛り

出所：農業生産額：FAOSTAT "Value of Agricultural Production" 食料自給率：農林水産省「世界の食料自給率」より筆者作成

いったん外麦に移った需要は戻らなかった。さぬきうどんの原料はＡＳＷというオーストラリア産小麦になった。米麦合わせた生産量は１９６０年の１６６９万トンから２０２３年には９２４万トンへとほぼ半減した。１９６０年当時コメの消費量は小麦の3倍以上もあったのに、今では同じ量まで接近している。小麦、大麦などを含めた麦の消費量は１９６０年の６００万トンから今では８５０万トンに増加した。しかも、国産麦の生産減少により、麦供給の9割はアメリカ、カナダ、オーストラリアからの輸入麦となっている。

なお、日本の農業生産額がフランス、カナダ、オーストラリアよりも大きいのは、日本が優れた農業国だからではない。関税や減反で、国内の農産物価格を国際価格よりも政策的に高くしているからである。国際価格で計算すると、日本の農業生産額は半分くらいになる。食料自給率が低い日本の生産額が、フランスなど食料自給率が100%を超える農業国を上回るのは、農産物価格を関税などの政策で高くしているというカラクリがあるからだ。消費者負担が異常に大きいという日本の農業政策の特徴については、後に詳しく説明する。

2 食料自給率は上げられる!

なぜEUの自給率は高いのか

日本と同様フランスやドイツなど欧州連合（EU）諸国も、第二次世界大戦後の飢餓から再出発した。特にEUは農地を含めて戦場になったので農業生産は大きな打撃を受けた。日本もEUも食料増産を目標にした。EUの前身EC（欧州共同体）の基礎となった共通農業政策が1962年に成立する前も、フランスなど各国政府は食料増産に努めた。共通農業政策も、農家所得の増大とともに、戦後の飢餓を二度と起こさないようにするため食料の安定供給、域内生産の増大を目的とした。

食料増産が達成され、経済が復興し勤労者所得が向上するにつれて、日本もEUも農家所得の向上を目的とするようになった。そのため、両者とも農産物価格を引き上げた。コメ農家が大半を占めていた日本は米価を上げた。EU共通農業政策は、高い支持価格を設定し、市場価格がそ

図表7-8　コメ生産量の推移

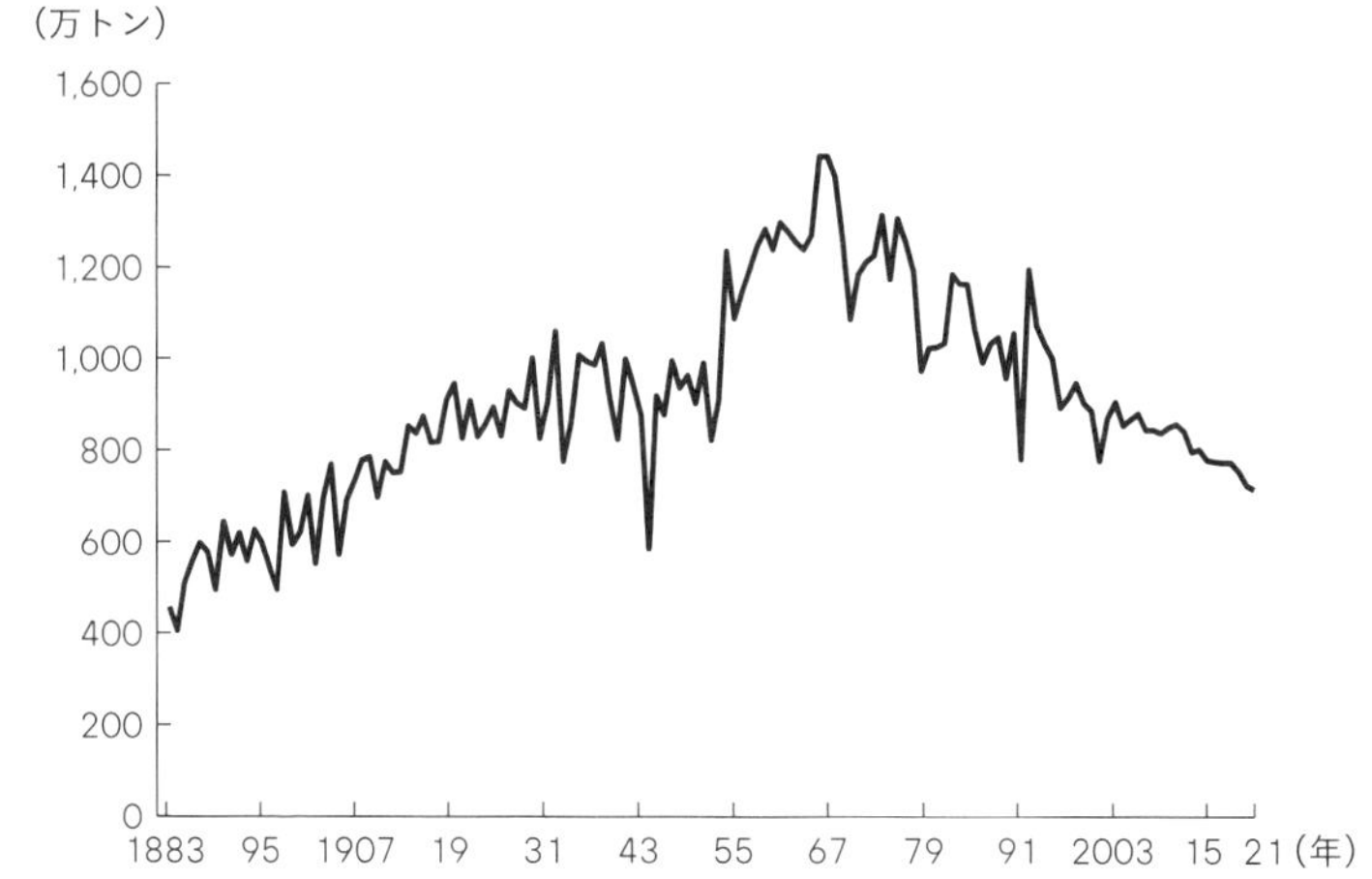

注：1石＝150kgとして換算した
出所：『農林水産省百年史』および農林水産省「作物統計」より筆者作成

れを下回れば市場に介入して買い入れることにより、農家に支持価格を保証した。いずれも、需給が均衡する価格よりも高い価格を設定したので、生産は増えて消費は減少し、政府に過剰在庫が累積した。

ここまでは、日本とＥＵは全く同じである。ところが、日本の食料自給率は１９６１年の78％から２０２２年の38％へ半減しているのに対し、フランスは99％から１１７％、ドイツは67％から84％へと上昇している。何がこの違いを生んだのだろうか？

その後の過剰の処理の仕方が逆だったのだ。日本は補助金を出して減反（生産調整）し生産を減らした。日本の食料自給率低下の原因は縮小する国内市場に合わせたコメ生産の減少である。日本は国内市場しか見なかった。日本のコメ生産は終戦直後１９４５年の５８７万トンから１９６０年頃には１２００万トンに達し、1967年には1445万トンに増加した。しかし、今の生産量は戦前の水準すら下回る。

他方で、EUは生産を減らさないで、補助金をつけて過剰分を輸出した。食料自給率は生産を消費で割ったものだから、輸出を行うと100%を超える。EUは食料安全保障という目標を忘れていなかった。同じく補助金を出しても、日本は減産に、EUは増産に使ったのだ。

さらに、EUは1993年に支持価格を下げて農家への直接支払いに転換するという大改革を行った。補助金なしでも輸出できる価格競争力がついたばかりか、それまで輸入していた飼料穀物を価格が低下した域内産で代替した。これでさらに食料自給率は上昇した。いまやEUは世界最大の小麦輸出地域である。輸出補助金は交付していない。

減反廃止で食料自給率が上がり、利益も生まれる

わが国も小泉政権時代から輸出を振興し始めた。しかし、商談の斡旋やイベントの開催など小手先の対策ばかりである。減反をやめ米価を下げて世界最高峰の品質を持つコメの輸出量を大きく拡大しようという考えはない。2023年、アメリカのコメの小売価格は日本よりも高くなったのに、アメリカのスーパーから日本産が消え、数年前まで見かけなかった韓国産のコメが並んでいる。中国では15年前からジャポニカ米への嗜好が高まり、今では1億6000万トンの消費の4割を占めるようになっている。減反廃止と言うと、農林水産省はジャポニカ米の国際貿易は

250万トンと小さいと反論する。しかし日本の自動車産業が北米市場に進出しようとしたとき、そこでは日本車が買われていないとあきらめたのだろうか。市場が小さければ開拓すればよい。巨大な中国のジャポニカ米市場に日本米を輸出して、中国がインディカ米をアフリカに輸出することも考えられる。

水田面積の4割に及ぶ減反をやめ、水田すべてでカリフォルニア米並みの収量を持つコメを作付けすれば、現在の2・4倍、1700万トンのコメを生産できる。700万トンを国内で消費し1000万トン輸出すれば、コメ単品の食料自給率は233%となる。巨大な中国市場からすれば、1000万トンは微々たる量である。二毛作を復活させ麦の生産を3倍に増やせば、トータルの食料自給率は70%を超える（食料自給率のうちコメは20%、麦2%、残りが16%なので、71%〔20%×2・4倍＋2%×3倍＋16%〕となる）。これまで25年もかかって実現できなかった食料自給率目標は容易に達成できる。

減反廃止で3500億円の補助金が不要となる。財政負担をして麦などの生産を増やすのではなく、財政負担を減少させてコメ生産を増加できる。シーレーン破壊による輸入食料途絶という危機には、輸出していたコメを食べれば飢餓をしのげる。今1000万トンの国産のコメ備蓄のために毎年500億円の財政負担をしている。しかし、輸出は備蓄の役割を果たす。減反補助金と合わせて4000億円の国民負担の軽減になる。

価格低下に加えコメの国家貿易制度を廃止すればミニマム・アクセス米の輸入も減少できる。これで500億円の財政負担が軽減される。さらに、1000万トンのコメ輸出額は2兆円、コストを差し引いた利益は1兆円程度とすれば、国民は食料自給率向上とともに1兆4500億円の利益を受ける。

世界のコメ生産は1961年から3・5倍に増えているのに、日本は減反で4割も減らした。現在の国内生産で輸入が途絶すると半年後に大多数の国民は餓死する。その責任は、農林水産省やJA農協など農政トライアングルにある。減反を廃止するだけで食料自給率を向上させ食料安全保障を確保できる。オランダは農業省を廃止することで世界第2位の農産物輸出国となった。わが国もこれに倣う必要があるのだろうか？

3 農家が減少してコメが食べられなくなるというのは本当か

多くの人は、公共放送であるNHK（日本放送協会）は、正確で偏らない報道を行っていると信じている。2023年11月26日のNHKスペシャルは「シリーズ 食の〝防衛線〟第一回 主食コメ・忍び寄る危機」と題して、農業収益の減少や農家の高齢化による農業労働力の減少によって2040年にはコメの生産が需要を賄えないほど減少すると主張した。

NHKスペシャルの主張は概ね次のとおりである。

《コメは国民の供給熱量の2割を占めている重要な食料。農家に高い米価を保証していた食糧管理制度が1995年に廃止されてから米価は大幅に低下。これによる収益の低下や高齢化で、農地の耕作放棄や離農が増加。2040年にはコメの生産（供給）量は351万トンで需要量より156万トン不足するという試算を紹介。10ヘクタールまでは生産コストは低下するが、それ以上になるとコスト削減は頭打ちとなるので規模拡大は効果がないとして、これまでの農政の構造改革路線を批判。》

これは事実や経済原理を無視している。NHKが目指す〝公平・公正で確かな情報〟の提供ではない。ではNHKは、何のために、そして誰のために、この番組を制作したのだろうか？

中学校で教わる経済学に反している

中学校の社会科の授業では、（縦軸に価格を、横軸に数量をとるグラフの中で）市場では右下がりの需要曲線と右上がりの供給曲線が交わる交点（均衡）で財の価格と数量が決まることを教えている。ある価格の下で需要（消費）より供給（生産）が少なければ、価格は均衡価格まで上昇し、供給は増加し需要は減少して需要量と供給量が一致する。市場では価格が需給を一致させるように調整されるので、NHKスペシャルの主張のように供給が需要を下回るままになることはあり得ない。

番組では、米価（60キログラム当たり）は、食糧管理制度で政府が公定価格でコメを買い入れていた時代の2万1000円（1995年：政府を通さない自主流通米――当時流通量の8割――の価格、政府米の買い入れ価格は1万6392円）から年々低下し、今では1万4000円になっていると強調している。農業保護が少なくなって農業収益が落ちたので農業者が減少している、米価を食糧管理制度時代の水準まで上げるべきだ、と言いたいのだ。

しかし、一定の需要に対して、農業者が減少して供給が不足・減少しているという番組の主張（グラフでは供給曲線は左方にシフトする）が正しければ、米価は傾向的に上昇しているはずだ。米価が下がってきたということは、（農業者が減少しているにもかかわらず、）需要より供給が多いということである。NHKスペシャルが主張を裏付けるために持ち出した事実（米価の低下）が、その主張（供給の減少）を否定しているのだ。

米価が下がったのは、事実がNHKの主張と真逆だからだ。コメ需要が毎年減少するのに供給は変化しない（グラフでは供給曲線が変化しないで需要曲線が左のほうにシフトする）。供給が需要を上回るので、市場に任せると米価は年々下がる。そこで、コストの高い零細農家が農業をやめ、彼らが耕作していた農地が大規模農家に集積されれば、効率的な生産が実現する。だが、農業票の減少は政治的にもJA農協の経営上も好ましくない。このため、50年以上も農家に毎年補助金を与えて生産を減少させ（減反＝生産調整）、米価下落と農家減少を抑えてきた。年々コメ生産が減少してきたのは需要の減少に生産を合わせてきたからだ。減反がなければ米価はもっと下がっていた。

そもそも供給が需要より少ないなら減反などする必要はないではないか。2040年になぜ急に不足するのだろうか。不足するなら減反をやめればよいだけの話だ。お粗末な番組制作としか言いようがない。

亡国の食料政策

ＮＨＫスペシャルの主張とは逆に、農林水産省やＪＡ農協などの農政トライアングルは、供給が需要より多いと主張し、半世紀以上にわたり減反面積を毎年拡大しコメ生産を減少させてきた。近年では、コメの需要は毎年10万トン減少しているとして減反を強化している。農政トライアングルの人たちにとって、市場で実現する均衡価格は低すぎる。望ましい価格はより高い価格である。その価格では供給が需要を上回るので、農家に減反補助金を与えて供給を減少させ、その望ましい価格を実現しようとしているのだ。減反面積を増やしたため、２０２４年産の米価は２万２７００円（２０２４年９月）となり、食糧管理制度時代の２万１０００円を上回った。将来も、コメの供給力は減少する国内需要を上回り続ける。米価を維持するためには、減反はやめられない。ＮＨＫスペシャルの主張とは反対に、供給ではなく国内需要が減少している。だから減反しているのである。

繰り返すが、減反をやめれば、米価が下がり輸出が増えるなどの効果が生じ、トータルとして４５００億円の国民負担がなくなる。価格が低下するので、貧しい国民は助かる。日本米の国際競争力は向上し、国内で消費しないコメは輸出される。これは、途上国の貧しい消費者を助ける。

図表7-9　農家戸数と農業従事者数の推移

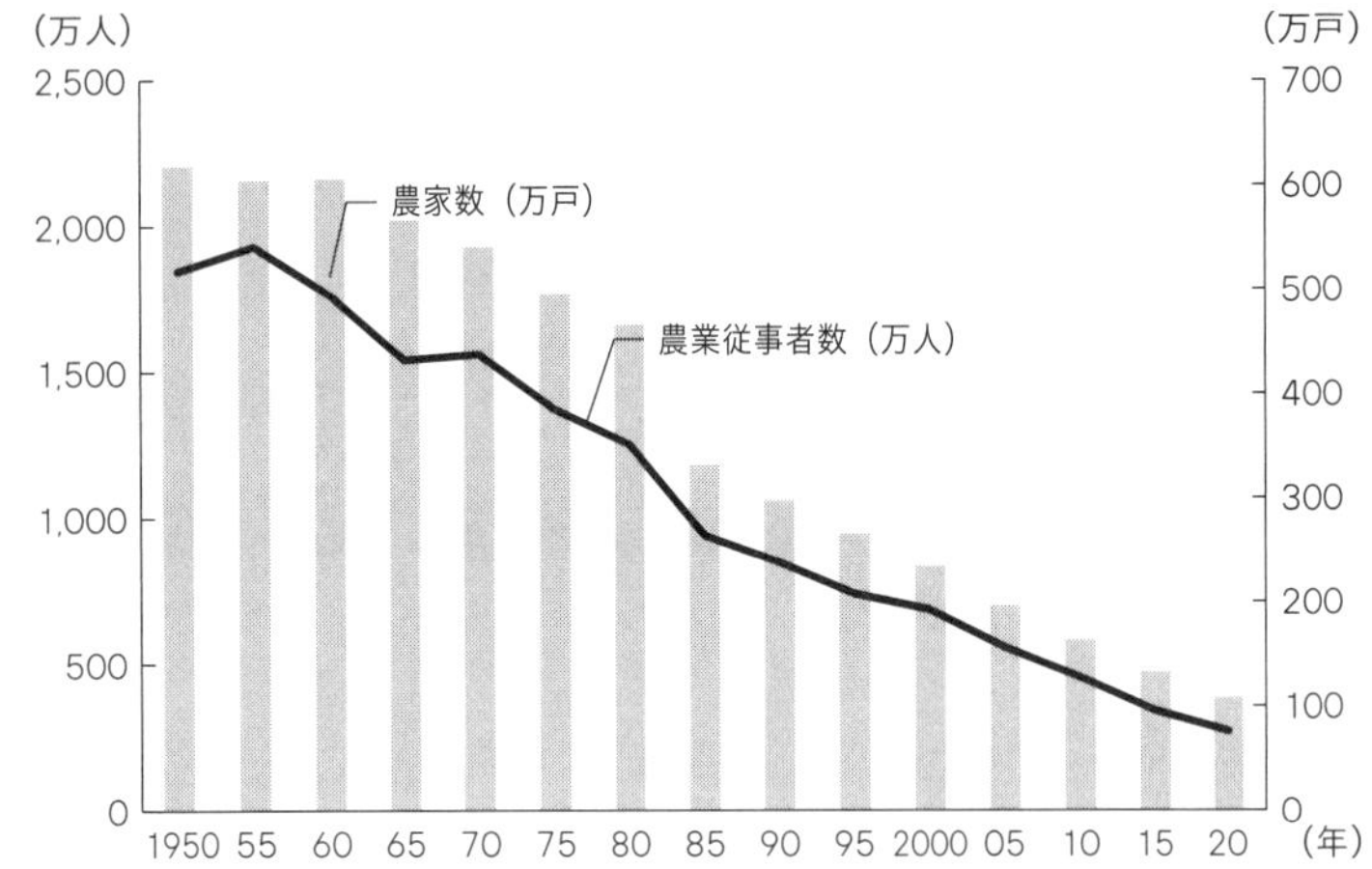

注：農家数に関して1980年以前は総農家、1985年以降は販売農家、農業従事者数に関して1985年以降は販売農家のうちの農業従事者数
出所：「農林業センサス」「農業構造動態調査」より筆者作成

小麦などの輸入が途絶する際は、輸出していたコメを食べればよい。

農家の減少は心配無用

コメについては、１９９５年から２０２０年まで生産農家が65％減少している。減反によって生産は27％減少しているが、宅地などへの転用や耕作放棄があっても、供給力を示す水田は13％しか減っていない。

　戦後から１９６７年までコメ生産は拡大していったが、この間農家戸数は６１７万戸（１９５０年）から５４０万戸（１９７０年）へ、農業従事者は１８４８万人（１９５０年）から１５６１万人（１９７０年）へ減少している。生産量と農家戸数は関係ない。

　図表７－10と７－11から、食糧管理制度が廃止された１９９５年以降、零細な農家の離

図表7-10　水稲の面積規模別経営体数の推移

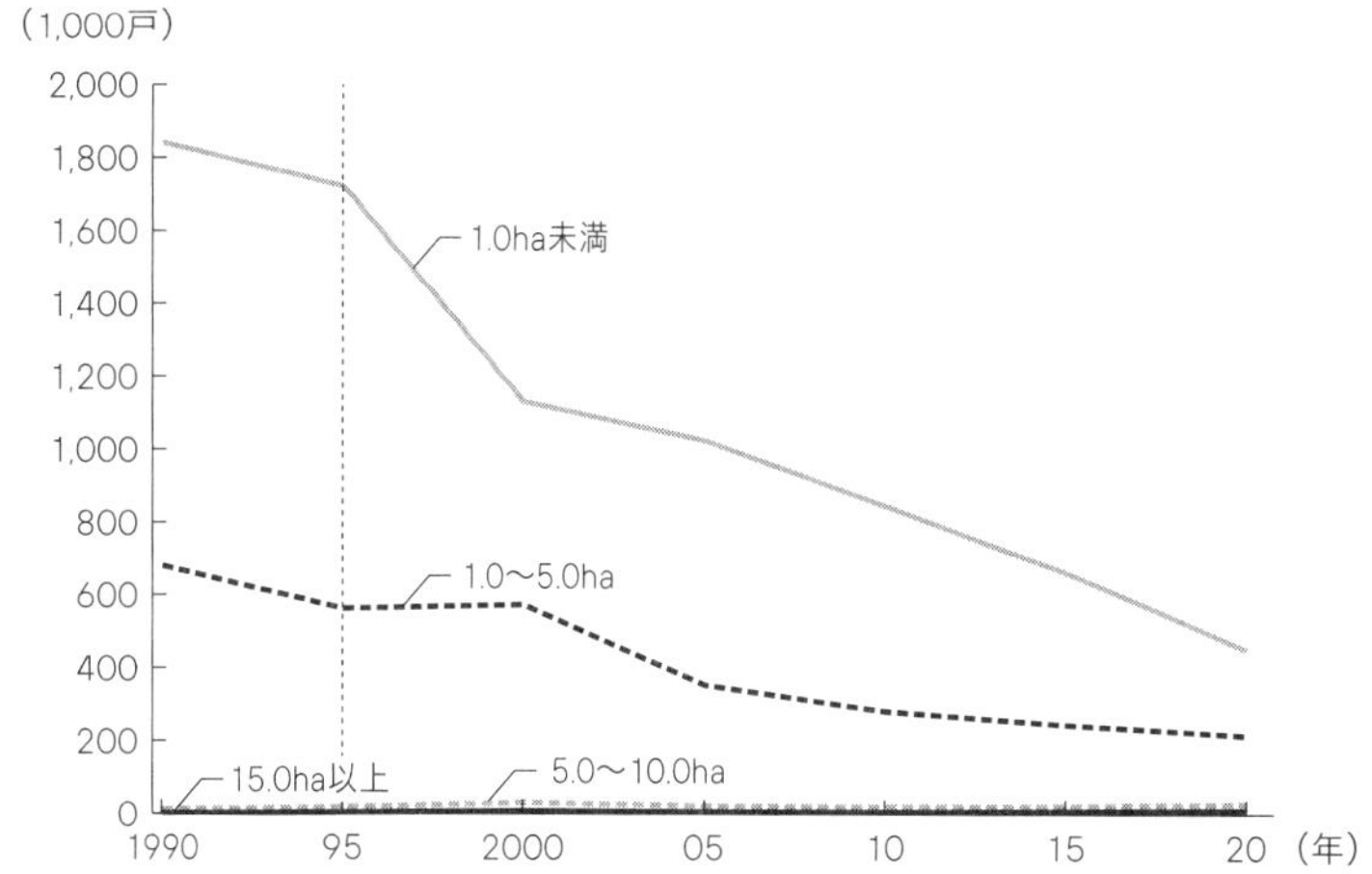

注：1990年の15ha以上は10ha以上の経営を指す
出所：各年の「農林業センサス」

農が加速して、水田が規模の大きい農家に集積していることがわかる。規模が比較的大きい5ヘクタール以上層が耕作する水田の面積シェアは、１９９０年12％、２０００年18％、２０１０年26％（うち15ヘクタール以上層12％）から、２０２０年には51％（うち15ヘクタール以上層27％）に増加している（農林業センサス）。農地は規模の小さい層から大きな層に移動している。零細な農家が離農しても、コメの供給に影響がないどころか、よりコストの低い大規模農家に農地が集積しているのである。

　コメ農業の規模拡大が限界に来ているという報道が見られる。しかし、統計データが示すとおり、規模拡大は加速している。規模が大きくなるにつれてコストが下がるので、農地はさらに集積していく。今では１００ヘクタール規模の農家も出現している。限られた人への取材だけで、統計データや経済の論理

図表7-11　水稲の面積規模別経営体ごとの面積シェアの推移

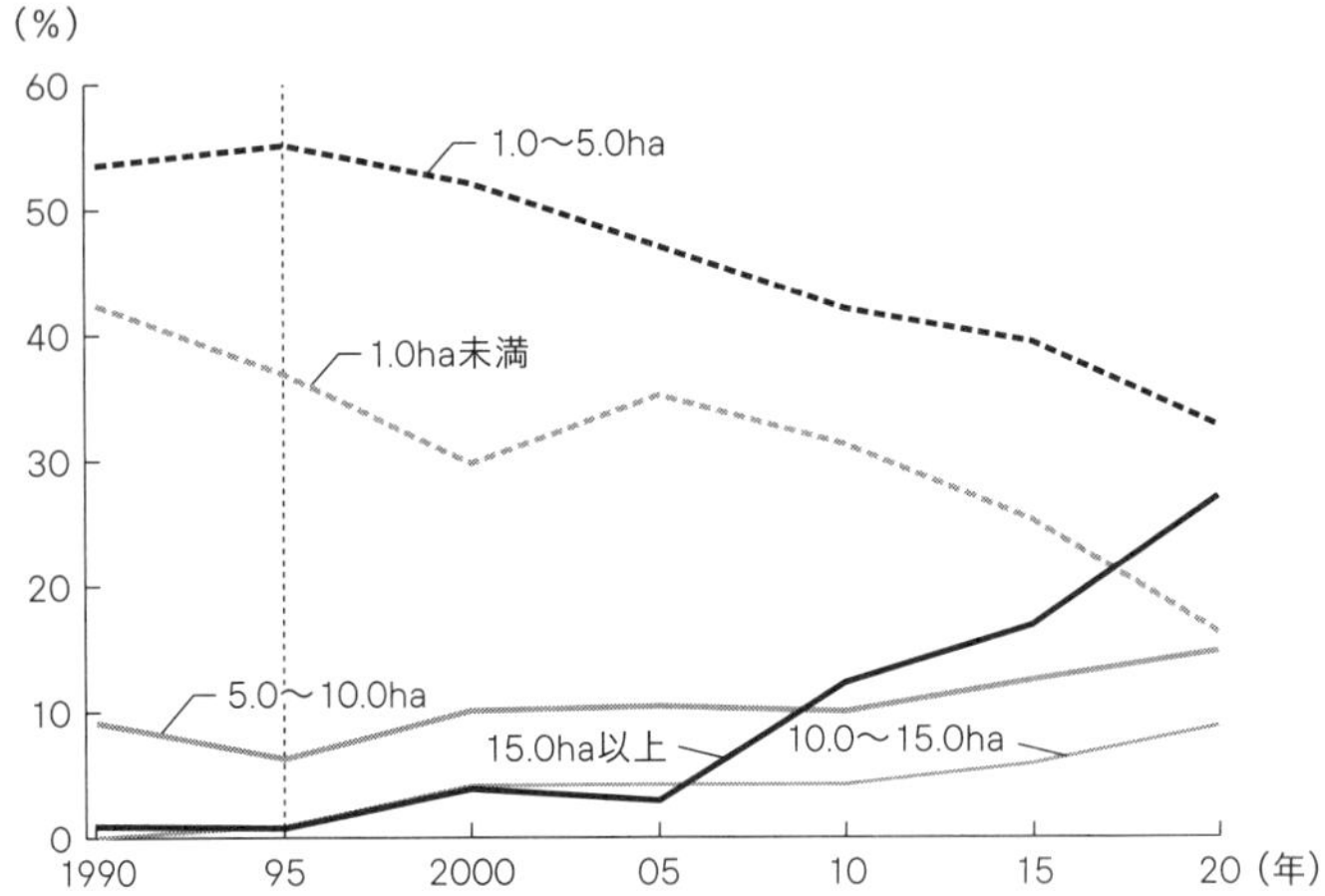

注：1990年の15ha以上は10ha以上の経営を指す
出所：各年の「農林業センサス」

を無視して全体はこうだと報道することは適切ではない。

図表7－12は2024年の規模別の経営体と面積のシェアである。1ヘクタール未満の経営体は数では52％のシェアを持っているのに、面積では8％を占めるだけである。これに対し、30ヘクタール以上の経営体は、数では2・4％しかないのに、面積では44％も占めている。

統計データを見るときに〝平均〟だけでは問題が見えてこない。所得〝格差〟を検討するときに、平均的に日本人は豊かだと言っても、何の問題解決にもならない。農業の場合も、いまだに戸数では零細なコメ農家が圧倒的に多いので、平均的な農家規模はそれほど増えていない。その一方で、大規模農家は戸数では少ないものの、販売額では農業の全生産額の大半を占める。平均値だけでは、こう

図表7-12　2024年の経営規模別面積と農業経営体のシェア

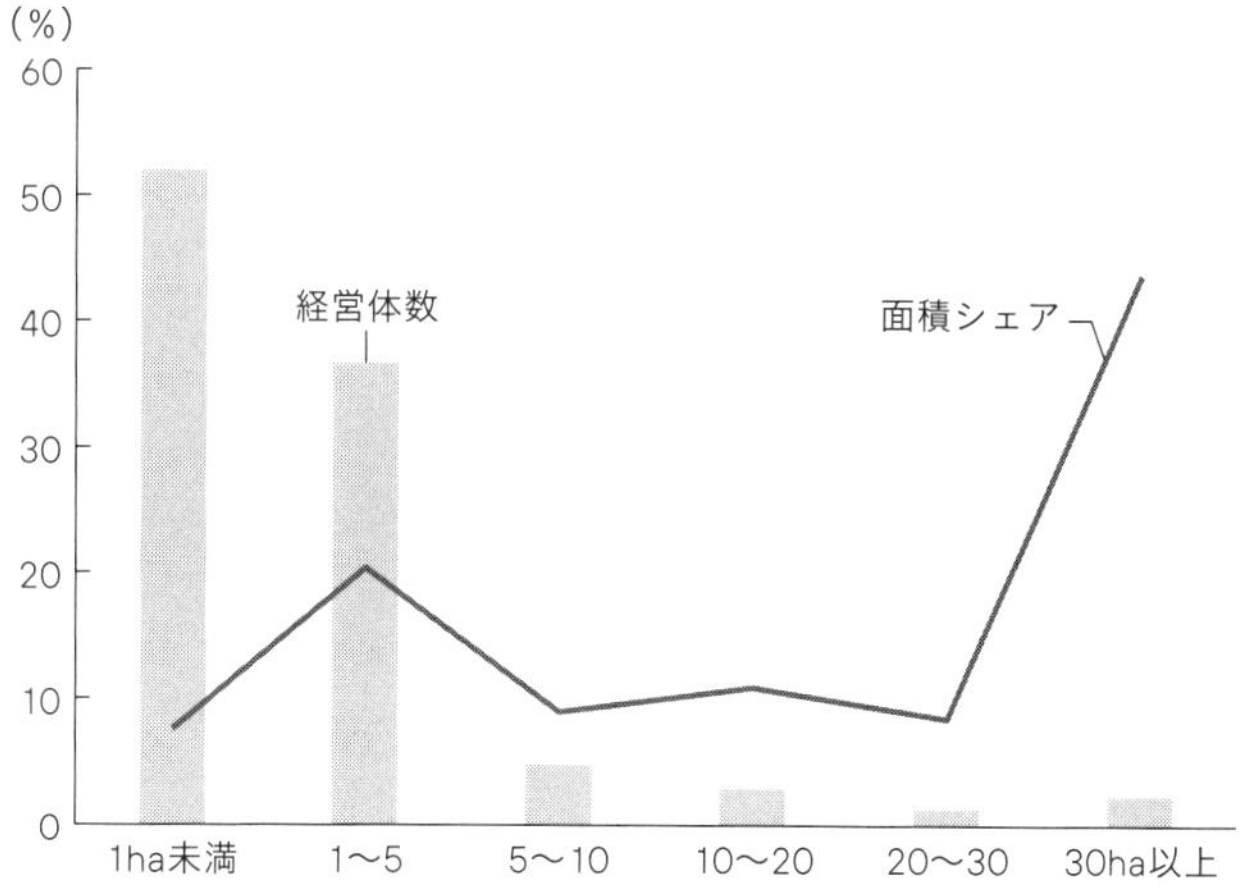

出所：農林水産省「令和6年農業構造動態調査」より筆者作成

した実態を見逃してしまう。

農地面積が一定で、一戸当たりの農家規模を拡大するためには、農家戸数を減少させなければならない。米作にはいまだに規模の小さい非効率な農家が多すぎる。農家の6割(自給的農家を入れると7割)がコメを作っているが、農業産出額に占めるコメの割合は2割に満たない。コメ農家の戸数は畜産農家の20倍なのに、産出額ではコメは畜産の半分しかない。このようなコメ農業の構造になったのは、高米価・減反政策で零細な農家を滞留させたためである。

農業で生計を立てている主業農家の割合は、酪農では80％なのにコメは8％に過ぎない。米作農家の所得のほとんどは兼業収入(農外所得)と年金収入であることは、米作が兼業農家と年金生活者によって行われていることを示している。零細農家を退出させるという

図表7-13　販売農家の販売金額1位の部門の内訳（2022）

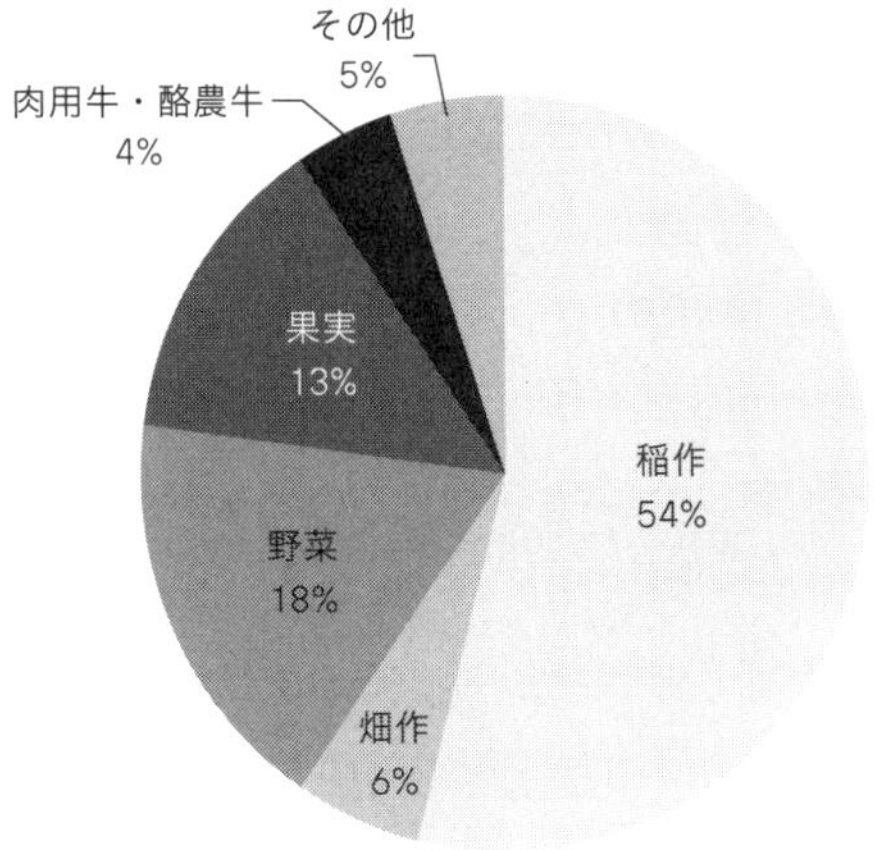

出所：農林水産省「農業構造動態調査」より筆者作成

注：販売農家とは経営耕地面積が30アール以上または農産物販売金額が50万円以上の農家をいう。それ未満を自給農家という。

図表7-14　農業産出額の内訳（2022）

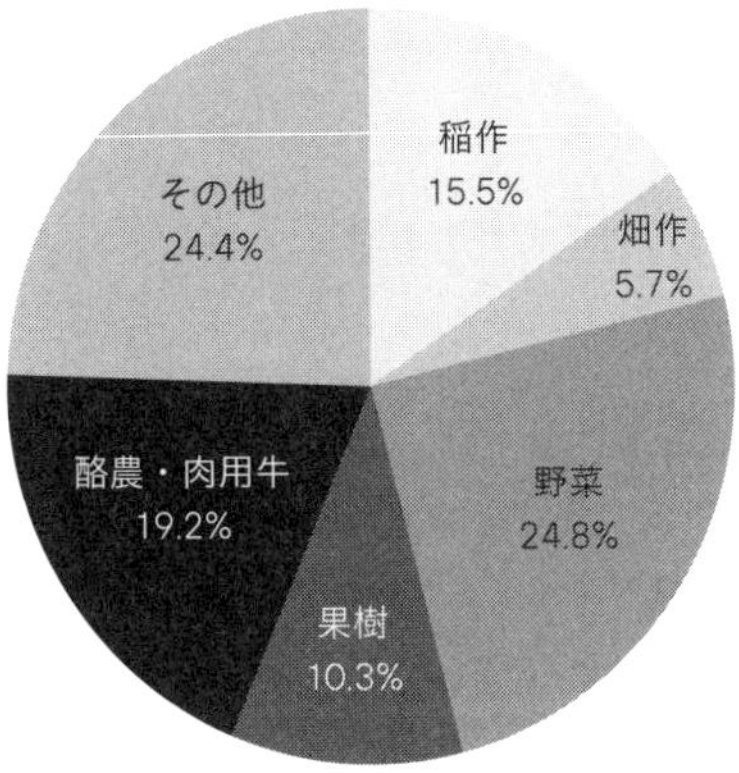

出所：農林水産省「生産農業所得統計」より筆者作成

図表7-15　各種農業の農家種類別構成(2023)

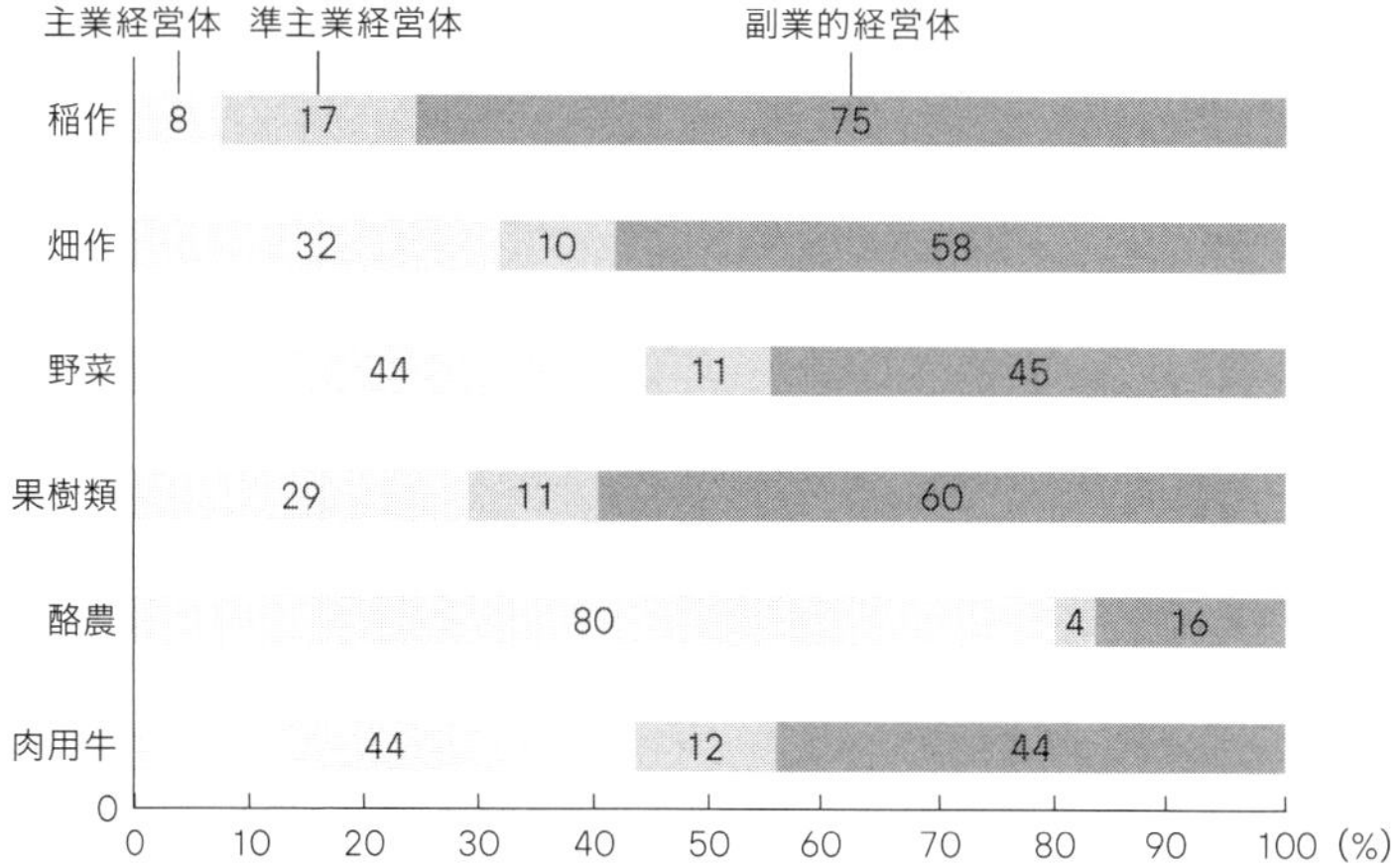

出所：農林水産省「令和4年農業構造動態調査」より筆者作成
注：主業経営体は「世帯所得の50%以上が農業所得で、調査期日前1年間 に自営農業に60日以上従事している65歳未満の世帯員がいる個人経営体」、準主業経営体は、「世帯所得の50%未満が農業所得で、調査期日前1年間 に自営農業に60日以上従事している65歳未満の世帯員がいる個人経営体、副業的経営体は、「調査期日前1年間に自営農業に60日以上従事している65歳未満の世帯員 がいない個人経営体」である

と、かわいそうだという感情的な批判が出てくる。しかし、このような農家のメインの職業は公務員や会社員などであるので、貧しいわけではない。

また、統計が示すとおり、これらの零細農家の米作は長年赤字である。大幅な上昇となった２０２４年産米価でも、まだ米価はコストを賄っていないという報道がされる。規模の小さい農家に取材すれば、コストが高いので、そのような意見が出てくるのは当然である。30ヘクタール規模の農家に取材すれば、そのような報道はできないだろう。取材が恣意的なのである。しかも、重要なことは、零細な農家は２０２４年産よりも４割ほど低かった２０２１年産の米価でも米作を続けていたことである。すでに述べたとおり、これらの農家は町で高いコメを

図表7-16　営農類型別年間所得と内訳（2018）

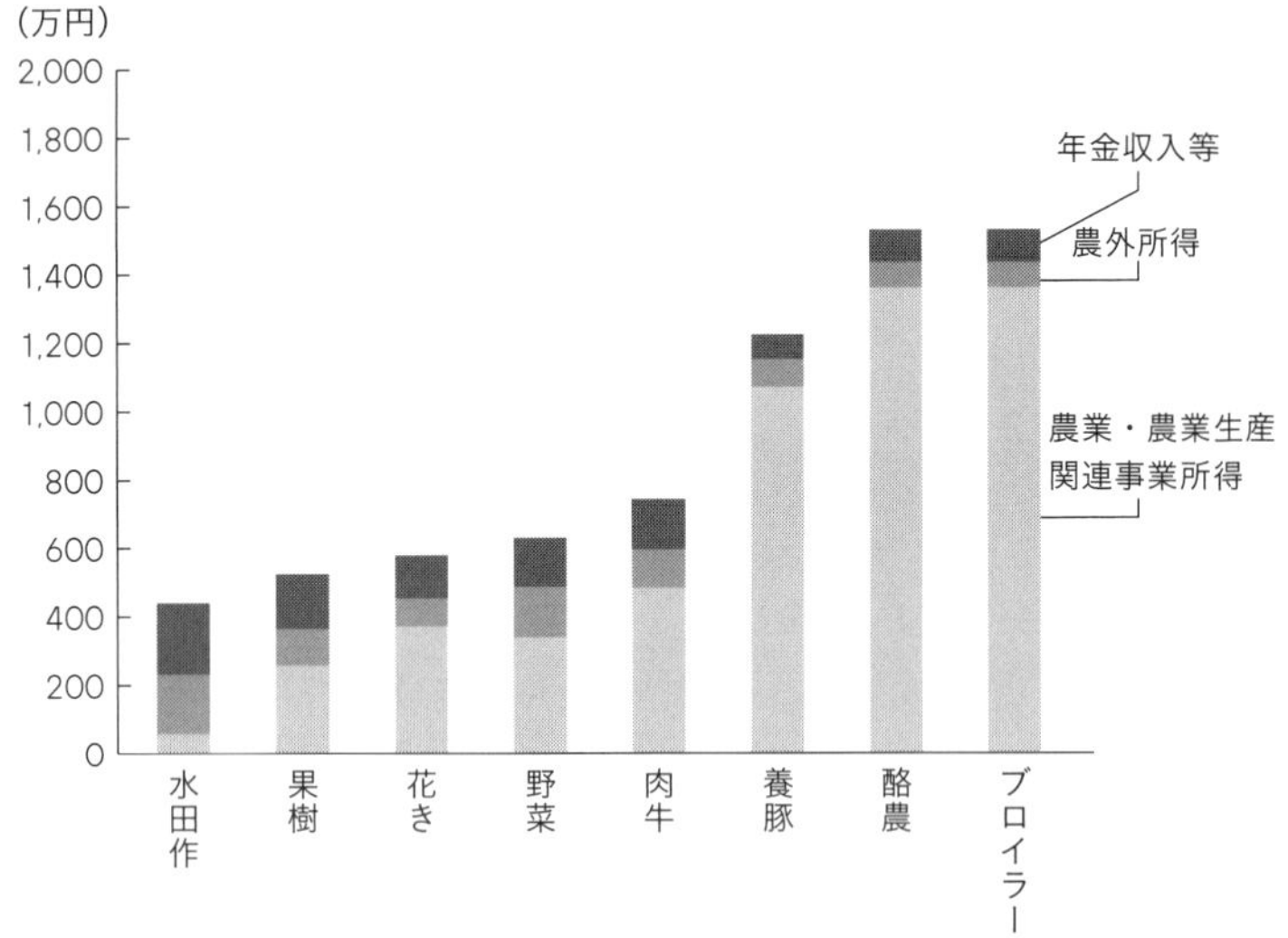

出所：農林水産省「営農類型別経営統計」より筆者作成

買うより作ったほうが有利なので、赤字でもコメ農業を継続する。これらの農家から主業農家に農地を集積するためには、米価は高すぎる。減反を廃止して米価を下げる必要がある。これらの農家も、農地を貸せば地代収入が得られる。

また、構造改革を進めることは環境にも優しい農業になる。日本の1ヘクタール当たり農薬使用量はアメリカの8倍である。週末しか農業ができない零細兼業農家は、雑草が生えると農薬をまいて処理してしまう手間ひまをかけない農業を実施している。今の小農は、肥料・農薬も使えない貧農ではない。一般の理解と違い、規模の大きい主業農家ほど農業に多くの時間をかけられるので、環境に優しい農業を行っている。兼業農家が多数となったため、農薬の使用が増え、水田の生き物が死んでいった。これを食べていた野生のコウノトリは、1971年に絶滅した。

農業には、野菜や果樹など労働を多く必要とする業種と、コメや麦のように土地を多く利用する業種がある。後者の場合コストを下げて収益を上げようとすると、一農家が耕作する農地を広くしなければならない。次に紹介する東畑精一の主張のとおり、日本全体の農地面積が一定なら、充実したコメ農業を実現しようとすると、NHKスペシャルの主張とは逆に、コメ農家戸数をもっと減らさなければならないのである。

誰のためのNHKスペシャルか

減反で米価を高くし零細な兼業農家を温存することで、誰が利益を受けるのだろうか？　これまで述べてきたように、それはJA農協を中心とした農政トライアングルである。米価が下がり零細兼業農家が農業をやめてJA農協の組合員でなくなれば、預金が減少して金融事業で稼げなくなる。政治力も低下する。農家戸数を減少させて農家の規模拡大を図るという構造改革に反対し、小さな農家も含めて農家を丸抱えしようとするのが、以前からのJA農協の立場である。

NHKは、コメの供給に不安があるので農業保護を高めなくてはならないと主張したいようだ。大量のコメ過剰と巨額の食管赤字を招いた食糧管理制度の復活を狙っているのだろうか。それは、JA農協の利益にはなるが、時代錯誤も甚だしい。米価を上げれば消費者の負担が増える。減反をしているなかで米価を上げようとすると、ますます過剰分が増えて減反を強化するしかない。

ＮＨＫスペシャルでは、農家戸数の減少は問題ではなく農家の規模を拡大してコストを下げ収益を上げるべきだとする農林水産省の担当者を否定的に扱っていた。規模が一定以上になると生産コストが下がりにくくなるのは、日本では圃場があちこちに散乱しており、圃場の数が多くなると機械の移動に多くの時間を要するためだ（山下〔２０２２ａ〕２７７ページ参照）。しかし、集落においてほとんどの農地が大規模農家に集積していくと、この問題は解消されていく。

長年にわたりＪＡ農協とＮＨＫは、食料フォーラム開催など二人三脚で活動してきた。ＮＨＫスペシャルにＪＡ農協の関係者が多く登場しているし、その一人は東京大学農学部教授でありながら長年ＪＡ農協の研究所長を兼務していた。

農業基本法を作った二人の意見を紹介したい。

東畑精一の「営農に依存して生計をたてる人々の数を相対的に減少して日本の農村問題の経済的解決法がある。政治家の心の中に執拗に存在する農本主義の存在こそが農業をして経済的に国の本となしえない理由である」という主張に、小倉武一は「農本主義は今でも活きている。農民層は、国の本とかいうよりも、農協系統組織の存立の基盤であり、農村議員の選出基盤であるからである」と加えている（小倉〔１９８７ａ〕２８０ページ参照）。

ＮＨＫスペシャルは農地の耕作放棄が問題だとするが、農家以外の出身の若者が友人たちから出資を募ってベンチャー株式会社を設立し、農地を取得して農業を行うことを農地法は認めていない。農地法が、農業の後継者を農家以外から求めることを禁じているのだ。

耕作放棄を問題視する報道は多い。農業が困っているというストーリーを作りやすいからだろう。しかし、耕作放棄がされている農地の多くは傾斜地など農業生産条件が不利な農地である。他方で、宅地や商業用に転用されている農地は平場の優良農地である。転用が行われるのは、農業収益の低下のためではない。食料安全保障に必要な農地資源の確保のためには、耕作放棄よりも転用を問題視すべきなのに、そのような報道はない。

ＪＡ農協は、株式会社は農地を転用して利益を得るとして株式会社の農地取得に反対する。しかし、膨大な農地を転用して莫大な利益を得たのは農家だし、その利益をウォールストリートで運用しているのはＪＡ農協である。ＮＨＫが転用を取り上げないのは、ＪＡ農協に忖度したためだろうか。

建前として、ＪＡ農協は農地の確保が重要だと言う。しかし、農地の転用規制をＪＡ農協が真剣に政府に要請したことはない。要請したのは、地方の商工会議所の人たちだ。市街地の郊外にある農地が転用され、そこに大型店舗が出店し、客を奪われた地元商店街が「シャッター通り化」するからだ。農家・農協が栄えて地方が衰退した。

公共放送なら、問題提起をすべきは、ＪＡ農協を中心とする農政トライアングルが招きかねない食料危機ではないか。国民の知らないところで、ＪＡ農協をはじめとする既得権者たちによって国民の生命を脅かす政策が実行されていることに、公共放送は警鐘を鳴らすべきではないか？コメの生産減少を憂うなら、減反を廃止して生産を増やすとともに、米価低下で影響を受ける主業農家に限り欧米のような直接支払いを政府から交付すればよい。今の減反補助金の３分の１で足りる。

国の機関も公共放送も、国民の利益から離れて一部の既得権階層を擁護するための行政や報道をしてはならない。税金や受信料を国民全体の利益のために使ってほしいと願うのは私だけなのだろうか？

4 アメリカ陰謀論の誤り

ＧＨＱに救われた日本の飢餓危機

マッカーサー率いるＧＨＱの存在がなければ戦後の民主化はなかった。農地改革は、柳田國男、石黒忠篤、和田博雄など農林官僚の執念が結実したものだが、ＧＨＱが関わらなければ、地主勢力の代弁者だった与党自由党に押し切られていた。国内供給だけでは飢餓を克服できないと考えた吉田総理以下日本政府は、マッカーサーに食糧援助を繰り返し懇請した。今の農業界はアメリカや輸入を敵視するが、この時、アメリカからの援助がなければ、多くの日本人が餓死しただろう。真珠湾を奇襲した日本に対するアメリカ国内の反感は強かった。しかも、世界中で食料が不足しているなかで日本に食料を援助してくれたのである。マッカーサーは多くの日本人の命を救った。

１９５４年のＭＳＡ協定（日本とアメリカとの間の相互防衛援助協定）やＰＬ４８０（１９５４年の農産

物貿易促進援助法）によりアメリカが日本に余剰農産物を押し付けたとするとともに、アメリカが小麦を売り込むために学者などを使って日本の食生活を変えたと主張している農業経済学者がいる。アメリカにいじめられてきたという被害者意識を持つ人に訴えて農業保護を拡大しようとしているのだろう。TPPなどの自由貿易を推進してきたアメリカについて悪玉論を主張することによって、自由貿易反対の声を高めようという狙いもあるのだろう。諸手を挙げてアメリカを礼賛すべきではないが、少なくとも食料に関しては、戦後アメリカに救われた日本人がこのような根拠のない間違った主張を行うことは、恩知らずと言われても仕方ないのではないだろうか？

このような主張を改めさせない他の農業経済学者も同罪である。

配給制度が変えた日本人の食生活

この主張には、三つの大きな間違いがある。

一つは、1954年をはるかにさかのぼる戦時中から、配給制度によって日本人の食生活は大きく変更されていたことである。

戦前、農家はコメを食べていなかった。小作人は生産量の半分のコメを小作料として地主に収めたうえ、残るコメも販売して肥料代や生活費に充てていた。コメを食べていたのは都市住民だった。しかし、食糧管理法による配給制度の下で、農家は生産量と自家消費米の差を政府に供出するようになった。その際、小作人米価とそれより低い地主米価が設定され、小作人は小作人米価で政府に小作料相当のコメを売り渡し、地主には安い地主米価を払った。このため、小作人の家計に余裕が生じ、自家消費米をあえて販売しなくても生計を維持できるようになった。しかも、戦時中、農家が自家消費米をヤミに流すことは、国家権力によって厳しく規制された。自家消費米には翌年作のための種もみが含まれているとはいえ、都市住民に対する2合3勺の配給基準量を大きく上回る4合の配給基準が認められた。政府に売る以外の非正規流通が規制されたのだから、農家は少なくとも都市住民並みのコメを自分たちで食べるしかない。また、農家の所得が上がるにつれて農家のコメ需要が高まった。このため、配給制度が始まってから、農民の間に米食が普及し始めたのである。食糧管理局長官の湯河元威も1944年に「管理制度施行後、所謂一種の悪平等として農家の米の消費が増えてきたことは争へない事実」と認めている（湯河元威〔1944〕）。

コメの生産量が低下していくと、麦やイモなどのコメに代替する食料の供給比率が高まっていった。食管制度が施行された1942年度から配給に占める代替食糧比率は、1942年度3・3％、1943年度5・7％、1944年度14・1％、1945年度17・7％と年々増加し、最も食料事情が厳しかった1946年度は30・0％となった。その後低下したものの、1950年度でも24・2％である。都市住民への配給量2合3勺はコメだけではなく、これら代替食糧が多く含まれていた。生きるためには、都市住民は代替食糧を食べるしかない。こうして強制的に都市住民のコメ消費量は減少させられたのである。

コメの供給は農家に多く都市住民に少なくなった。食糧庁の『食糧管理史』は、「米食形態にあった都市には雑食形態を、雑食形態にあった農村には米食形態をという逆の形の消費規制が行われたわけである」と記している（食糧庁〔1969b〕175ページ）。1950年には、一人一日当たりコメ摂取量は、都市で305・3グラムに対し農村では355・2グラムと、都市と農村のコメ消費量は逆転した。

都市人口のほうが多いので、国民一人当たりの消費量の年率変化を見ると、コメは、1932〜1942年まではマイナス0・3％、1943〜1952年までは、マイナス2・9％と減少しているのに対し、小麦は、同じ期間、それぞれプラス0・1％、プラス4・1％となっている。

さらに、麦は1952年に統制解除され間接統制に移行した。配給制度の下では量の確保が優先され、品質は後回しにされていたが、統制解除後に製粉メーカーは、パン、麺、てんぷらなどの用途に応じて適切な品質の小麦粉を提供するようになった。さらに、所得が向上するにつれ魚介類や肉類の消費も増加し、これに合う形態としてパン食が普及していった。

このように、アメリカの小麦戦略と言われるものが始まる相当前から日本の食生活は変化していたのである。

経済史家の馬場啓之助元一橋大学学長らは、この間の経緯を次のようにまとめている。

「食生活の改変は、特に主食のごとく長年の習慣によって形づくられたものでは、容易なことではない。もし、米食を7割に減らして麦食を三倍にするという大幅な変革を自然の食習慣の変化にまっていたならば数十年かかってもできないことであったろう。食糧統制のわずか十五年間でこれだけの構造的変化を与えたことは、配給制度の著しい効果とみなければならない。いまや配給制度を通じての米から麦への強制的代替は、日本人の食習慣を改変しえたと考える。もはや統制の撤廃も、あるいは昭和30年のごとき豊作によって米の供給量が増大しても、昔日のような消費構造へはもどらなくなったようである」。

（食糧庁〔１９６９ｂ〕２１７ページ）

食生活を変えようとする国内の動き

二つ目は、アメリカの余剰農産物処理が始まる前から、日本国内に食生活を変えようとする動きがあったことである。コメは副食がなくても食べられるが、パンは副食がなければ食べられないから、パン食を推進すれば、タンパク質や脂肪を含む食品（肉類や乳製品など）の消費が高まり、栄養水準の改善につながるというものだった。このような見地から、民間団体の日本食糧協会は１９５２年６月「食生活改善に関する件」という意見書を出している。

アメリカが輸出したかったのはコメ、小麦を望んだのは日本政府

最後に、アメリカには当初、日本人の食生活を変えようとする意思はなかったことである。ＧＨＱは日本人の食料不足による栄養不良を解消しようとして、１９４７年１月から学校給食

図表7-17 食糧輸移入数量の推移

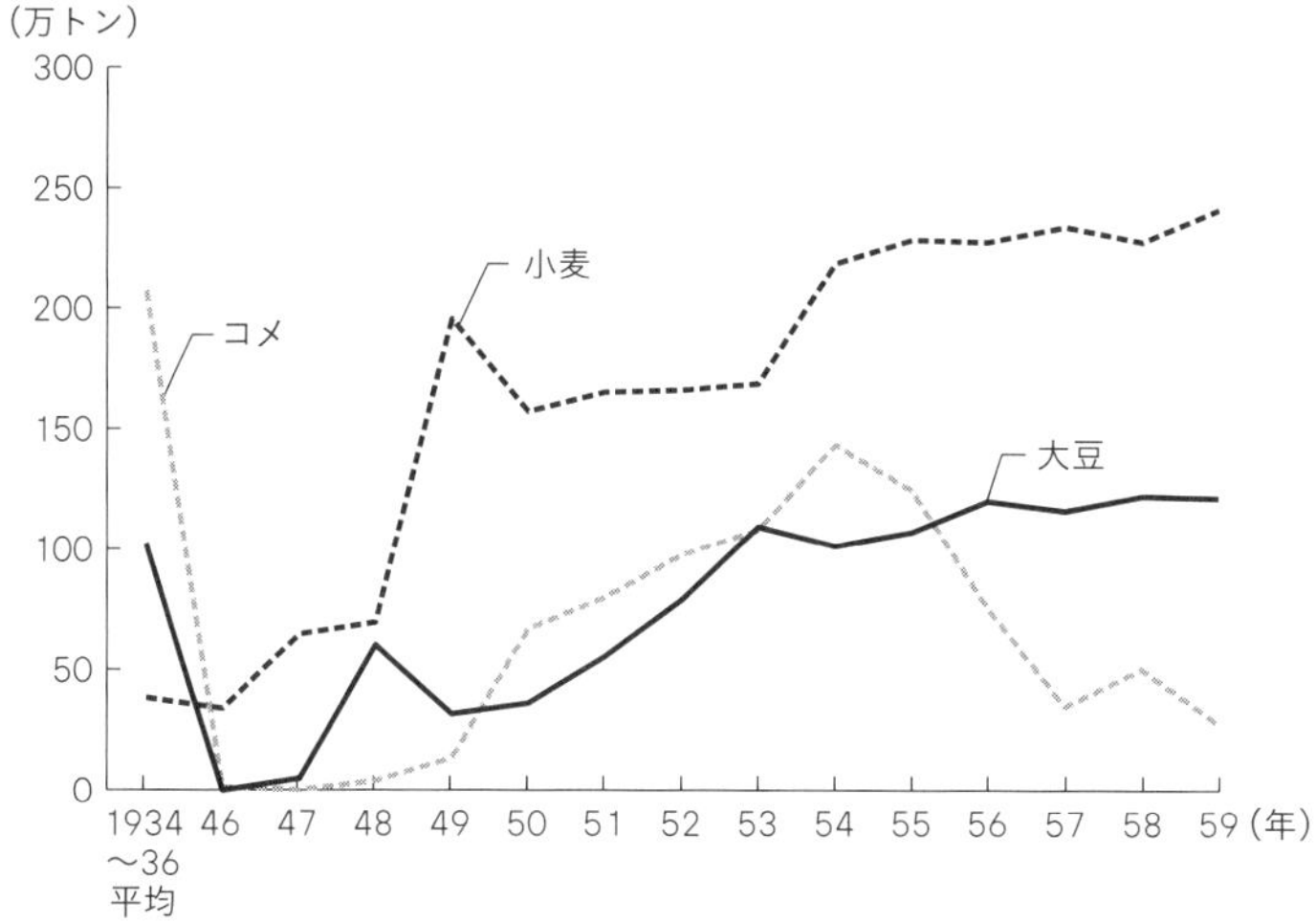

出所：『戦後日本の食料・農業・農村』第2巻（1）p.184より筆者作成

図表7-18 輸入総額に占める食料の割合

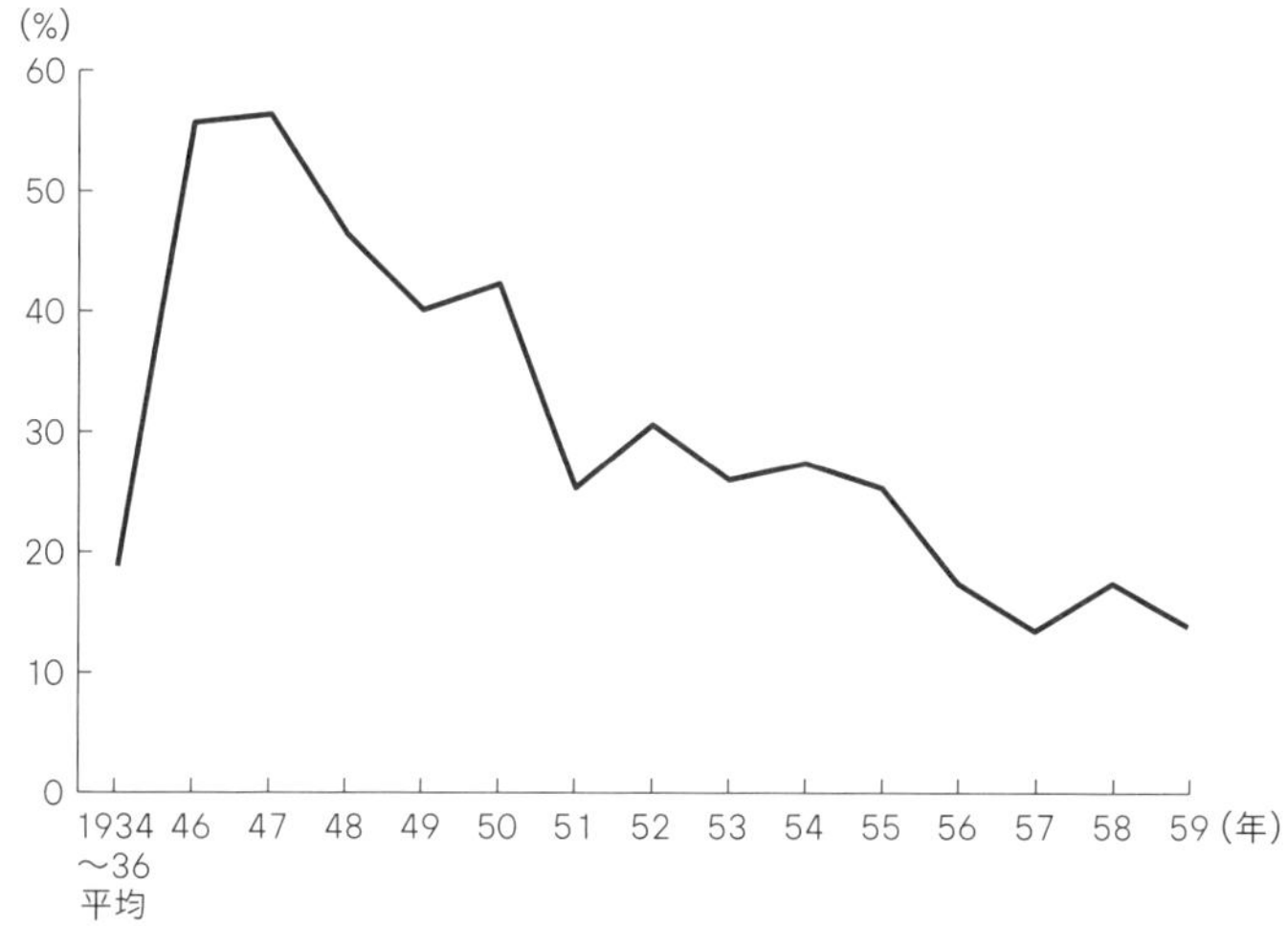

出所：『戦後日本の食料・農業・農村』第2巻（1）p.185より筆者作成

を開始した。GHQは日本政府にコメの特配による給食を求めたが、食料事情から日本政府が拒否したために、GHQが脱脂乳その他の輸入物資を供給することになった。これが学校給食制度の始まりだった。

さらに、余剰農産物交渉において、アメリカ政府は学校給食に脱脂粉乳と綿花（学童服用）を提案したのに、主に小麦を輸入したいと主張したのは日本政府だった。穀物なら、アメリカ農務省はコメを輸出したかったが、外貨が不足していたなかで、日本は高いコメよりも多く輸入できる安い小麦を選んだのである。しかも、アメリカから輸入させられたのはパンには向かない小麦だった（伊藤［2020］参照）。

国際価格よりも安かったコメと麦

食料輸入を全量アメリカからの援助で輸入していたのは1948年までで、1949年からは普通貿易が始まるようになり、1951年6月から援助輸入はなくなった。1950年まで輸入総額のうち食料は4割以上を占めた。

当時、輸入品は国産品よりも価格が高かったため、政府は価格差補給金を出して安く国民に供給していた。価格差補給金と対日援助資金に支えられた日本経済は、1949年に来日したデトロイト銀行頭取のジョセフ・M・ドッジによって、転ぶと首の骨を折る〝竹馬経済〟と呼ばれた。ドッジは、来日時の記者会見で、「日本の経済は両足を地につけておらず、竹馬にのっているようなものだ。竹馬の片足はアメリカの援助、他方の足は国内的な補助金である。竹馬の足をあまり高くしすぎると転んで首の骨を折る危険がある」と発言した。

1953年まで、日本の米価は国際価格よりも低かった。1949年度の輸入価格差補給金731億円のうち食料は478億円、肥料は133億円を占めている。食料と肥料で全体の83％を占めた。当時輸入価格に対し国内価格はコメで60％、小麦70％、大麦80％の水準だった。日本政府の中には、国内価格に対し国際価格はコメで2倍、小麦で1・5倍高いという相場感があった。外米を輸入するときは小麦よりも多くの価格差補給金が必要だった。このため、図表7―17が示すとおり、1946年以降コメの輸入が激減して小麦の輸入が大幅に拡大した。1954年にアメリカが余剰農産物処理を開始するはるか前からである。

1950年には、コメの統制撤廃（食糧管理制度の廃止）を求める声が与党自由党から高まった。政府買い入れ価格よりもヤミ値のほうが高いので、統制を撤廃すれば米価が上昇し農家所得は増加すると考えたのだった。農村での支持基盤拡大を狙ったのである。当時、農協は反対したが、3月に行われた政府与党間での話し合い（「湯河原会談」）の結果、いったんは1951年度から新制度（主要食糧の統制全廃）に移行することで合意した。

しかし、6月の朝鮮戦争の勃発によって食料不安が高まったため、政府は食糧管理制度の継続を決定した。ところが8月になって、池田勇人大蔵大臣が、「国際価格へのサヤ寄せ論」を主張した。狙いは、統制を撤廃することで米麦の価格を国際価格まで上昇させ、輸入価格差補給金を廃止することにあった。これは緊縮財政を主張するドッジラインにも沿ったものに見えた。しかし、緊縮財政はインフレの抑制を目的とするものだった。インフレを悪化させるというドッジの反対により「国際価格へのサヤ寄せ論」、ひいては統制撤廃論も終息した。

輸入はコメから小麦に切り替わる

他方、1953年頃から小麦の国際価格が増産によって低下し、輸入麦のほうが高いという内外価格差は縮小した。このため、コメよりも小麦を輸入するほうが財政負担（価格差補給金）もいっそう少なくなり、より多くの量を輸入できることになった。さらに小麦の国際価格が低下して内外価格差が逆転していくと、食管制度の輸入食料損益は、1953年に297億円の赤字だったものが、1954年59億円、1955年166億円の黒字となった（日本農業研究所編纂〔1981〕189ページ）。こうなると、輸入麦に比べ価格の高い国内の小麦作を継続する必要があるのかという議論も出てくるようになった。

また、タイなどから輸入される外米はナンキン米と呼ばれ、日本人の味覚に合わないうえ、劣悪な輸送の過程でカビなどが生じ安全性にも問題があった。1954年には、ビルマ（現ミャンマー）から輸入されカビで黄色に変色したコメを農林省が強硬に配給に回そうとした黄変米事件が起きている。米麦の価格関係もあって、日本政府は外米輸入に代えて小麦の輸入を推進した。

アメリカから余剰農産物を購入する際、当時農業予算が不足していた農林省は、代金の7割を日本が経済開発に使えるというPL480タイトル1（学校給食とは別の仕組み）を利用して、愛知用水の開発を行った。アメリカ農務省は、農業投資に使われて、アメリカからの輸出が減少するのではないかと反対したが、当時の農林次官東畑四郎は吉田首相とともにアメリカに行き、経済開発に農業開発も含めることを認めさせた。ここで東畑は代金の7割活用を確保するために、小麦だけでなく20万トンのコメ輸入を呑まされている。

要するに、1950年代前半までアメリカ政府は同国産小麦の日本市場開拓という意思を全く持っていなかった。国際収支の制限の下で、小麦による粉食奨励を行ったのは日本政府だったのだ。

アメリカの輸出戦略に対抗できなかった日本の農業界

アメリカがキッチンカーを使って小麦の消費拡大を行ったのは1950年代の後半からだし、コメを食べると頭が悪くなるという大学教授の本が出版されたのは1958年である。この時までに、日本政府の施策によって食生活のパターンは変化していた。

アメリカの小麦業界が日本で販路拡大の努力を行うのは当然ではないだろうか？　日本の自動車業界がアメリカ市場で販路を開拓すべく努力したことを、われわれはアメリカ国民に謝罪しなければならないのだろうか？　問題は、日本車に対する競争力を失ったアメリカの自動車業界と同様、アメリカの輸出戦略に対抗できなかった日本の農業界である。

戦後の食糧援助以外でも、日本はアメリカにずいぶん助けられている。日本がガット加入を申請した際、ヨーロッパ諸国が日本に対し厳しく関税削減を要求したのに対し、アメリカは、日本に代わって自国の関税を引き下げて、日本の加入を助けてくれた。アメリカのおかげで日本はガット加盟を果たすことができたのである。ガット加盟後もイギリスやフランスなど多数の国が日本にはガット上の権利を認めないという対応をとった（ガット第35条の適用）が、アメリカはこれらの国に同調しなかった。

確かに、1980年代に日本が巨額の対米貿易黒字を抱えていた頃の日米牛肉・かんきつ交渉は、日本農業界にとって厳しいものがあった。しかし、アメリカの政治状況やそもそも日本の農産物貿易制度がガット違反だったことを踏まえれば、アメリカの主張は当然であるとも言えた。

アメリカ産農産物の輸入を促進したのはＪＡ農協

総じてみると、アメリカはずいぶんと日本を助けてくれたのではないか？　私にはアメリカを憎む気持ちが理解できない。また、シーレーンが破壊されたとき、最後に日本が頼るのはアメリカではないだろうか？

麦の生産が減少したのは、アメリカのせいではない。食生活を変え、麦秋を消し、自給率を下げたのは、アメリカではなく農政トライアングルだ。1960年の79％からの自給率低下は、コメの生産減少と米麦の相対価格関係の悪化によるものだ。

アメリカ産農産物の輸入を促進したのは、ＪＡ農協である。ＪＡ農協は、農家が生産した畜産物を販売するだけではなく、アメリカから穀物を日本へ輸出し、これを加工して付加価値をつけた配合飼料を畜産農家に販売することで利益を得た。生産物と資材の販売の双方向で二重の手数料を稼いだのである。

アメリカは牛肉については自由化や関税削減を強く迫ったが、競争力のないバターなどの乳製品については、ホエイを除いて関税引き下げを求めなかった。日本の酪農を維持して穀物を輸出したほうが有利だからだ。日本の酪農については、JA農協とアメリカ穀物業界はウィンウィンの利益共同体である。被害者は、高い牛乳・乳製品を買わされる日本の消費者である。これが「国産国消」を主張するJA農協の裏の顔である。

5 アメリカが穀物を武器に使う可能性はあるのか

アメリカ、カナダ、オーストラリア、ブラジルなど穀物の大輸出国が輸出を制限するだろうか？　TPP交渉に際して、アメリカは農産物を戦略物資として使うという主張があった。関税がなくなって日本農業が壊滅した後に、穀物などを禁輸されたら大変なことになるというのだ。

しかし、これは、国際的な農産物貿易についての基礎的な知識を欠いた主張である。

図表7-19　小麦生産量・輸出量（2022年）

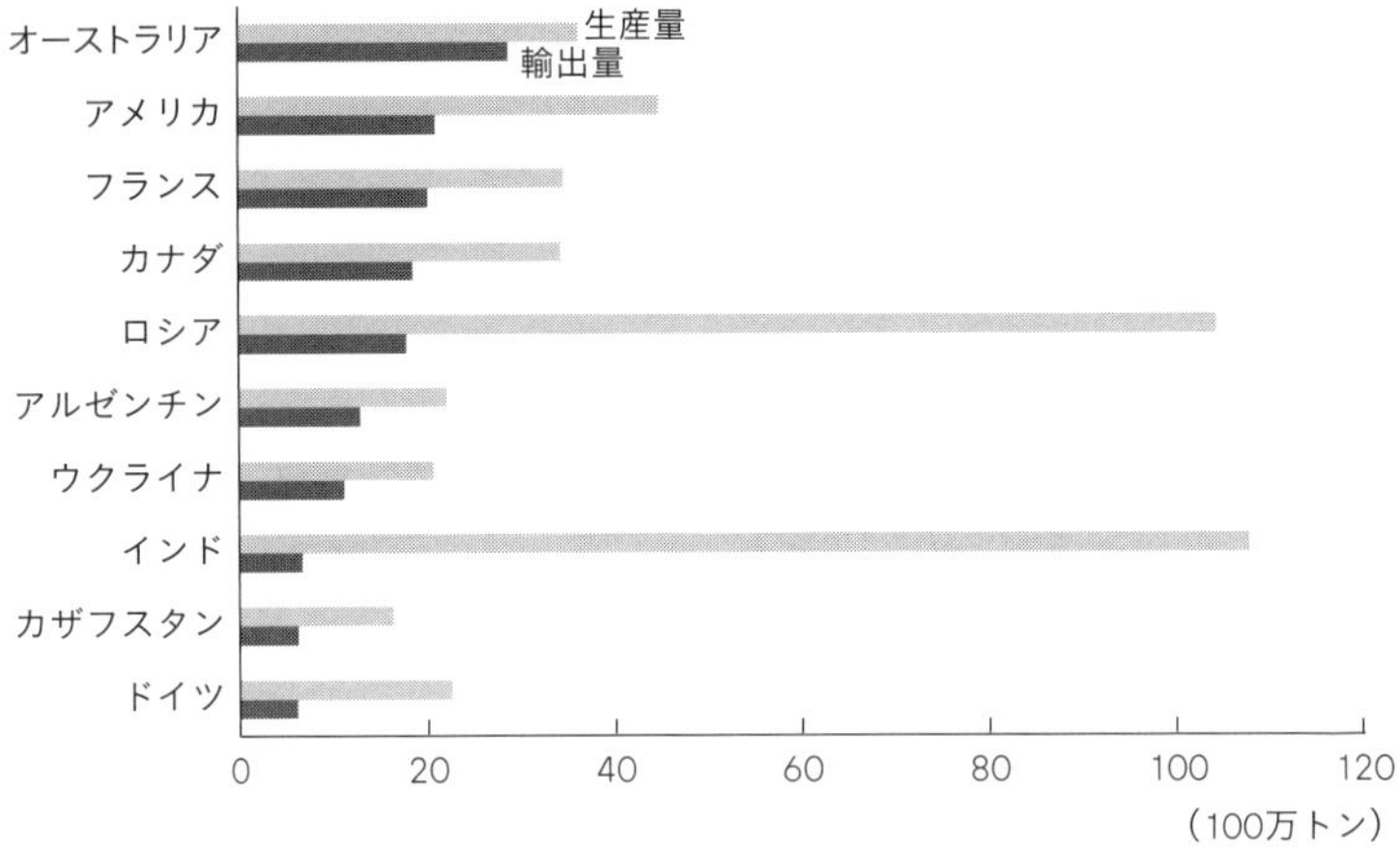

出所：FAOSTATより筆者作成

アメリカなどの生産のほとんどが輸出仕向け

これら穀物の輸出国では、コメの輸出国と違い、生産量の相当部分が輸出に向けられている。小麦の場合、輸出が生産に占める割合はオーストラリア79%、アメリカ47%、カナダ54%、ロシア17%、アルゼンチン58%、ウクライナ54%となっている。大豆ではブラジル65%、アメリカ49%、アルゼンチン12%である（２０２２年）。

アルゼンチンの大豆輸出が少ないのは、国内で大豆油に加工して付加価値をつけてから輸出するため、大豆には輸出税を課して輸出を制限しているからである。

アメリカやオーストラリアが穀物を輸出するのは、国内の消費量に比べて生産量が多いので、貿易をしなかった場合の国内価格が国際価格よりもかなり低いからである。国際価格がいくら下がっ

図表7-20　大豆生産量・輸出量（2022年）

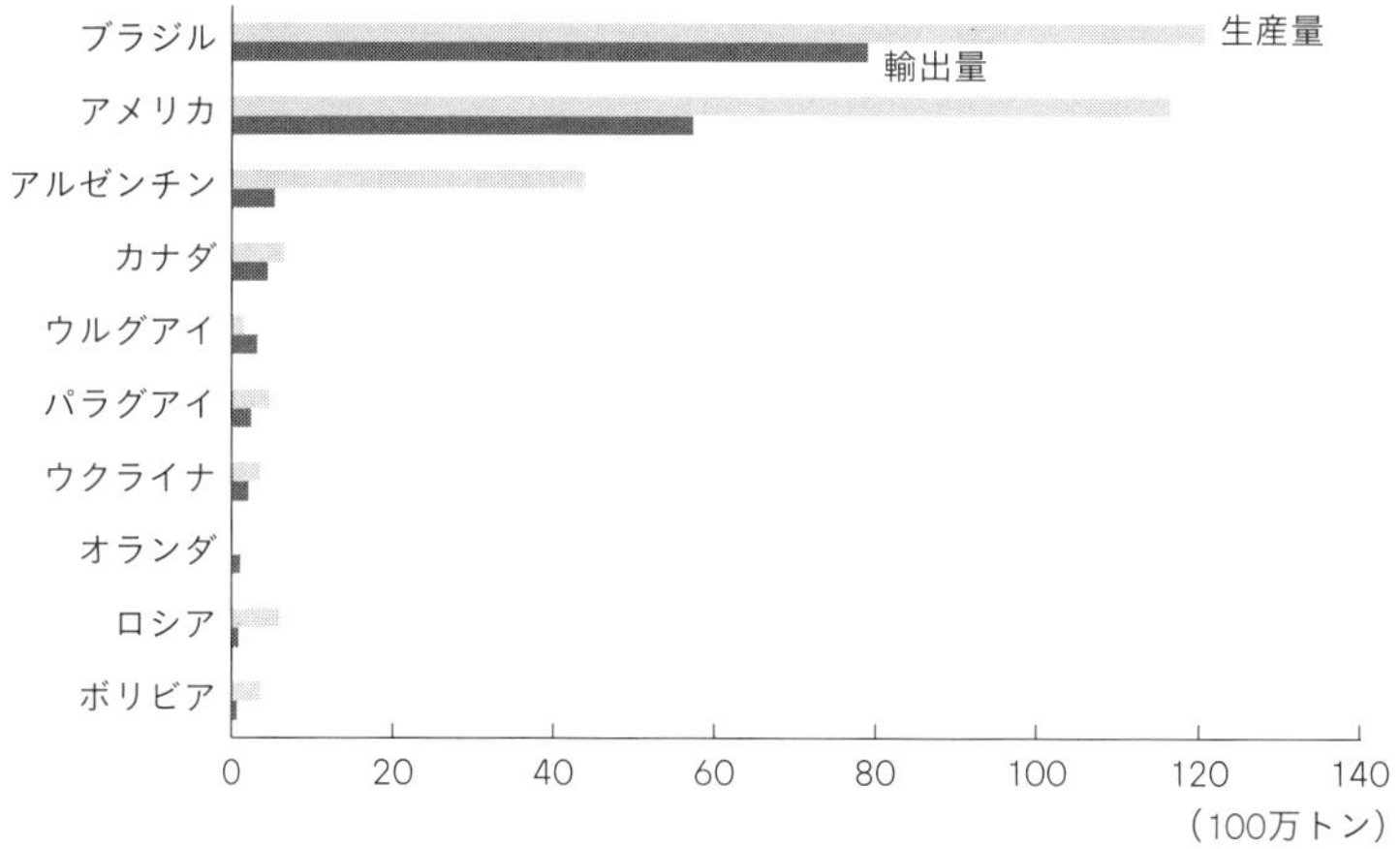

出所：FAOSTATより筆者作成

ても、輸入国になるという事態は想定されない。国際価格が低下しても、アメリカが穀物の輸出をやめて輸入したことはない。

価格上昇時は、主要輸出国の生産者にとって稼ぎ時である。輸出制限をすれば、輸出に向けられた膨大な量が国内市場にあふれ、国内価格は暴落し、農家経営は破綻する。米中貿易戦争では、中国の輸入制限によって輸出できなくなったアメリカ産大豆が農家の庭先に野積みされ、価格は低下し、連邦政府による巨額の支援策が必要となった。アメリカが輸出制限を行った場合にも同様なことが起きる。アメリカが輸出制限を行うと、国際市場での供給量が減少し、国際価格は上昇する。利益を受けるのは、カナダなどの他の輸出国である。

よくアメリカなど特定の国からではなく輸入先を分散、多角化すべきだと主張される。しかし、これらの国が輸出制限を行わない以上、その必要はない。農林水産省も小麦の国家貿易ではこの半世紀以上、アメリカ（44％）、カナダ（30％）、オーストラリア（17％）以外の国からはほとんど輸入していない（カッコ内は2019〜2023年の平均シェア）。

なお、トウモロコシについては、アメリカが世界最大の生産国であり輸出国でもある。そのアメリカの輸出比率は、国内の畜産やエタノールの高い需要によって17％と低くなっているが、これに続く輸出国についてはアルゼンチン60％、ブラジル40％、ウクライナ96％となっている。

許容できる価格上昇

次に、これらの輸出国は豊かな先進国だということである。ロシア（2020年輸出制限をした）やウクライナを除き、価格が上がっても、先進国なので消費者は食料を買うことができる。輸出を規制する必要はない。アメリカでも日本でも、食料支出のほとんどは加工・流通・外食の取り分であり、農産物の占める割合は10〜20％程度に過ぎない。穀物などの価格が大幅に上昇しても、全体の食料支出にほとんど影響しない。

アメリカの失敗が示すもの

過去、アメリカが輸出制限をした例が2回ある。

1973年、家畜のエサとして利用していたペルー沖のアンチョビーが不漁になったため、ア

図表7-21 大豆の輸出量推移

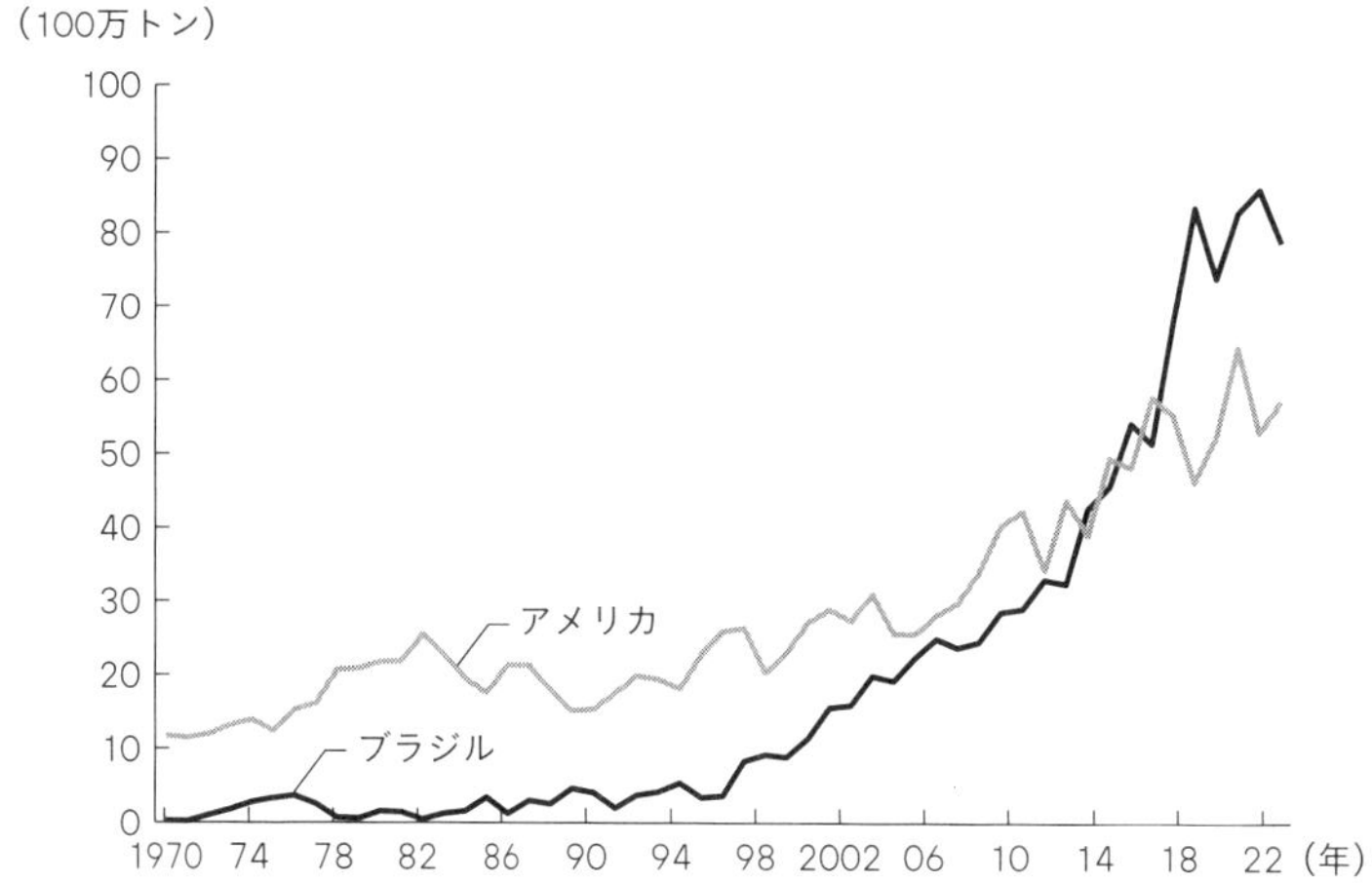

出所:FAOSTATより筆者作成

メリカでは、その代替品として「大豆かす」への需要が増大した。当時、アメリカは世界の大豆輸出量のほとんどを占めていた。そのアメリカが国内の畜産農家への大豆供給を優先するため、わずか2カ月間だったが大豆の輸出を禁止した。このため、味噌、豆腐、納豆、醤油など大豆製品の消費が多く、アメリカの大豆供給への依存度の高い日本は混乱した。アメリカは牛や豚のエサに使うために、日本人が味噌、豆腐、納豆、醤油として食べている大豆を禁輸したのである。

将来の供給不安を覚えた日本は、ブラジルのセラードと呼ばれる広大なサバンナ地域の農地開発を援助した。以来、ブラジルの大豆生産は急激に増加した。1961年に比べると2020年は449倍である。世界の大豆生産に占めるブラジルとアメリカのシェアは、1961年に1・0%、68・7%と圧倒的な差があったものが、2022年ではブラジルが逆転し、34・6%、33・4%となっている。ブラジルは、瞬く間に大豆輸出を独占してきたアメリカを凌駕する大輸出国になってしまった。

1979年にアフガニスタンに侵攻したソ連を制裁するため、翌年、アメリカはソ連への穀物輸出を禁止した。しかし、ソ連はアルゼンチンなど他の国から穀物を調達し、アメリカ農業はソ連市場を失った。あわてたアメリカは禁輸を解除したが、深刻な農業不況に陥り、農家の倒産・離農が相次いだ。独占的な輸出国でない限り、外交・政治的観点から戦略的に穀物を利用することはできない(1973年の大豆禁輸の際、その時点ではアメリカ農業に被害が起きなかったのは、当時アメリカが大豆の輸出を独占していたためである)。二度の失敗に懲りたアメリカは、もう輸出制限をしようとはしない。

第 8 章

日本のコメが世界を救う

1 貿易から見た日本農業の真実

「日本は規模が小さいから輸出できない」は誤謬

TPP交渉の時盛んだった「日本農業は規模が小さくアメリカやオーストラリアと競争できない」という主張を検討してみよう。

農家一戸当たりの農地面積は、日本を1とするとアメリカ63、オーストラリア1495である。確かに、他の条件が同じであれば、規模が大きいほうがコストは低くなる。

しかし、アメリカとオーストラリアを比較すると、アメリカはオーストラリアの24分の1なので、オーストラリアと競争できないことになる。ところが、アメリカは世界最大の農産物輸出国で、その農業生産額はオーストラリアの8～9倍である。規模だけが重要なのではない。規模だけで競争力を議論する主張が間違っているのは、気候・風土や土地の肥沃度などの違いを無視しているからである。

オーストラリアの農地面積は4億ヘクタールで、わが国農地の90倍もの広さである。しかし、そのうち穀物や野菜などの作物を生産できるのは、5000万ヘクタール未満に過ぎない。9割は草しか生えない土地で、牛が放牧され、脂肪身の少ない低級牛肉がアメリカに輸出され、ハンバーガーとして売られる。

図表8-1　世界の小麦単収の比較（2022年）

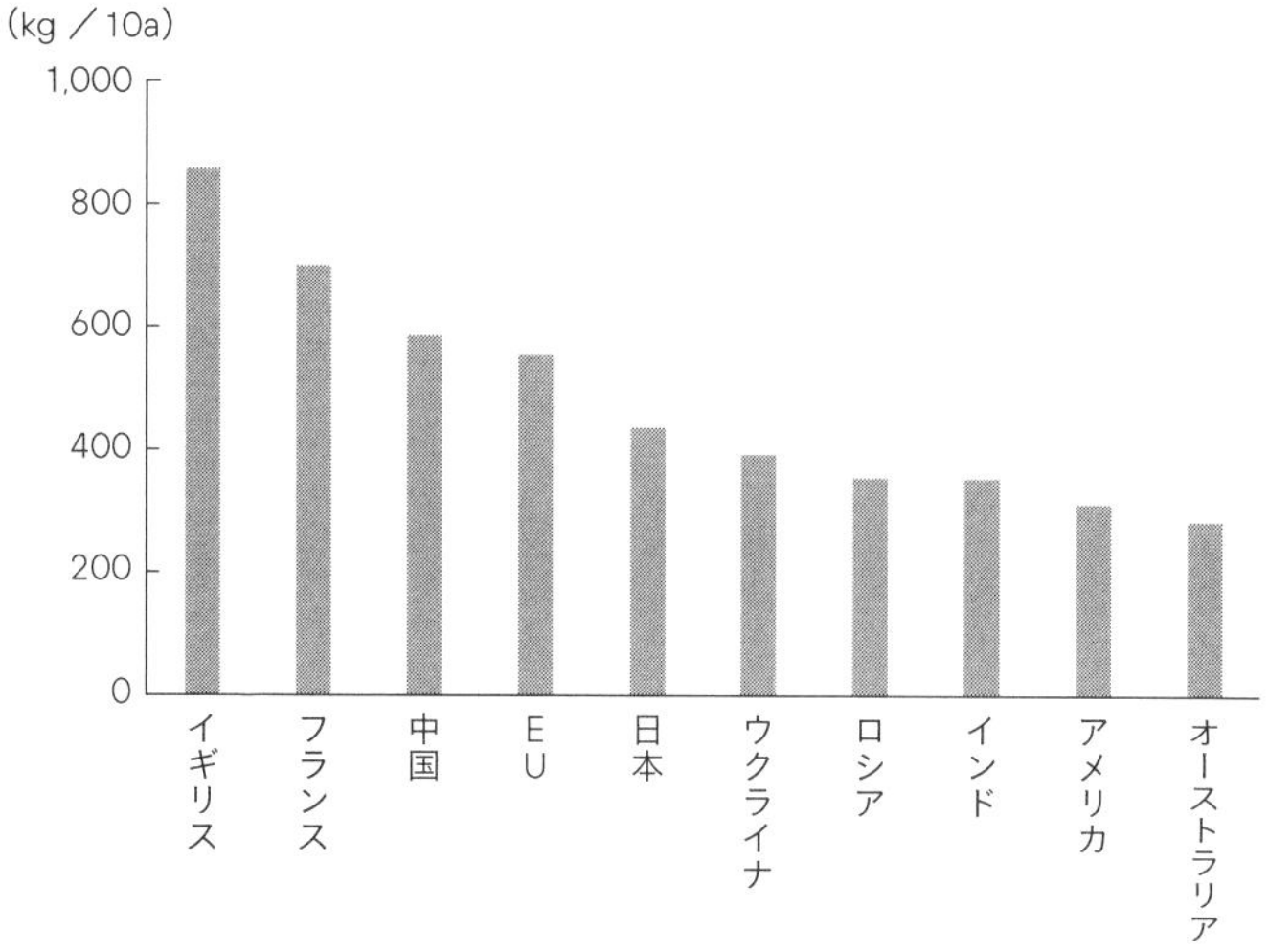

出所：FAOSTATより作成

アメリカ中西部の肥沃度の高いコーンベルト地域では、トウモロコシや大豆が作られている。これらは家畜に飼料として与えられ、脂肪身の多い高価格の牛肉は、日本などに輸出される。中央部の農地では小麦が作られ、草地では牛が放牧されている。土地の肥沃度に応じて、収益の高い作物から順番に作られる。コーンベルトでは牛を放牧しない。

　オーストラリアの農地は痩せている。小麦作でも、オーストラリアの単位面積当たりの収量（単収）は、イギリスの30％、フランスの40％、日本の60％である。EUの農家経営規模はアメリカやオーストラリアと比べものにならない（アメリカの12分の1、オーストラリアの218分の1）が、単収の高さと政府からの直接支払いで、国際市場へ小麦を輸出している。

　日本の農地の特徴は、牧草地の割合がオーストラリア88％、中国75％、アメリカ65％に対し13％と、他の国に比べ低いことである。しかも、日本では、生産力の高い水田が半分以上を占める。

なぜ、農産物も自動車も同じく産業内貿易が行われるのか

かなりの人は、農地面積が少ない日本のような国は農産物を輸入して工業製品を輸出し、他方で農地面積の多いオーストラリアは農産物を輸出して工業製品を輸入しているというイメージを持っているだろう。これは間違いではない。これを産業間貿易という。伝統的に国際経済学はこのようなパターンを分析するために貿易理論を作ってきた。

しかし現実には、日本がトヨタ、日産、ホンダなどを輸出し、ヨーロッパからベンツ、ボルボ、プジョーなどを輸入している。このように、品質の違いがあるときは、同じ産品でも貿易は双方向となる。これを〝産業内貿易〟と言う。これに着目して新しい貿易理論を作ったのが、ノーベル経済学賞を受賞したポール・クルーグマンだった。

産業内貿易が行われる根本的な要因は、消費者の好み、嗜好が多様だということである。高級車でも、レクサスが好きな人もいればベンツやジャガー、BMW、ボルボ、さらにはフェラーリ、ポルシェが好きな人もいる。中小型車でも、カローラが好きな人もいればフィットやフォルクスワーゲン、プジョー、フィアットが好きな人もいる。消費者の多様な嗜好に合わせてさまざまな産品の生産・供給が、世界の国で行われている。

食料・農産物の世界でも同じである。異なる嗜好に合わせて異なる品質の農産物が提供されている。

カリフォルニアワインが有名なアメリカでも、酒屋やスーパーマーケットでは、世界各国のワインが輸入されて並んでいる。国産牛肉でも、和牛（黒毛、褐毛、短角牛の違いが存在）と輸入牛肉と競合する乳用種（スーパーでは国産牛と表示される）は品質・価格水準が異なる全く別の商品と言ってよい。

小麦も、品種の違いによってさまざまな用途がある。日本が輸入している銘柄を見ると、カナダ産ウェスタン・レッド・スプリングは主にパン用、アメリカ産ダーク・ノーザン・スプリングとハード・レッド・ウィンターは主にパン・中華麺用、オーストラリア産スタンダード・ホワイトは主に日本麺用、アメリカ産ウェスタン・ホワイトは主に菓子用にそれぞれ利用されている。同じく小麦を生産・輸出している国でも、用途や品質に違いがあれば、相互に貿易される。

ディーラーに行って「車をください」と言う消費者はいない。特定の車種を念頭に置いて特定のディーラーに行くはずである。車という商品がないように、コメという商品もない。コメにはジャポニカ米（短粒種）、インディカ米（長粒種）があるほか、同じジャポニカ米でも、品質に大きな差がある。インディカ米でも、パキスタン産のバスマティ・ライス、タイ産のジャスミン米のような高級米と、アフリカなどへ輸出される低級米とは、3～4倍の価格差がある。アメリカは212万トンのコメ輸出を行いながら、ジャスミン米を中心にタイなどから129万トンの米を輸入している。コメでも産業内貿易が行われている。

図表8-2　米価比較（海外）

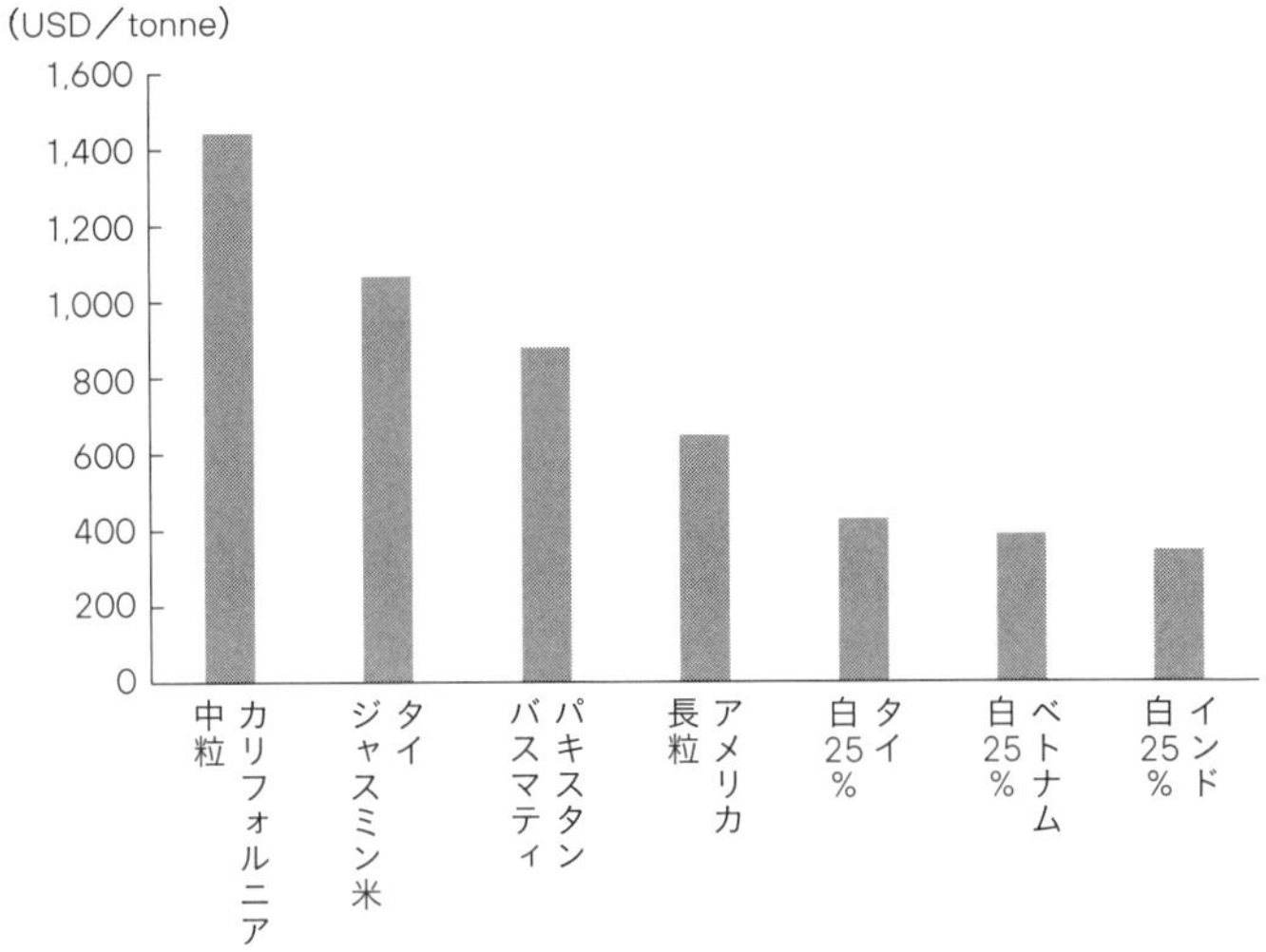

注：価格は2022時年時のものを使用。白はwhite（精米）、25％は破砕精米の含有率の上限値。
出所：FAO Rice Price Updateより筆者作成

国によって、嗜好が異なる例もある。長いほど滋養強壮剤として好ましいと考えられている台湾に、日本では長すぎて評価されない長いもが輸出されている。日本では評価の高い大玉をイギリスに輸出しても評価されず、苦し紛れに日本では評価の低い小玉を送ったところ、やればできるではないかと言われたというあるリンゴ生産者がいる。欧米では、ランチとしてリンゴをカバンに入れて職場や学校に持っていくため、小玉が好まれる。大玉だとかぶりつくこともできない。これは経営的にも示唆に富む。自然相手の農業では、大玉も小玉もできてしまう。大玉は日本で、小玉はイギリスで販売すれば、売上高を多くすることが可能となる。

赤ワインに適したブドウの品種に、カ

図表8-3　農畜産物輸出額上位10カ国（2022年）

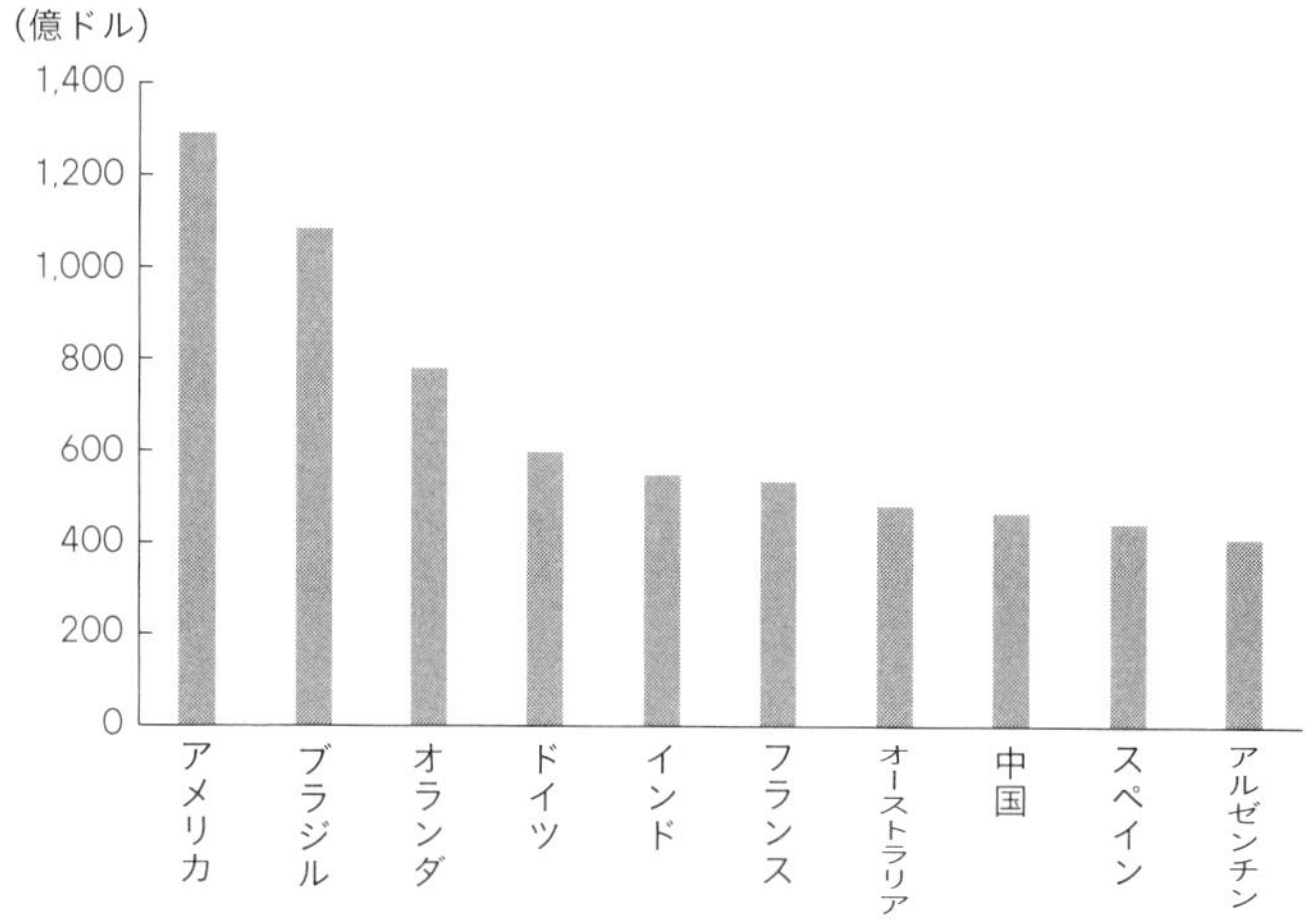

出所：FAOSTATより筆者作成

図表8-4　農畜産物輸入額上位10カ国（2022年）

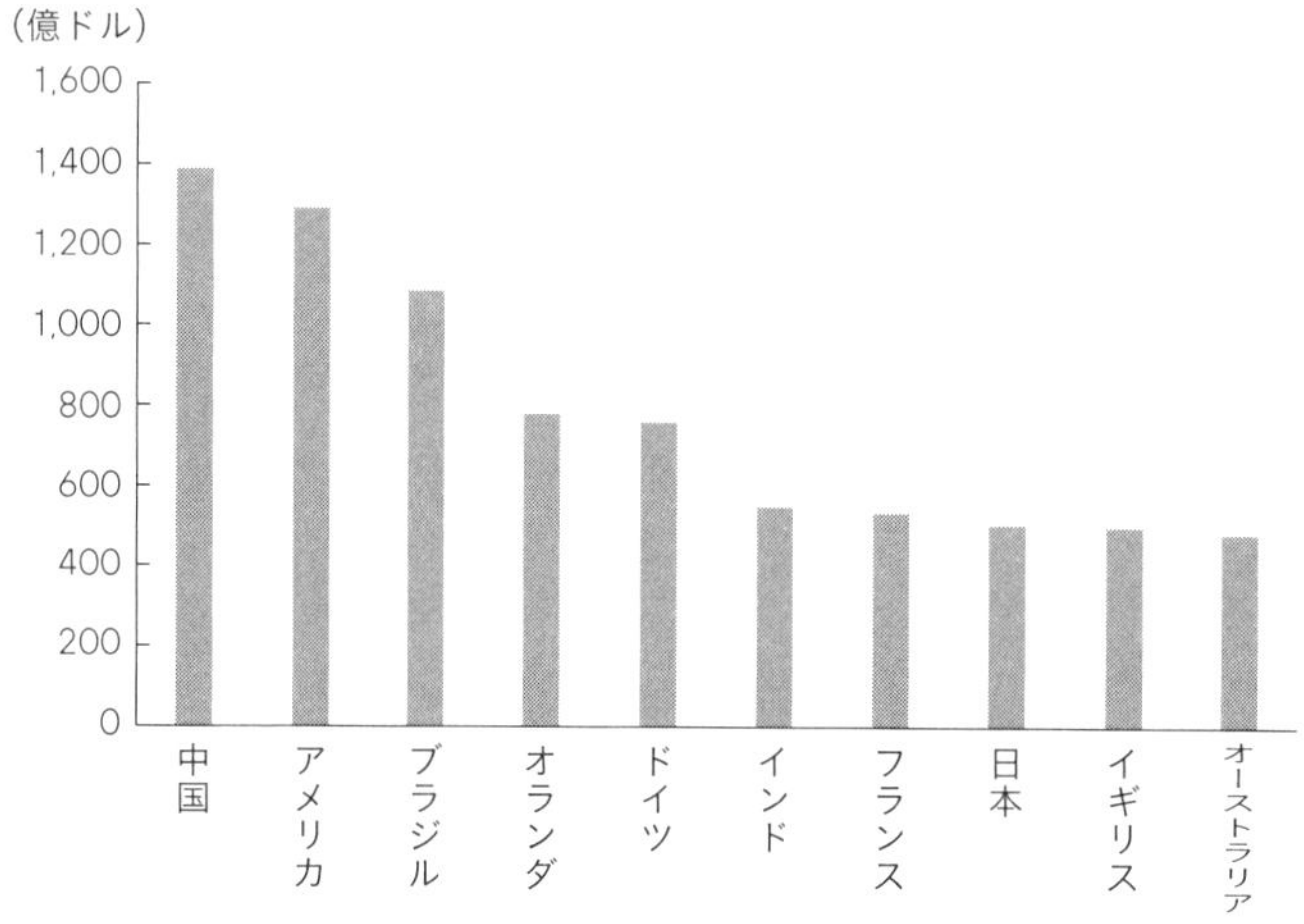

出所：FAOSTATより筆者作成

ベルネ・ソーヴィニヨン、ピノ・ノワール、メルロー、シラーズなどがある。しかし、同じ品種を栽培しても、できるワインには地域によって差があるだけではなく、同じ地域内のワイナリーによっても差が生じる。工業の場合はどこの工場でも同じ製品ができるが、気候・風土に規定される農業は違う。どこで作ってもカローラはカローラであるが、ワインと同様、同じコシヒカリでも新潟県魚沼産と他県産で大きな価格差があるように、気候・風土によって品質・価格に差が出る。これが農業の面白いところである。

さらに重要なことは、ワイン、チーズやチョコレートのように付加価値の高い食料品ほど、品質や製法の違いによる差別化が起こりやすいことである。これが、アメリカやヨーロッパで高価格農産物を中心に産業内貿易が生じている原因である。

図表8―3と8―4から、同じ国が農産物の輸出国と輸入国のベスト10に名を連ねていることがわかる。輸出国でもあり輸入国でもあるのだ。日本はその例外である。

2 日本のコメの高い実力

日本農業を救う処方箋はある。これまでのコメ政策は日本の国内市場しか見ていなかった。世界の人口は増加し、一人当たりの所得も増加する。世界の至るところで、スシやカツドンなどの日本食レストランが営業しているように、その主な原材料であるジャポニカ米、特に日本米への需要は増える。世界に向かってコメを輸出すれば、減産しなくて済む。

カリフォリニア米との比較

問題は、輸出できるほどの価格競争力を日本米が持てるかどうかである。

海外市場で日本米は高い評価を受けている。2015年頃、ロサンゼルスのスーパーマーケットでのコメの価格は、アメリカ産長粒種を1とすると同中粒種1・5、カリフォルニア産短粒種3、日本産あきたこまち6、新潟コシヒカリ8となっている。

農業界では、タイやベトナムの低級米の価格と比較して、日本米は競争できない、だから高い関税が必要だと主張される。しかし、ベンツのような高級車が軽自動車よりコストも価格も高いのは当然である。大幅な価格差があっても、ベンツはタタ・モーターズに負けない。

2013年、TPP交渉に参加するかどうかが大きな政治的な争点になった際、私は秋田県のコメどころの市に招かれて講演した。質疑応答に移った際、あるコメの生産者が「今農協の組合長がコメの関税が必要だと言った。しかし、私はタイやベトナムにも行っている。これらのコメに負けない自信がある。コメの関税なんかいらないので撤廃してほしい」と述べたのである。私は、コメどころでこのような発言を聞こうとは思わなかった、さらに驚いたのは、彼が発言し終わるや、会場から拍手が沸いたのである。

しかし、ベンツもレクサスなどの競合車の価格は意識しているはずである。日本米はカリフォ

図表8-5　日米の米価の推移

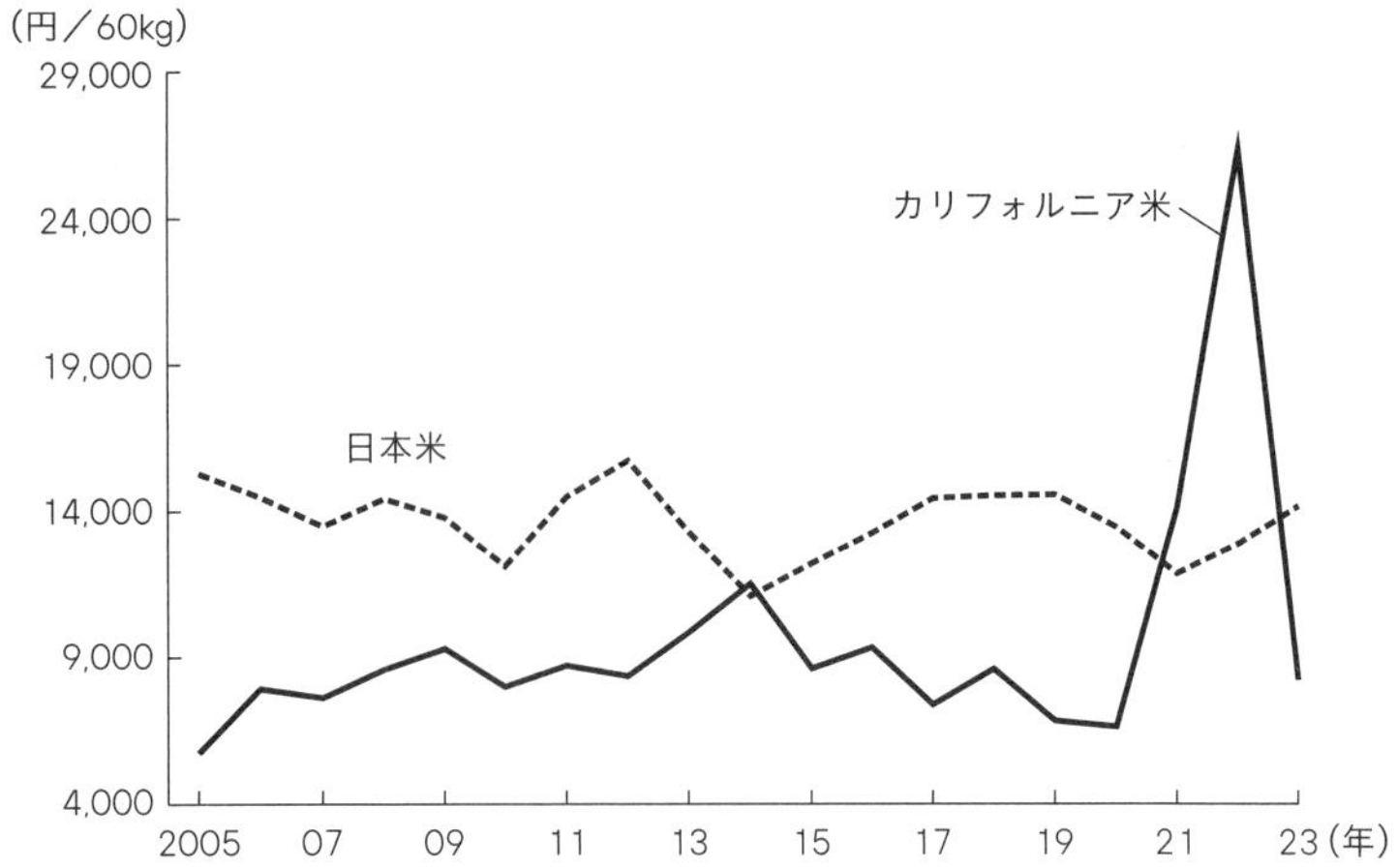

注：日本米・カリフォルニア米ともに消費税を除いた価格を使用。カリフォルニア米については、2023年まではうるち米短粒種を、2023年以降のカリフォルニア米の価格はうるち米中粒種の価格を使用し、2023年の日本の価格は、出回りから2024年5月までの平均価格を使用

出所：日本米については農林水産省「米の相対取引価格・数量、契約・販売状況、民間在庫の推移等」、カリフォルニア米については、農林水産省「輸入米に係るSBSの結果概要」より筆者作成

ルニア米に対する競争力を向上させなければならない。図表8－5は、ミニマム・アクセスで輸入されているカリフォルニア米と日本米の価格の推移である。近年コメの内外価格差は大きく縮小している。このため、図表8－6が示すように、以前は100%消化されていた10万トンのミニマム・アクセスの主食用輸入枠が余るようになった。

日本米と品質的に競合するのは、カリフォルニアで作られる短粒種である。アメリカでは、中粒種と短粒種の合計生産量286万トンのうち、自然条件などのため、短粒種は5・4万トンに過ぎない（2023年）。しかも、乾燥したアメリカでは、コメの食味に影響する水分含有率が低くなる。また、評価を下げる破裂したコメ（〝胴割米〟という）の発生が多く

図表8-6　MAコメ落札割合と日米コメ価格比率の推移

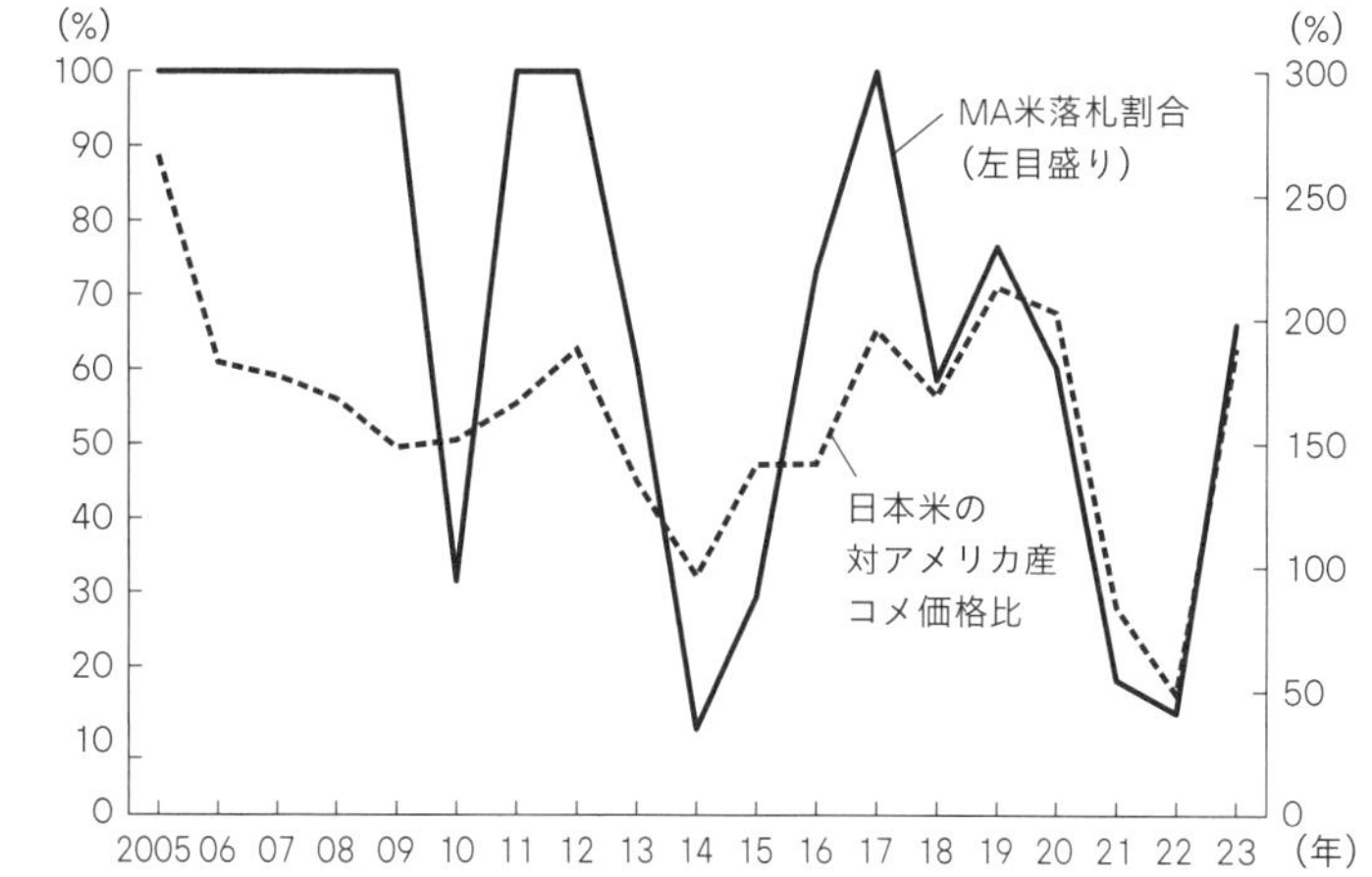

注：2023年度はアメリカ産うるち米短粒種の落札がないため、中粒種の値を使用

出所：MA米落札割合については、農林水産省「輸入米に係るSBSの結果概要」、コメ価格比については農林水産省「米の相対取引価格・数量、契約・販売状況、民間在庫の推移等」と農林水産省「輸入米に係るSBSの結果概要」より筆者作成

なる。

カリフォルニアでは、稀少な土地や水資源を多く使用する点でコメと生産面で競合するアーモンドの作付け・生産が拡大している。同州のアーモンドは世界貿易量の８割程度を占めている。農業生産額に占めるコメの割合は２%未満に対しアーモンドは10%である。コメに比べ、アーモンドの生産面積は４倍、生産額では５・５倍である(２０２１年)。いずれ収益が劣るコメの生産はなくなるかもしれない。

２０１４年度国産米価はカリフォルニア米を下回った。主食用の無税の輸入枠10万トンは１万２０００トンしか輸入されなかった。日本の商社は日本米をカリフォルニアに輸出した。２０２２年も価格は逆転している。

その国産米価は、供給量を減少させると

図表8-7　作付面積の推移（カリフォルニア州）

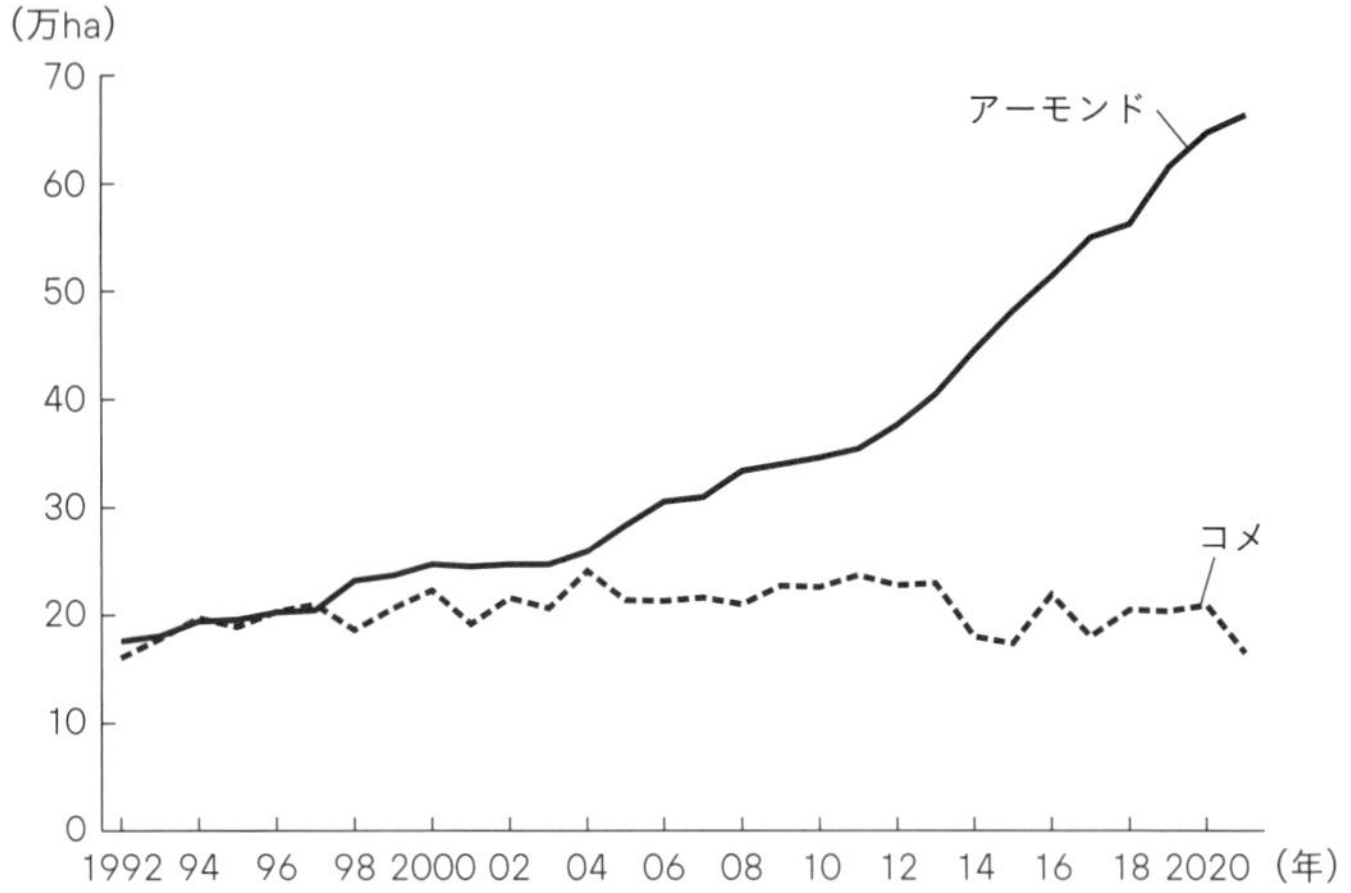

出所：USDA "California Agricultural Production Statistics"により筆者作成

いう減反政策で維持されている価格である。減反を廃止すれば、価格はさらに下がる。カリフォルニア米の価格約9000円（2012～2022年の日本の輸入価格）からすれば、品質面で優位な日本米は1万2000円程度で輸出できる。減反をやめれば、米価は瞬間的に7000円程度に低下するが、商社が7000円で買い付けて1万2000円で売ると儲かるので、国内市場からコメの供給が減少し、国内米価も1万2000円に上昇する。これで、翌年のコメ生産は大きく増加する。

劇的な生産性の向上の可能性

日本のコメ農業にはもう一つ、単収向上の可能性がある。

総消費量が一定の下で単収が増えれば、コメ

図表8-8 カリフォルニア州農業生産額内訳(2021)

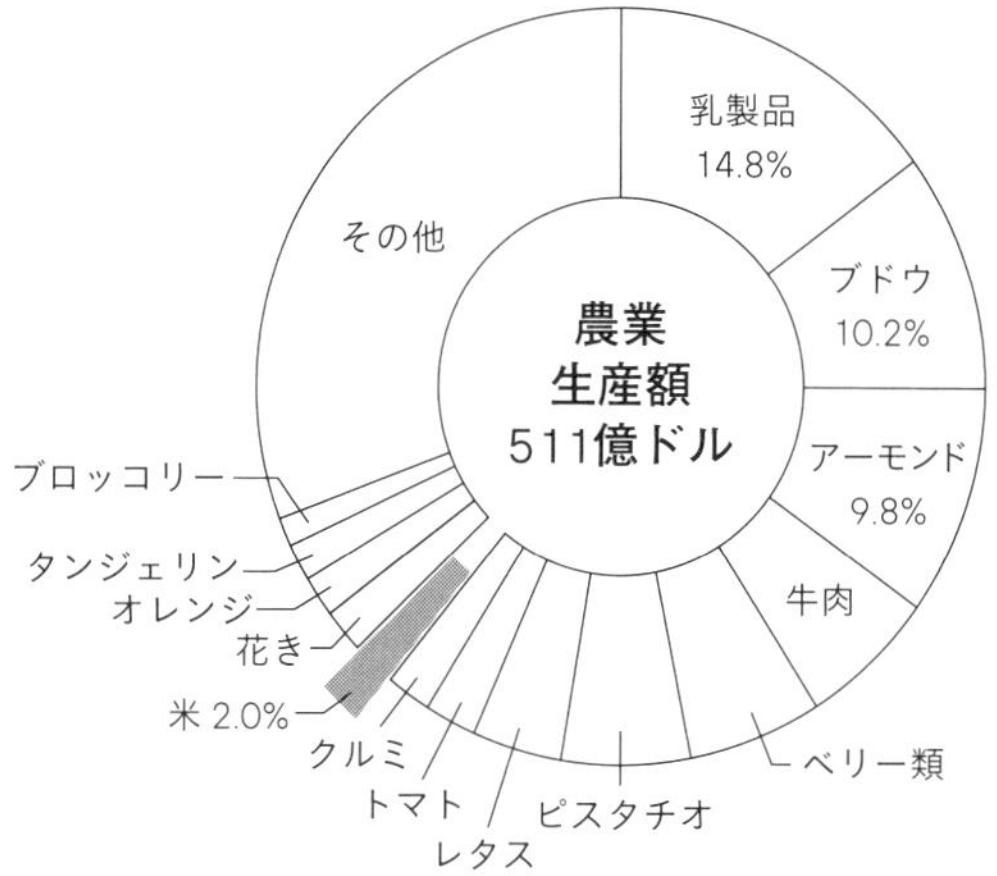

出所：USDA"California Agricultureal Production Statisticsより筆者作成"

生産に必要な水田面積は縮小する。そうなると、減反面積を拡大せざるを得なくなり、農家への減反補助金が増えてしまう。単収向上のための品種改良は、国や都道府県の公的な研究機関ではタブーとなった。品種改良は食味の向上に限定された。10アール当たりの収量は2000年537キログラム、2010年522キログラム、2020年531キログラム、2023年533キログラムで、横ばいかやや減少である。

今では、飛行機で種をまいている粗放的なカリフォルニア米の単収が、一本ずつ田植えをしている日本米の1・6倍になっている。60年前には、日本の半分だった中国にも抜かれてしまった。減反を廃止して、単収をカリフォルニア米並みにすれば、コストは1・6分の1に、4割低下する。

減反を廃止して米価を下げれば、零細な兼業農家はコメ農業をやめて農地を貸し出すように

図表8-9　日中米のコメ単収推移（精米換算）

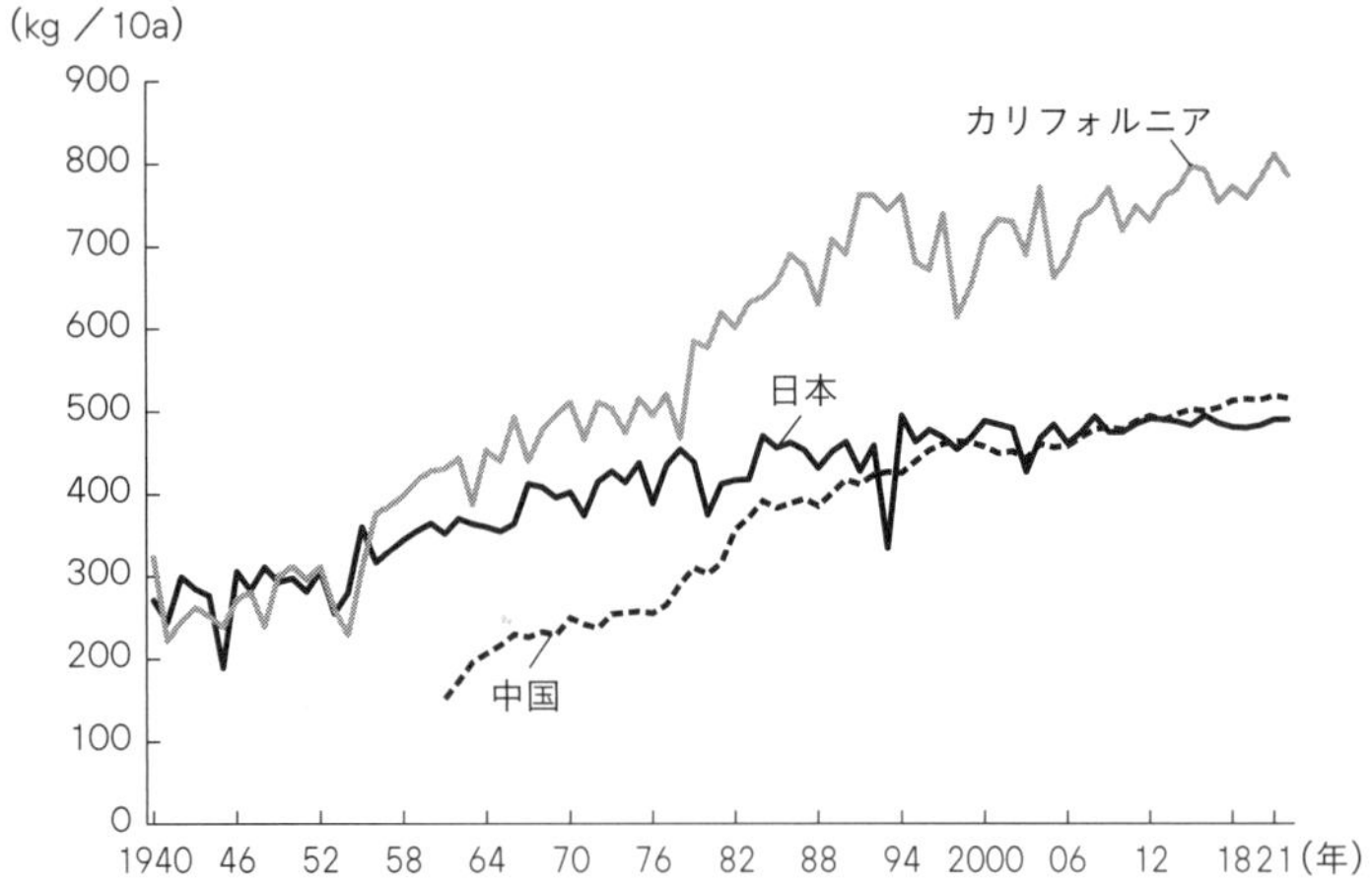

出所：FAOSTAT、USDA、農林水産省「作況調査」より筆者作成

なる。米価の低下で影響を受ける主業農家に限定して、EUが行っている〝直接支払い〟を行えば、その地代負担能力が上がって、農地は主業農家に集積する（図表8－10で左から右への矢印は兼業農家から主業農家への農地の流れを示している）。規模が拡大するだけでなく、零細分散錯圃も解消し、まとまりのある連続した農地で効率的な農業生産が可能となる。直接支払いのための財政負担は1500億円程度で済む。1万2000円の輸出価格なら、今でも規模の大きな主業農家は直接支払いなしでも十分対応できる。

さらに、規模拡大と単収向上の両方の効果で大幅なコストダウンが実現する。たとえば、3～5ヘクタール層が20～30ヘクタール層へ、5～10ヘクタール層が30ヘクタール以上層へそれぞれ規模を拡大すると2割の、カリフォルニア米並みの単収実現で4割の、合計では5割以上

図表8-10　減反廃止と直接支払いによる構造改革

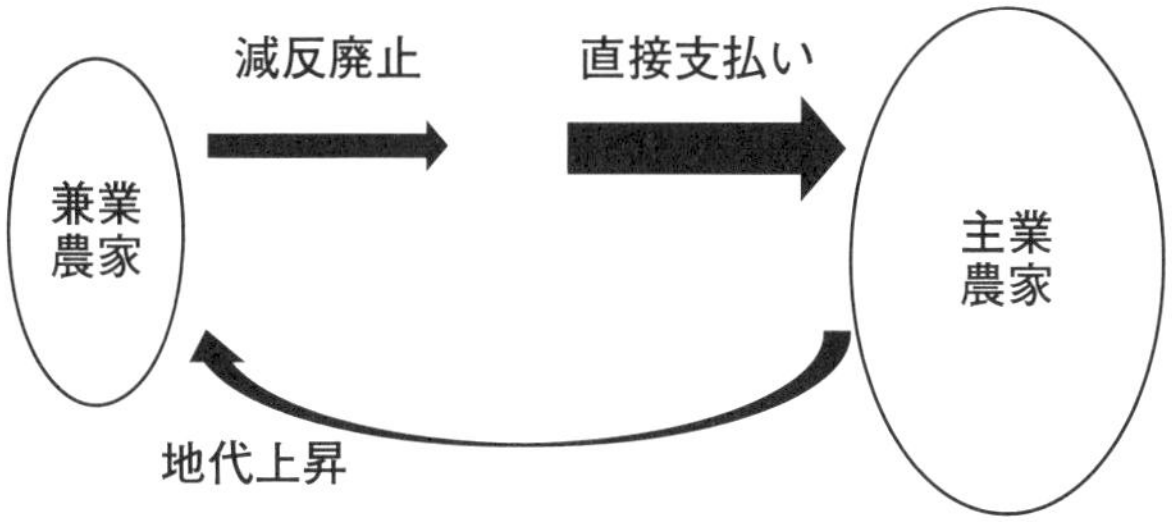

出所：筆者作成

図表8-11　規模別生産費・農業所得（2020年）

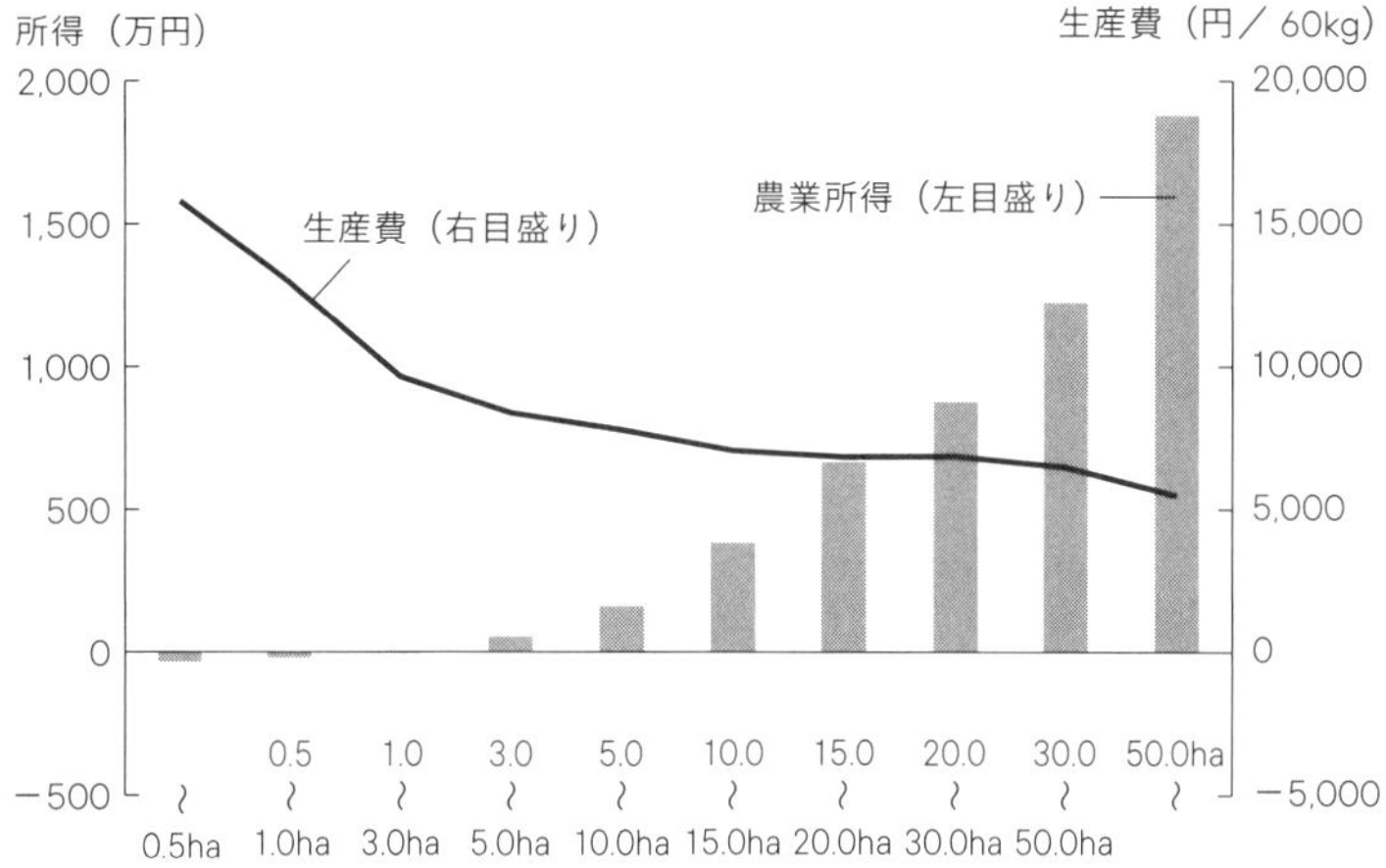

注：生産費は物財費を採用
出所：平成30年農業経営統計調査より作成

図表8-12　減反廃止と輸出

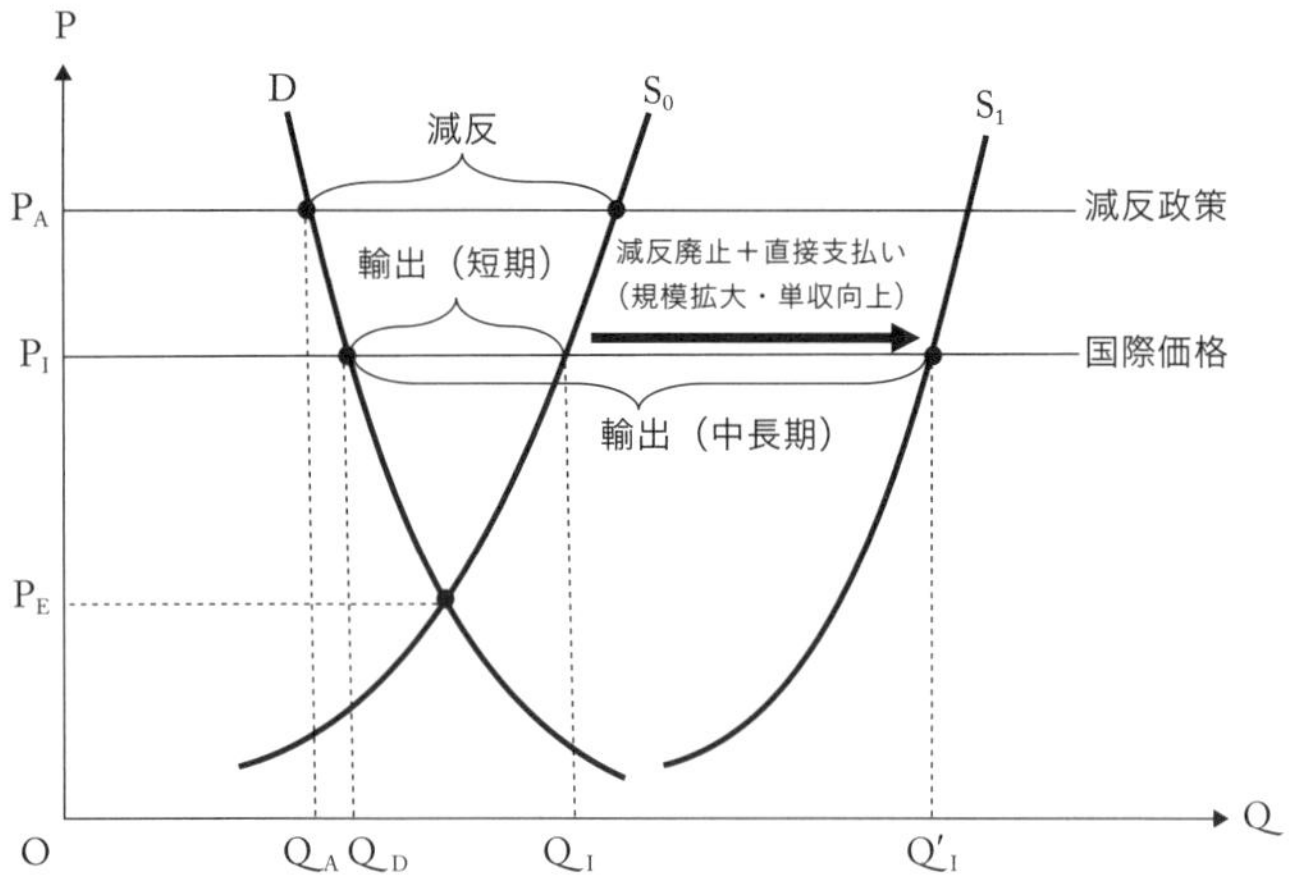

出所：筆者作成

のコストダウンが実現できる。コストダウンが進めば、いずれ、この直接支払いもいらなくなる。日本米の輸出拡大を阻害しているのは高い価格である。品質について国際的にも高い評価を受けている日本のコメが、減反廃止と直接支払いによる生産性向上で価格競争力を持つようになると、世界の市場を開拓し席捲できる。

　以上を図示したのが図表8－12である。減反を廃止することで価格は低下するが、国内価格（P_E）が輸出（国際）価格（P_I）よりも安いと、商社は国内で買い付けて輸出すれば必ず利益が生じる。このため、それぞれの商社が生産者にオファーする価格は国際価格まで上昇する。輸出によって国際価格が最低保証価格（フロア価格）となる。政府の介入がない市場経済では、開放経済（自由貿易）のほうが閉鎖経済の場合よりも米価が高くなるのである。生産者は国際価格を予想して生産し、国内需要を満たした以上の生産量（$Q_D Q_I$）は輸出される。中長期的には、減反廃止と直接支払いによって規模拡大及び単収の増加が実現するので、供給曲線は右方向にシフト（S_0からS_1へ）して輸出量（$Q_D Q'_I$）は増加する。

中国は有望な輸出先市場

輸出先市場として有望なのは中国である。コメの市場規模は日本の25倍である。中国が〝三農問題〟と言われる都市と農村の大幅な所得格差を解決していくにつれ、中国農村部の労働コストは上昇し、農産物価格も上昇する。日本の農産物の価格競争力が増すのである。図表8－13が示すように、中国の穀物価格は上昇している。しかも中国では、ジャポニカ米の消費はほとんどなかったのに、電子炊飯器が日本から普及してから、これに向いているジャポニカ米の消費・生産シェアはこの15年ほどの間に4割まで増えている。

中国国有企業が流通を独占し高額のマージンを徴収しているためであるが、日本では1キログラム当たり500円で買える日本米が、中国では1700円で売られている。高くても日本米を購入する消費者が存在する。ネット販売における1キログラム当たりの価格は、インディカ米3～9元、ジャポニカ米5～10元、中国産あきたこまち13～15元、日本米100元（1元＝17円）である（『農業経営者』2021年8月号、25ページ参照）。

量的にはまだ少ないが、コメ輸出量は順調に伸びている。しかし、現在の輸出方法では飛躍的

図表8-13　中国の穀物生産者価格推移

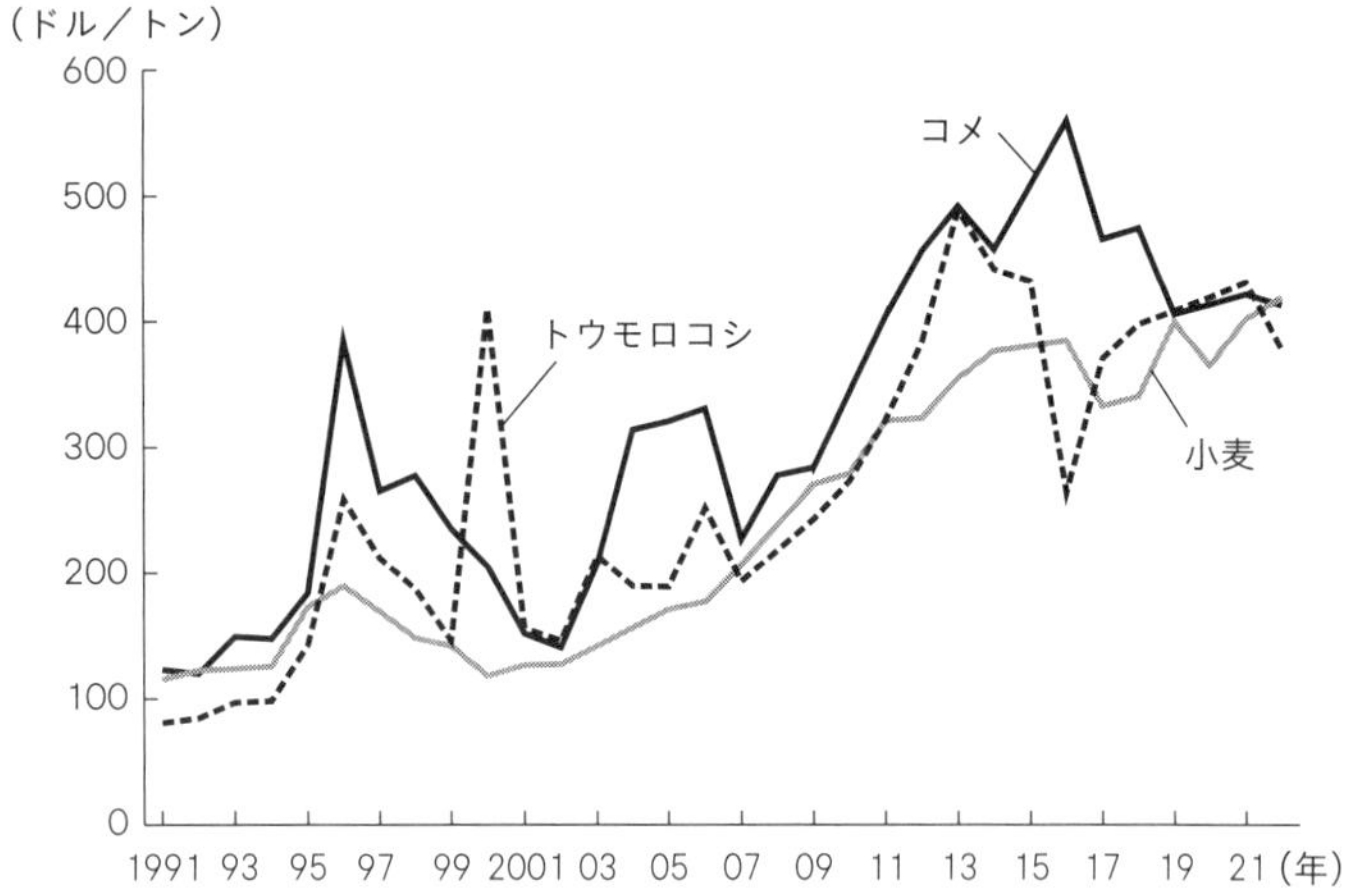

注：小麦に関しては2003、2004、2015、コメについては2015の各年のデータが欠落しているので前後の年の値を結んでいる。
出所：FAOSTATにより筆者作成

な拡大は望めない。

減反政策により主食用の価格を意図的に高く維持する一方、本来主食用と同一の価格では取引されない他の用途向けの価格を安くして需要を作り出し、主食用との価格差を転作（減反）補助金として補填している。コメをコメの転作作物にしているのである。

図表8－15は、コメの用途別価格である。輸出についても減反のためWTO違反の輸出補助金がつけられている。しかし、補助金には限りがあるので、これでは量的な拡大は望めない。しかも、こうして同じ品質のコメに用途別に多くの価格がつけられている「一物多価」の状況が発生するので、2008年の汚染米事件や2013年の三瀧商事事件のように安く仕入れたコメを主食用に転売するという不正が発生する。

アメリカもEUも減反を廃止した。輸出す

図表8-14　コメの輸出数量

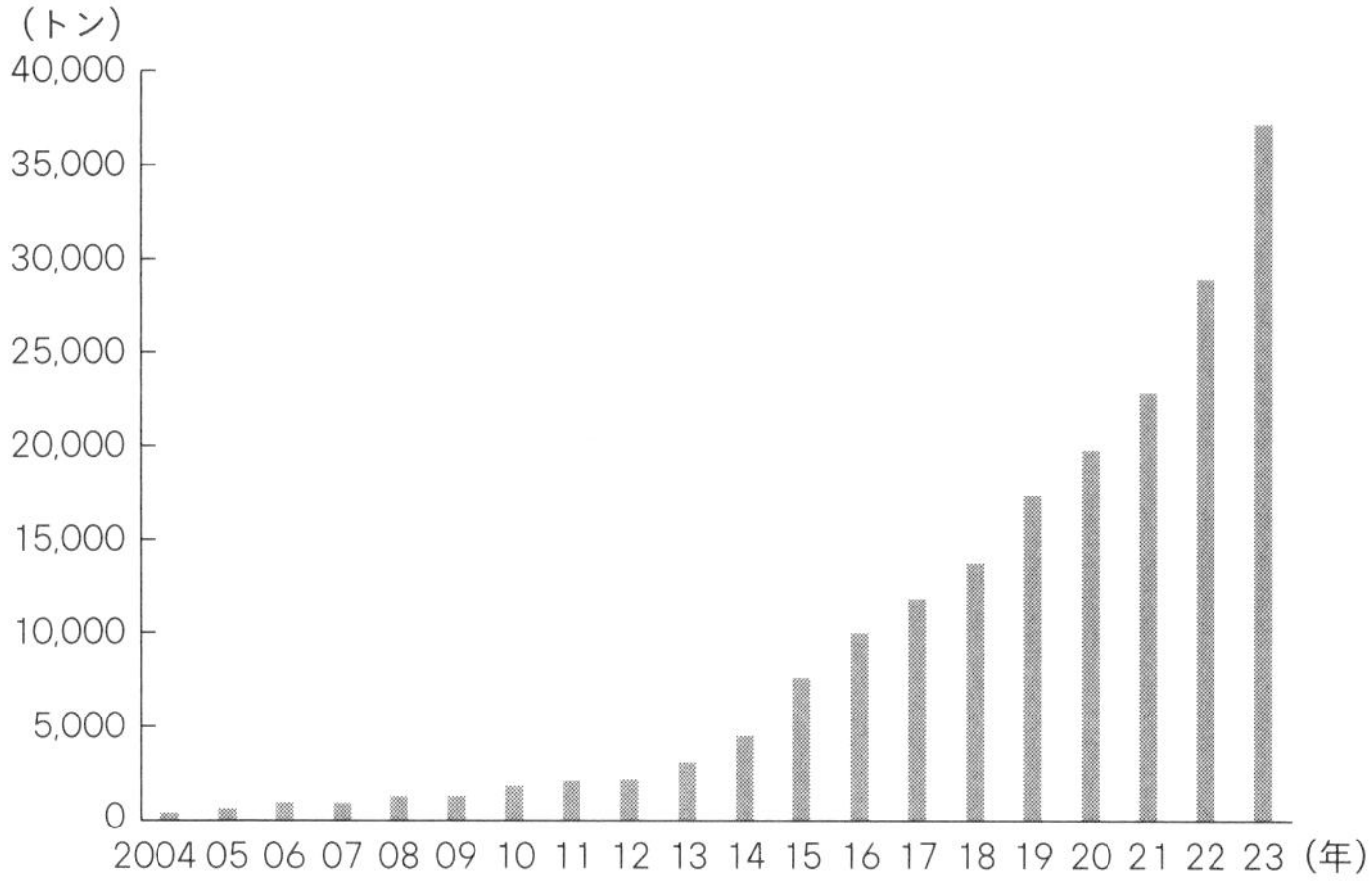

注：政府による食糧援助を除いた商業用輸出に限定
出所：農林水産省「農林水産物輸出入統計」より筆者作成

図表8-15　コメの用途別価格

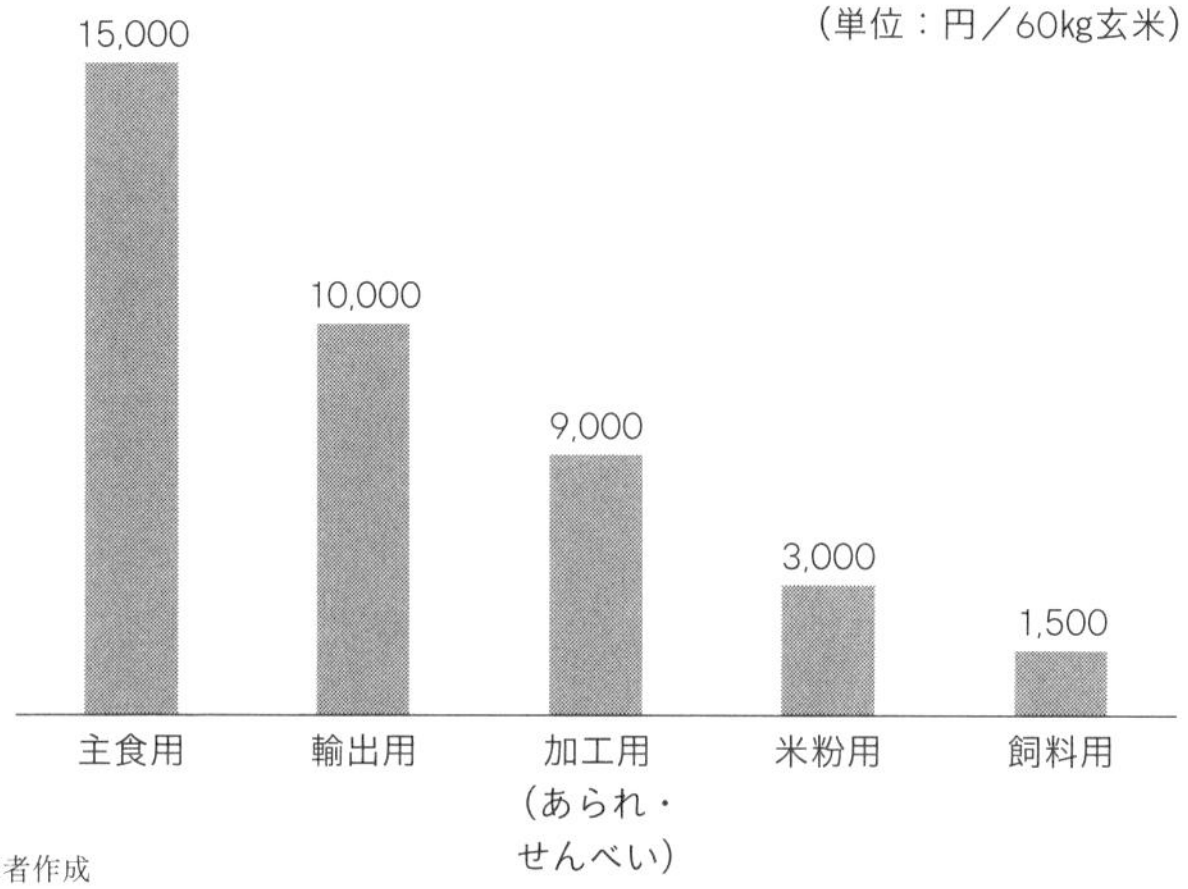

出所：筆者作成

るためにコメを増産する必要があるとすれば、減反は当然、廃止となる。国内市場しか見ない内向きの思考により、競争力強化とは逆方向の高価格維持を推進してきた政策の転換が不可欠である。

輸出促進戦略としての積極的な農産物貿易交渉

これまで農政は防御的な貿易交渉に終始してきた。しかし、輸出を行うためには、相手国の国内価格から関税や輸送コストなどを差し引いた額よりも、自国の国内価格が低いことが必要条件となる。関税がなければ多少価格が高くても輸出できる。したがって、相手国に対して積極的に関税引き下げを求めていくことが重要になる。

さらに、関税引き下げだけではなく、非関税障壁も重要である。その代表的なものは、SPS措置(衛生植物検疫措置)である。中国からはおびただしい量の食品・農産物がわが国へ輸入されているが、わが国から中国に輸出できる農産物はコメ、リンゴ、ナシ、茶(加工品)に限られており、他の野菜、果物、肉類などは輸出が禁止されている。

SPS措置は、特定の国の特定の農産物をターゲットにして輸入制限を行える。台湾の果物について病害虫を理由に輸入禁止にするなど、中国はSPS措置を政治的に利用している。日本のコメについても、中国はカツオブシムシという害虫がいるという検疫上の理由で輸入を禁止した。2007年4月に輸出が解禁されたが、依然として中国が指定した施設で精米・燻蒸が行われるという厳しい検疫条件が要求されており、自由な輸出は認められていない。これはSPS協定違反の疑いのある非関税障壁である。

コメ自体で輸出しなくても、パックご飯の形態で輸出することは可能である。これだと虫がついているというケチはつけられない。また、RCEP（地域的な包括的経済連携）交渉で、中国はパックご飯の関税を撤廃している。

知的財産権の侵害では中国とは多くの問題を抱えているが、農業分野でもコシヒカリなど日本の品種名が中国で商標登録されているので、中国では使用できないという問題がある。2021年、中国がTPP加入を申請した。以上の点を是正しなければ加入を認めない、加入後も是正措置が講じられない場合には中国に対する譲許（中国がTPPから受ける利益）を停止するとすれば、中国のさまざまな行動に修正を迫る大きなチャンスとなる。

3 日本のコメは世界の食料安全保障に貢献できる

途上国への食料援助をめぐる矛盾

途上国の人たちは、支出額の半分程度またはそれ以上を食料費、特に穀物などの農産物に充てている場合が多い。終戦後の日本もそうだった。統計が明らかでない国が多いが、消費支出に占める食料の割合が、わかっている国だけでも、ナイジェリア59％、ミャンマー57％、ケニア56％、バングラデシュ53％（２０２１年、Our World in Dataより）となっている。平均値なので、これらの国には、この割合がもっと高い人もいるということである。この人たちにとって、穀物価格が倍以上になると、パンやコメを買えなくなって飢餓が生じる。

この危機には、二つの対策がある。需要面の対策としては、途上国の経済発展を支援して、彼らの所得を向上させることである。供給面の対策としては、途上国における食料・農産物の供給を増やして価格を下げることである。しかし、これらは長期的な課題や対策であって、目前の食料危機を解決するものではない。

このため、短期的な解決策として、穀物などを直接届けるという食料援助が行われてきた。国際穀物協定による食糧援助規約によるものや、２０２０年のノーベル平和賞を受けた国連世界食糧計画（ＷＦＰ）を通じて行われるものがある。

ただし、援助に向けられるのは、輸出国で過剰となった農産物の処分としての性格が強い。供給が過剰なときは国際価格が低位にあるときであり、不足しているときは価格が高騰しているときである。このため、国際価格が低く途上国が十分に買うことができるときに食料援助は増加し、本当に危機が生じたときに援助量が減少するという問題がある。

同様の例として、穀物の国際価格が上昇した１９９５年から１９９７年にかけてＥＵは、域内の消費者、加工業者に国際価格よりも安価に穀物を供給するため、輸出税（高い国際価格と低い域内価格の差）を課した。ガット・ウルグアイ・ラウンド交渉では輸出補助金により途上国に安価な食料を供給しているというのがＥＵの主張だったが、国際価格が上昇し、途上国にとって食料入手が困難となる局面では、輸出税により域内市場への供給を優先したのである。残念ではあるが、ガットやＷＴＯでは、輸入関税は上限を規律されているものの輸出税に対する規律はない。

輸出国の輸出制限の問題と限界

途上国のために貿易面で考えられるのが、輸出制限に対する規制である。ガット・ウルグアイ・ラウンド交渉で、輸入国である日本は、食料安全保障のためには輸出国が行う輸出制限を規制すべきだと提案し、これをＷＴＯ農業協定第12条として実現させた。交渉に当たった私も、このような規定は輸入国の食料安全保障に有効だと考えていた。また２０２２年のＷＴＯ閣僚会議でも、輸出制限に対する規制が重要であることを確認する声明が出された。

しかし、私自身、世界の農産物貿易や輸出制限を行う国の実情についての理解が進むと、ＷＴＯ農業協定第12条はほとんど役に立たない規定だとわかるようになった。

すでに述べたように、小麦、トウモロコシ、大豆の主要輸出国であるアメリカやカナダ、オーストラリア、ブラジルなどが輸出制限を行うことはない。

２０２２年に輸出制限を行った20カ国以上の国の中で、コメについてのインドやベトナムを除いて、国際貿易に影響を及ぼすような国はない。世界第２位の小麦生産国インドが小麦の輸出制限を行ったことが、世界の食料危機を招くとして報道された。確かに、インドの小麦生産量は１

億トンを超える。しかし、輸出量は2020年93万トン、2022年には大きく増加したが、それでも680万トンに過ぎない。人口が多く国内消費が大きいからだ。また、生産量の水準が大きいため、少しでも豊作になると輸出が大きく増加し、不作になると大きく減少する。不安定な輸出国である。これに対して、世界全体の貿易量は約1億8000万トン、アメリカやオーストラリアの輸出量は、2000万〜3000万トンである。インドが輸出を禁止しても、世界の小麦需給に大きな影響はない。ちなみに、生産量第1位は中国の2億1000万トンであるが、輸出量はわずか2000トンに過ぎない。

次に、輸出制限をする国のほとんどは途上国である。自由な貿易に任せると、小麦は価格が低い国内から高い価格の国際市場に輸出される。そうなれば、国内の供給が減って、国内の価格も国際価格と同じ水準まで上昇してしまう。

従来は輸入国だった場合でも、国内生産があれば輸出される。たとえば、国内生産1000万トン、輸入量300万トンで、1300万トンを消費していた国を考えよう。国際価格が高騰すると、国内生産のうち400万トンが輸出される。価格が高騰するうえ、この国の消費量（＝供給量）は600万トンに減少してしまう。このため、輸入国でも輸出制限を行う可能性がある。

収入のほとんどを食費に支出している貧しい人は、食料価格が2倍、3倍になると食料を買えなくなり、飢餓が発生する。輸出制限を行う国はこれを防ごうとするのである。つまり、輸出制限は自国民の飢餓防止のために防衛的に行っているに過ぎない。このような国に対して、国際社会が、「自国に飢餓が生じてまでも輸出をすべきだ」などとはとても主張できない。

アメリカのような大輸出国が輸出制限をすることはないし、インドのような途上国が輸出制限をしても、国内に飢餓が生じてまで輸出しろとは言えない。輸出制限についての国際規律は、このような限界を持っている。世界の食料安全保障の解決のためには、途上国における貧困の解決、食料生産の拡大がより重要なのだ。

不安定なコメ貿易で日本だけに可能な貢献とは?

しかし、穀物の中でコメだけは例外である。コメの三大輸出国は、インド、ベトナム、タイである。先進国ではない。2008年に穀物価格が高騰したとき、所得の比較的高いタイ以外のインド、ベトナムは輸出制限を行った。

しかも、小麦などと異なり、コメの場合は、生産に占める輸出の割合がきわめて低い。小麦23%、大豆45%に対し、コメは7%に過ぎない薄い市場(a thin market)である。輸出量としても、小麦1・8億トンに対し5500万トンと3分の1に過ぎない。そこで三大輸出国のうち、一人当たりの所得が低いインド(2207万トン輸出、世界全体の輸出量に占めるシェアは40%)やベトナム(544万トン輸出、同10%)が輸出を制限すると、世界の貿易量が半減し、価格が大幅に上昇する(数値は2022年)。

これらの国でも生産に占める輸出の割合がきわめて低いので、生産が少し減少しただけで輸出は大きく減少する。インドの場合、消費量が変わらないとすれば、生産が11%減少しただけで輸

図表8-16　コメ・大豆・小麦・トウモロコシの輸出量上位5カ国のシェア（2022）

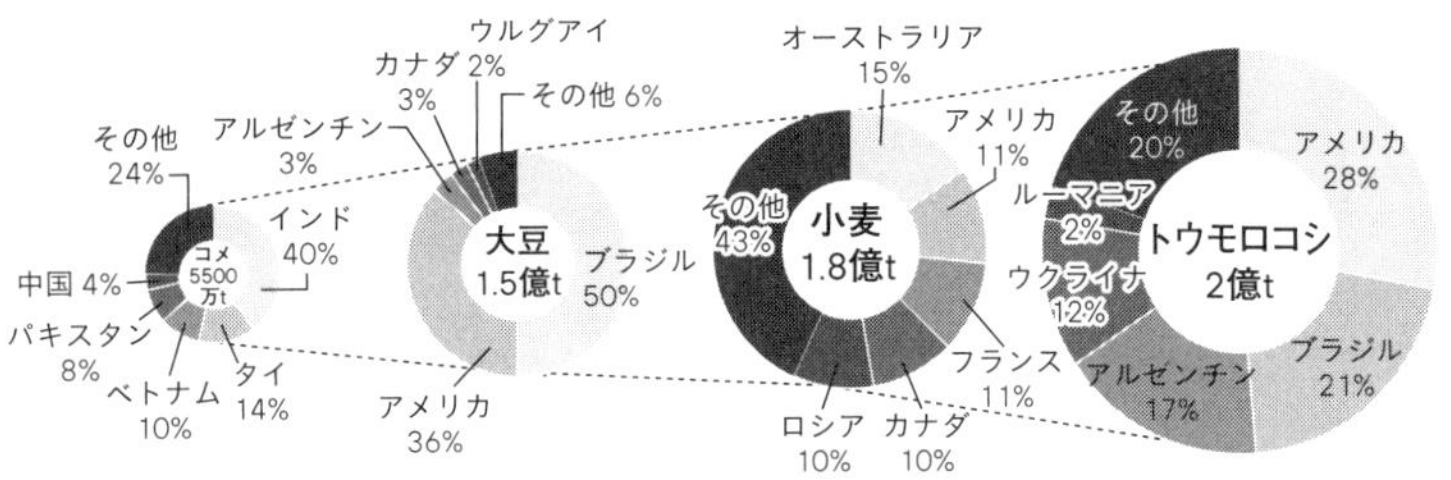

出所：FAOSTATより筆者作成

出量は１００％減少する。コメの貿易はきわめて不安定である。

さらに、コメの場合、輸入国も途上国が多いという事情がある。２００８年のインド、ベトナムの輸出制限により、コメの輸入国であるフィリピンなどは大きな被害を受けた。もちろん、インド、ベトナムという所得水準が低い途上国は自己防衛的に輸出制限を行っているので、フィリピンのために輸出制限をやめろとは言えない。

つまり、穀物の中でコメの貿易は、世界の食料安全保障の観点から大きな問題を抱えているのである。

しかし、Ｇ７（主要７カ国）の中で、この問題の解決に貢献できる唯一の国がある。それは、わが日本である。国内市場しか見てこなかった日本は50年以上も減反政策でコメの生産を減少させてきた。しかし、潜在的な生産力は１７００万トンある。減反をやめ、７００万トンを国内で消費し、１０００万トンを輸出してはどうだろうか。政府は農産物の輸出振興を行っているが、最も有望な輸出品目は日本のおいしいコメである。

これによって、世界のコメの貿易量は２割上昇して６５００万トンになる。タイやベトナムも５００万～６００万トン程度の輸出しか行っていない。日本はインドに次ぐ世界第２位のコメ輸出国にな

図表8-17　コメ・小麦・大豆の全世界生産量に占める輸出量の割合の推移

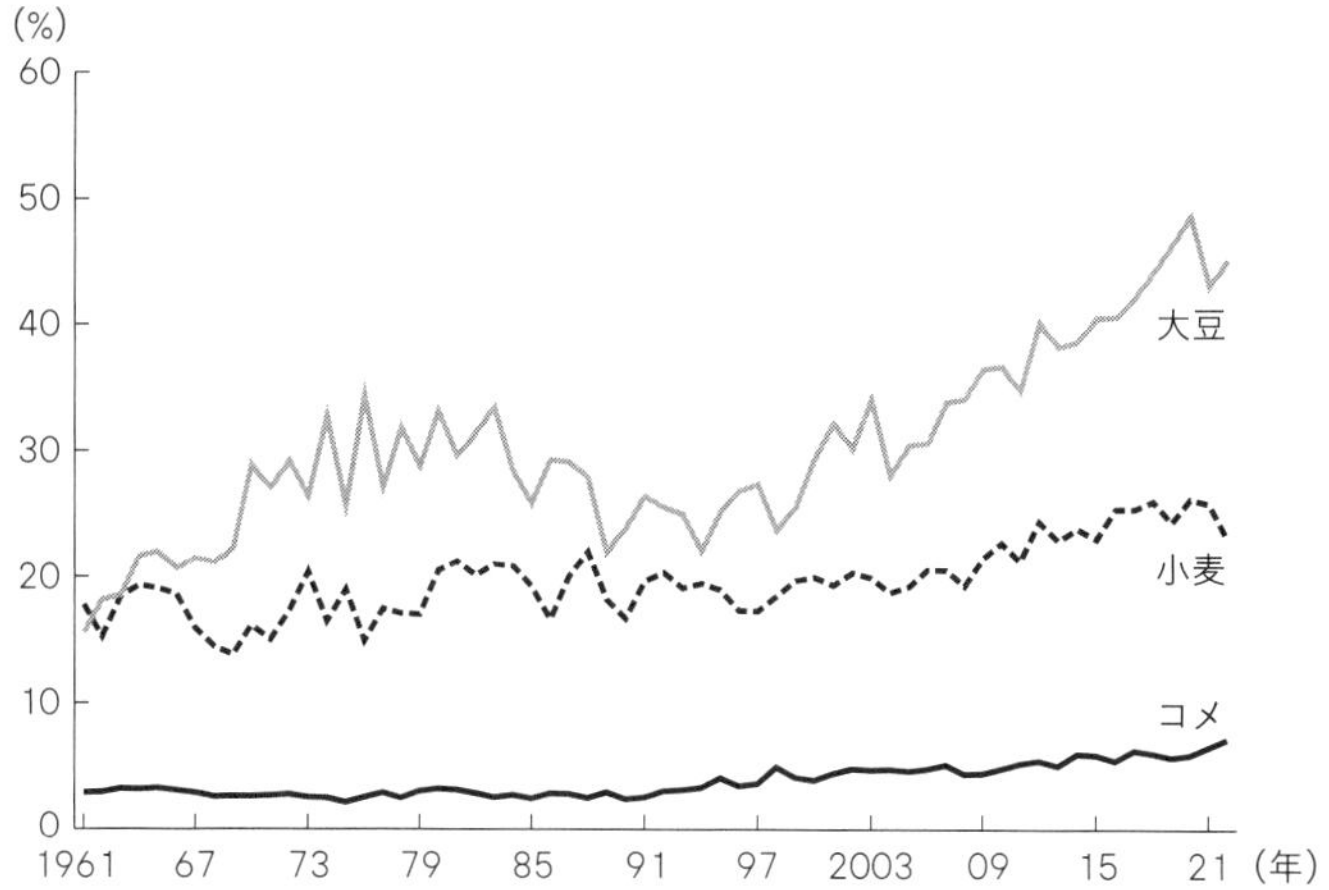

出所：FAOSTATより筆者作成

図表8-18　コメ輸出量・生産量(2022年)

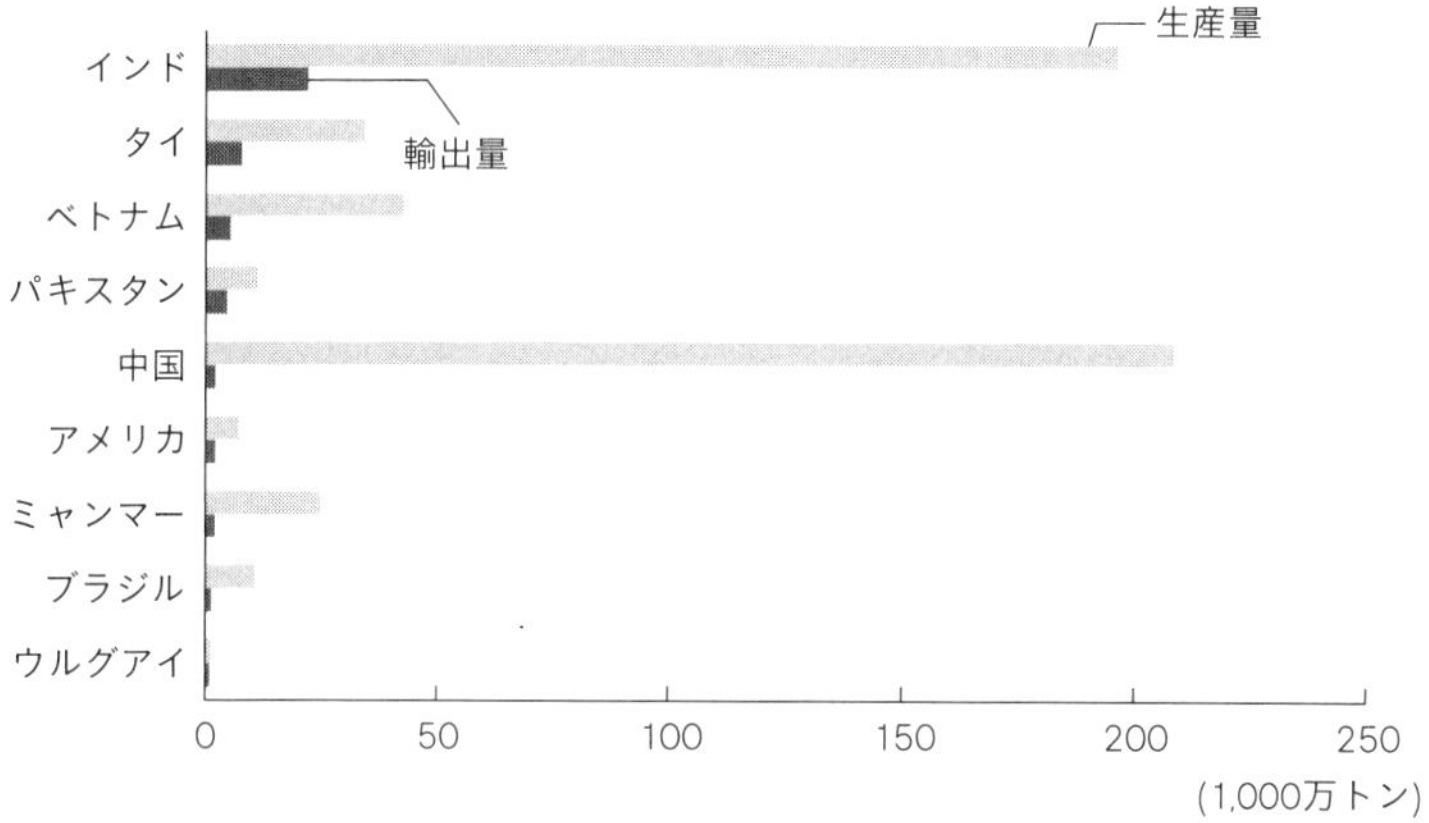

出所：FAOSTATより筆者作成

る。しかも、生産量の6割を輸出していれば、生産が減少したとしても、輸出量はインドのように減少しない。10％の生産減少で17％の輸出減少である。日本は途上国から信頼される安定的な輸出国となる。

日本のコメが所得の高いアメリカ、中国やタイなどに輸出されても、これらの国から品質的には日本米に劣るコメがアフリカなどの途上国に同量輸出されれば、世界の食料安全保障は向上する。世界全体の供給量が増加すれば、コメの国際価格も低下する。これは、穀物貿易の中で食料安全保障の観点からは最も弱い（vulnerable）部分であるコメ貿易に対して、瑞穂の国、日本が行う貴重な貢献ではないだろうか？

日本にとってシーレーンが破壊されるという物理的なアクセスが困難となる事態には、輸出もできない。この時、平時に輸出していた1000万トンを国内に回せば、1億2400万人の同胞の飢餓を回避できる。これは財政負担のかからない無償の備蓄の役割を果たす。そればかりではない。収益の高い主業農家に農地を集積しコメの生産を拡大していけば、耕作放棄を防止し、食料危機の際に必要となる農地資源を維持・確保することができる。世界の食料安全保障への貢献が、日本の食料安全保障につながる。「情けは人のためならず」である。

4 ソフトパワーによる食料安全保障

日本が作ったAPTERRの普及

食料危機に対処する方法は、備蓄と食料増産である。

日本は2002年、ラオスで開催されたASEAN（東南アジア諸国連合）諸国と日中韓3カ国の農相会議で、東アジア地域における自然災害などの緊急事態に対処するためのコメ備蓄制度を提案した。私もこの会議に参加した。以降、試行期間を経て、ASEAN諸国と日中韓3カ国によるコメ備蓄制度（APTERR）が2012年から実施され、これまでも危機時にはフィリピンやカンボジアなどに米を支援している。

これは日本のイニシアティブによって実現した、地域の国家間の食料安全保障システムである。このアイデアと仕組みを、食料安全保障が問題となる地域に提案できないだろうか？　たとえば、アフリカには、イギリスとEU（旧宗主国）にアメリカを加えた小麦の備蓄制度を作るなどである。

これも、世界の食料安全保障に対する日本の大きな貢献となるだろう。また、わが国がアジア太平洋地域の安定に地道な努力を行ってきたことをアピールできる良い機会ではないだろうか。

コメ輸出が日本の経済安全保障を確保する

経済安全保障の概念は大きく「戦略的自律性」と「戦略的不可欠性」に分類される。「戦略的自律性」とは、国民生活や社会経済活動の維持に不可欠な基盤を強靭化することにより、いかなる状況下でも他国に過度に依存せず、正常な国民生活と経済運営という安全保障の目的を実現することだとされる。また「戦略的不可欠性」とは、国際社会全体の産業構造の中で、自国の存在が国際社会にとって不可欠な分野を戦略的に拡大することであり、自国の長期的かつ持続的な繁栄および国家安全保障を確保することであるとされる。

日本が、コメの輸出やAPTERRで世界の食料安全保障に貢献していることを示せば、「戦略的不可欠性」を実現できる。日本に対する攻撃は世界中、とりわけグローバルサウスからの批判を受けることになる。ソフトパワーによる安全保障である。

戦略的自律性については、次の第9章で述べる。

第 9 章

日本に必要な
食料安全保障戦略
とは?

1 危機対応に必要なことは何か

海上封鎖に脆弱な日本

農林水産省は凶作や港湾ストライキなどを原因とした食料危機を指摘するが、これらでわが国が食料危機に陥ることはない。同省は、このようなことで国民を煽ることはやめるべきである。わが国で食料危機が起きるとすれば、日本周辺のシーレーンが破壊され輸入が途絶する事態である。これは台湾有事の場合に限らない。海に囲まれている日本は海上封鎖に脆弱性を抱えている。最悪の事態は、日本の本土が戦争状態になることである。

戦中・戦後を通じて、人口7200万人、コメ生産850万～1000万トン、農地面積600万ヘクタールでも輸入途絶で飢餓が生じた。コメ消費量の約2割を依存していた輸入の途絶が日本を敗北させ、これに1945年産米の大不作が加わって終戦直後の食糧難は起きた。1945年産米は農林省の統計では587万トンとなっているが、統計が杜撰だったため、実際には当時から700万トン以上はあるのではないかと言われていた。それでも毎日餓死者が出るほどの飢餓が生じた。

今は、人口は1億2400万人もいるのに、当時の平均をはるかに下回るコメ生産（717万トン〔2023年産米〕）と農地（427万ヘクタール）しかない。備蓄量は、コメ、食用小麦、飼料穀物（トウモロコシなど）、それぞれ100万トン程度に過ぎない。戦前はほぼカロリーを自給していた（カロリー供給の大半を供給していたコメは8割を自給）のに、今のカロリー食料自給率は4割を切っている。シーレーンが破壊されれば、戦後の日本を救ったアメリカからの援助は日本に届かない。

輸入途絶で何が起こるのか

輸入が途絶すると、終戦直後のコメ主体の食生活に戻る。しかし、必要なカロリーの半分くらいしか賄えなかった戦後の配給を実施するだけでも、コメ（玄米）は1600万トン必要である。ところが、減反政策によって、備蓄などを入れてもその半分の800万トン程度しかコメの国内供給量がない。

この状態で輸入が途絶すると、その時点で国内に存在する食料（国内生産および輸入）を消費するしかない。配給制度を導入しても半年後には大多数の国民が餓死するおそれがある。次の生産を待つとしても、仮に危機が6月に生じた場合、コメの作付けは終了しているので次の次の出来秋まで、つまり1年4カ月後までコメの収穫を待つしかない。しかも、石油などの生産資材の輸入も途絶するので、収穫量は大幅に減少する。

危機を軽減するためには、最低限の対策として減反を廃止して国内生産を最大にするとともに、穀物や大豆を輸入して備蓄しておくしかない。危機が起きてから減反を廃止してもコメを収穫するまで1年（以上）待たなければならない。危機が起きる前に、またいつ危機が起きるかわからないので、今すぐ減反を廃止しなければならない。

輸入が途絶するときは、輸入飼料に依存している畜産も壊滅的な打撃を受ける。家畜を処分すれば、しばらくは食肉を食べることにより飢えをしのぐことができるが、大量の食肉を保存するための倉庫およびエネルギーを確保しておかなければならない。

なお、シーレーンが破壊されるときには輸入のための物流が絶たれるので、平時において、輸入先を多角化したり、輸出国との友好関係に努めたりしても効果はない。途上国で農地を確保すべきではないかという主張があるが、穀物価格が高騰して輸出制限が行われれば、生産物を日本に輸出できないし、シーレーンが破壊されるときも同様である。

輸入途絶がさらに(1年以上)続くような場合は、国内生産や食料(穀物)備蓄で対応するしかない。しかし、食料だけでなくエネルギー(特に石油)の輸入にも支障が生じる。石油がなければ、農業機械が動かないばかりか、肥料(原料のリンやカリウムも輸入途絶)や農薬も生産できなくなり、生産性(単収)は大幅に減少する。輸入が途絶すると、重要物資の各産業や消費への割り当てを行う必要が出てくるかもしれない。戦前の企画院や戦後の経済安定本部のような組織の創設を検討しておく必要がある。

危機時には現在の石油依存の農業生産技術は使用できない。化学肥料はあったが、農業機械や農薬はなかった戦前・戦後の農業の状態に戻る。

ただし、生産資材・要素の輸入が途絶しても、しばらくの間は飼料備蓄によって維持される畜産から出る糞尿などを堆肥化すれば、ある程度は化学肥料を代替できる。また、石油備蓄によってしばらくの間は単収を維持できる。輸入穀物だけでなく、生産資材についても備蓄が必要となる。

危機がさらに長期化・深刻化して、機械、肥料、農薬が使えなくなれば、それらの生産要素を労働で代替せざるを得ない。（100年ほど前の）労働集約型の農業に転換しなければならなくなる。田植えは機械ではなく手植えになる。雑草も手で抜くしかない。しかし、終戦時1800万人いた農業従事者は271万人（2020年）に減少しているうえ、農業が機械化してしまったために、労働集約型の農業技術はほぼ消滅している。今の農業者も機械や化学肥料が使えない農業では素人である。271万人いても役に立たない。単収は激減する。農地面積当たりの農業生産能力は終戦直後の状況さえも維持できない可能性が高い。

国民は、食料生産に不可欠な農地面積を喪失した。半分は転用、半分は耕作放棄である。農業界は株式会社が農地を取得するといずれ転用して大きな利益を上げると主張するが、農地を転用したのは農家自身である。転用して減少した農地の一部を回復するため、納税者の負担で諫早湾干拓などの農地造成が行われた。農林水産省は、農地改革という革命的な政策を実施しながら、農地を真剣に守ろうとしなかった。

1961年に比べると、世界の農地面積は、6％程度とわずかながら増加している。ブラジルと中国の増加は1・5倍を超えている。アメリカもフランスも農地面積は減少しているが、それぞれ9％、17％の減少である。ところが、日本は30％も減少している。フランスは農地面積の減少を単収の増加で補っているのに、日本は単収も増やさなかった。

図表9-1　耕地利用率の推移

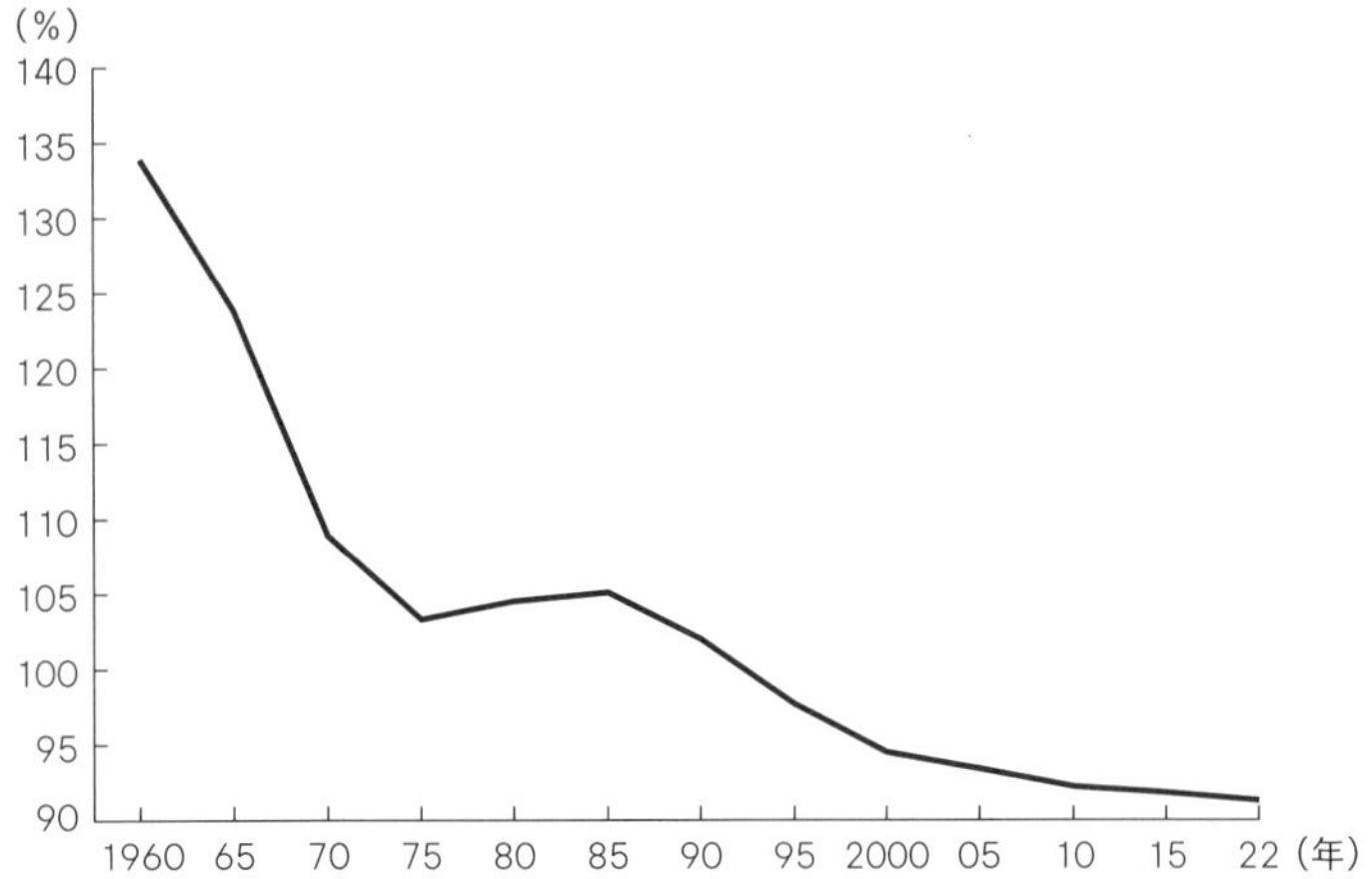

出所：農林水産省「作物統計調査」より筆者作成

終戦時の人口と農地は7200万人、600万ヘクタールだった。終戦時の農業技術を現在も活用できるとしても、1億2400万人の人口を養うためには、単純計算で1030万ヘクタールの農地が必要となる。現在の農地面積427万ヘクタールに九州と四国の合計面積に相当する600万ヘクタールもの農地を追加する必要がある。

それだけではない。1960年頃まで、二毛作で裏作の麦があったため、麦類の国内生産は400万トンもあったが、現在は100万トン程度しかない。1960年の耕地利用率は135％程度だった。しかし、コメ農家の兼業化によって田植え時期が6月から5月に変更されたため裏作の麦が消滅し、さらには減反で利用されない水田が増加して、現在の耕地利用率は91％まで低下している。実質的には現在の日本の農地427万ヘクタールは耕地利用率を考慮すると、戦後の農地の290万ヘクタール相当しかない。前述の

1030万ヘクタールは二毛作を前提とした数値である。兼業農家主体から主業農家主体の米作に転換し、二毛作を復活させなければならない。

「国民皆農」・配給制の復活

重要なのは農業生産だけではない。エネルギーがなければ、食料のサプライチェーン全体が機能しなくなる。加工・流通についても、エネルギーの確保が必要となる。

シーレーン破壊などの危機が長引けば、輸入に依存しているエネルギーや生産資材の確保が困難となるので、食料危機はますます深刻化する。これを避けるためには、大量の穀物や大豆を海外から輸入して備蓄しておくしかない。その備蓄量を決定するためにも、農地の拡充、備蓄している石油の農業生産への優先的配分などによって、どれだけ危機発生時以降の国内生産の減少を食い止めることができるか、あるいは生産を拡大できるかの検討が必要となる。

終戦時には上野不忍の池を水田にしてコメを作り、小学校の運動場をイモ畑にした。多くの農地の創設は期待できないが、20万ヘクタールあるゴルフ場などを農地に転用するために強制的に土地収用を行わざるを得ない。収用などを行っても、土壌改良が必要となるので、直ちに転換することは容易ではない。

これらを円滑に実施するためには、平時からの周知徹底が必要となる。また、労働集約的な農業とならざるを得ないため、国民を農業生産に動員する必要があるし、その前に危機に備えて国民皆農のための教育を実施する必要がある。〝食育〟の前に〝農育〟が必要である。

アメリカのように国内で十分な食料を生産できる国であれば、配給統制は必要ない。市場経済に任せ、貧しい人にはフードスタンプという食料購入券を交付するだけでよい。しかし、危機の際に十分な食料を供給できない日本では、特別の対応が必要となる。

国民の生存に必要な食料が確保されていることが前提であるが、豊かな人にも乏しい人にも食料を平等に供給するためには、政府は供出によって農家から食料を調達するとともに、国民に配給しなければならない。特に、消費者への配給の仕組みの構築には時間がかかる。第二次世界大戦でイギリスが行ったように、事前に配給通帳を準備しておかなければならない。また、政府―卸売業者―小売業者―消費者が一対一で結び付くように準備する必要がある。消費者は決められた小売業者からのみ、小売業者は決められた卸売業者からのみ、食料の配給を受けるようにするのである。

以上は一朝一夕には整備できない。これを実施するための（食料）有事法制が必要である。

2 戦後と現在――危機対応の比較

終戦後の危機の状況と、今輸入が途絶した場合に考えられる食料危機の状況を比較検討しよう。

1　全般的な状況

○終戦時は戦争が終わり、これ以上の食料供給へのダメージはない状態だった。これに対し、台湾有事などでシーレーンが破壊される場合は、経済全体や食料・エネルギー供給への追加的なダメージを覚悟しなければならない。しかも危機がどの程度続くのか、予想できない。

○終戦時は、工業生産が戦前の1割の水準まで落ち込むなど、戦争中に受けた大きなダメージがある状態からの復興だった。肥料などの農業生産資材の供給も減少していた。これに対して、現状は豊かな状態から危機を迎えることになる。為政者が賢明であれば、経済が豊かなうちに危機に備えて、食料・エネルギーの備蓄、種子や肥料、農薬、石油など農業生産資材の確保、農地資源の拡充、最大限の食料生産の確保などを行うことができる。しかし、農林水産省が十分な対策を講じることは期待できない。何より必要となる減反を同省は廃止しない。

○戦時中の社会は、国家権力や強い道徳的な規範によって統制されていた。終戦になって、国民の政府に対する信頼は低下したが、日本にやってきたＧＨＱは政府の上に立つ権力として、ジープ供出などを実施したり、国会に代わり政府にポツダム政令を発出させたりした。これに対して、現在は、終戦時のような強い権力が存在しないばかりか、集落にもかつてのような集団による統率力は期待できない。食料が簡単に手に入る現在でも、コメ・野菜や果物を盗む事例が頻発している。

○第二次世界大戦では、太平洋地域に日本の同盟国はなかった。日本はこの地域で孤立状態にあった。敗戦間際には、切羽詰まって、後に侵攻してくるソ連に連合国との仲介を求める有り様だった。現在は、アメリカ、カナダやオーストラリアなど、穀物の輸出国でもある国が太平洋地域にあり、これらはわが国の同盟国、友好国である。シーレーンが破壊されると、これらの国からの海上輸送は途絶するが、なんらかの支援や打開策を協議することは可能だろう。

2 農業生産の状況

○輸入が途絶すると、石油などのエネルギーや化学肥料・農薬が使えなくなる。戦前・戦中の農業に戻らざるを得ない。さらに、現在は石炭産業が消滅しているので、化学肥料の硫安を生産できない。終戦直後と戦前・戦中の農業は連続しているので、化学肥料の供給は減少しても、農家はいつものように耕作していればよかった。しかし、機械や化学肥料などに依存している農業から戦前・戦中の農業に転換することは容易ではない。資本集約型農業から労働集約型農業へ、化学肥料依存型から自然肥料依存型へ、農法を転換しなければならない。技術体系が異なるのである。自動車メーカーに１９５０年代の工場で自動車を造れというようなものである。

○現在の規模の小さい農家がこれに対応できるかというと、そうではない。彼らも機械や化学肥料に依存という点では、大規模農家と同じだからである。労働集約型で自然肥料依存型の農業に転換するためには、多くの国民にこれに対応した技術や堆肥の生産方法を身につけてもらわなければならない。

3 農業技術の活用

○戦中・戦後に比べて有利な点は、進歩した農業技術を活用できることである。生産量は、農地面積に単収をかけたものである。農業技術が貢献できるとすれば、単収を向上させることである。残念ながら、減反という歪んだ農業政策により、単収を向上させる品種改良は行われなかった。これから精力的に増収の品種改良に努める必要がある。特に、輸入途絶という危機の際には、石油や肥料・農薬などの生産要素・資源が制約されるので、少ない生産要素などからより多くの生産を行う（"produce more with less"）必要性が高まる。

○第一に、限られた期間で成果を上げるとすれば、ゲノム編集技術を活用する必要がある。遺伝子組み換えとは異なり、ゲノム編集であれば他の生物の遺伝子を組み入れる必要はない。消費者団体の反対も少ないだろう。なお、現在の消費者団体は豊かな人の集まりとなっているため、食の安全性への意識が高く、安全性が認められた遺伝子組み換え食品についても過剰とも思えるほどの表示規制を要求する。しかし、生命を維持するための最低限のカロリーの確保も困難となり食べなければ死ぬという「カロリー一本の考えに集中」（東畑精一）しなければならない事態では、遺伝子組み換え食品でも食べざるを得ない。すでに、遺伝子組み換え大豆を輸入して作られた大豆油をわれわれは大量に摂取している。遺伝子組み換えに抵抗があるにしてもゲノム編集を活用した品種改良を積極的に推進すべきである。

○第二に、石油、化学肥料・農薬など輸入に依存している生産要素の使用を節約するためには、国内の生物資源を活用できるバイオ殺虫剤・除草剤やバイオスティミュラントなどの研究・開発・応用に取り組む必要がある。

○最後に、利用可能な資源・生産要素が限定されている状況の中で、それを最大限有効に活用するための人工知能（AI）の活用である。温度、湿度、日照量、風量などの気象条件、粘土質、砂質など土壌の物理的特性、水分や有機質の含有量や肥料などの土壌成分、土中の生物、傾斜や区画の大小などの農地の形状、病害虫の発生など、農業はさまざまな生態系や自然条件によって左右される。また、これらの多様な自然条件に適応する作物や品種も一様ではない。しかも、農業の生産物は人間が直接作り出すのではなく、動物や植物という生物体に人間が働きかけることによって実現される。工業に比べ、さまざまな外的条件に影響される農業生産ははるかに複雑なプロセスを経る。

このように複雑だからこそAI技術の農業への応用可能性は高い。農業へのAIの応用は、当初農林水産省によって熟練した野菜や果物農家の匠の技の継承という矮小化・限定されたものとして紹介されてきた。しかし、AIは、いつどこにどれだけ肥料や農薬を散布するのか、いつ収穫・販売するのかなどについて、農業コンサルタントに代わって正確な技術・経営指導を行うことが期待されるものである。

○そのためには、衛星による土壌水分などの情報、ドローンによる植物の生育情報、農業機械に設置されたセンサーによる土壌の肥料含有量、気象情報、土壌の成分・性質などの情報など、多種多様な情報をビッグデータとして集積する必要がある。それを踏まえることで、個々の農家の経営状況に照らしてＡＩは適切なアドバイスを行うことができる。また、肥料や農薬など危機時に稀少となる農業資源を節約することにもつながる。

○なお、現在農林水産省が推進しているスマート農業は、機械利用を前提とするかぎり危機時には役に立たない。石油がなければ機械も利用できないからである。トラクターが動かない以上、その無人走行の技術は宝の持ち腐れとなる。

4　畜産の存在

○これは現在が有利な点である。戦前は、畜産の規模は小さかった。畜産が現在のように拡大したのは、1961年の農業基本法以降と言ってよい。現在は、多数の家畜がいる。それを処分して肉を保管していれば、しばらくは飢餓をしのげる。ただし、これを冷凍・保管しておくためのエネルギーが必要となる。

○他方で、戦前は農耕のために1〜2頭の牛馬を農家は飼育していた。この糞尿は堆肥として活用できた。しかし、今は農耕の家畜は機械で代用されているので、コメなどの耕種農家は牛馬を飼育していない。食肉処理しない家畜の糞尿を堆肥として活用することも考えられるが、現在は畜産農家と耕種農家の距離が離れている。輸送のためのエネルギーが必要となる。

5 輸入の可能性

◎決定的に不利な点である。終戦後の食糧難を最後に救ってくれたのはアメリカの食糧援助である。シーレーンが破壊されれば、少なくとも海上輸送による輸入はできない。あえて輸入しようとすれば、日本の周辺地域外の公海までアメリカやオーストラリアなどから穀物の船舶輸送を行い、そこから空輸するしかない。

6 消費の状況

◎生産と同様、戦前・戦中と終戦直後の食生活は連続していた。しかし、戦後に食生活は、コメ主体からパン、畜産物、野菜・果実、油脂などが加わった豊かなものに変化した。今の食生活から一気にカロリー第一のコメ主体の食生活に転換することについては、国民の間にかなりの不満や摩擦が生じる。社会的な混乱や治安の悪化を覚悟しなければならない。危機が起きてしばらくは、家畜を処分した肉を消費しながら徐々にコメ主体の食生活に馴致していくしかない。

◎食の外部化が進み、家庭での加工・貯蔵などの技術やノウハウが失われている。コメを除き、食べるためには加工しなければならない食品が多い。食育の一環として、児童・生徒にこれらの技術を習得させる必要がある。

7 集荷・配給の難易度

○戦中・戦後の危機を乗り切った集荷・配給制度のノウハウは、現在の農林水産省にはほとんど残っていない。相当の準備期間を置かなければ、危機発生直後から、集荷・配給制度を円滑に運用することは困難だろう。食料安全保障を農業保護に利用したいとするだけの農林水産省に、どれだけのことが期待できるのだろうか？

○集落が混住化し機能が低下していることから、集落機能を活用した供出は困難だろう。

○他方で、戦前・戦中や終戦直後は農地の基盤整備が十分に行われていなかったため、規模の小さい不整形な農地が多くの箇所に散在していた。供出割当量算定の前提となる農地の存在や収穫量の把握に困難が生じていた。現在は30アールを標準区画とする方形の農地への基盤整備が進んだこともあり、また農家戸数が減少していることもあるので、供出に伴う困難は軽減されるだろう。

3 真に必要な食料安全保障政策

1 危機のシナリオの想定

シーレーンが破壊されると、初年度は、その時点で国内に存在するコメなどの食料を配給することでしのぐしかない。このためには、平時から食料生産を可能な限り最大化しておかなければならない。

さらに、翌年度の消費に必要な食料を生産する初年度の農業については、石油や化学肥料などの輸入が途絶しているので、しばらくの間は、備蓄された石油などで農業生産を継続するしかない。さらに輸入途絶が継続して備蓄した石油などが使えなくなると、戦前・戦中の農業生産に戻るしかない。輸入途絶の期間が長期化すればするほど、危機の深刻さが増す。

段階ごとに必要となる対策をまとめると図表9－2のようになろう。

2 減反廃止による生産増大

シーレーンが破壊された時点で、国民を餓死から救うためには、今すぐにでも減反を廃止して1700万トン程度のコメを生産しておかなければならない。今の800万トン程度の供給量では、配給制度を実施したとしても、半年で国民のほとんどが餓死する。

また、種もみの確保や単収向上のための品種改良を行う必要がある。コメの品種改良は、現在の食味重視から収量やタンパク含有度向上重視に転換しなければならない。

3 二毛作復活、技術革新などによる食料増産

生産（収穫）量は、［農地面積×単収］である。生産を増やすためには、農地面積と単収を増加するしかない。

農地資源が限られているなかで、食料増産の手段の一つとして考えられるのは、二毛作の復活である。対象作物としては、エネルギーも不足する輸入途絶の場合には、製粉にしなければならない小麦は加工という工程が必要となるので、粒食の大麦・はだか麦のほうが好ましい。大麦・はだか麦とコメを混ぜた麦飯は食物繊維、ビタミン、ミネラルを含み、健康食としても優れている。現在、大麦・はだか麦の生産は激減したが、1970年時点では大麦・はだか麦の生産は230万トンで、小麦の生産153万トンを大きく上回っていた。また、二毛作によって化学肥料や農薬の使用を節約できる。

二毛作はコメ供給の確保にも役立つ。2024年、登熟期の猛暑によってコメの粒が割れたり乳白色になったりするという被害が生じた。温暖化はこれからも続く。8～9月の猛暑による被害を避けるためには、二毛作の復活によって6月に田植えをして10月に収穫するというかつての

図表9-2　危機のシナリオと対策

段階	課題	主な対応策
危機発生初年度（フェイズⅠ）	●減反によりコメの生産量700万トン ●輸入飼料途絶で畜産業維持困難	●いつ危機が発生するか分からないので直ちに減反廃止、生産増加によりコメ1,700万トン生産 ●家畜の食肉処理、食肉を冷凍貯蔵 ●配給制度の実施
危機発生次年度（フェイズⅡ）	●減反は当然廃止 ●前年のコメ生産は石油・化学肥料の供給減により、減反廃止でも1,700万トンより減少	●石油・化学肥料などの生産資材の備蓄 ●二毛作の復活 ●農地の拡充（ゴルフ場等の活用含む） ●品種改良 ●バイオスティミュラントなどの開発普及 ●輸入食糧の大量備蓄 ●配給制度の実施
食料・生産資材の備蓄枯渇（フェイズⅢ）	●国内生産量は大きく減少	●国民皆農 ●アメリカなどから食糧空輸

出所：筆者作成

米作に戻すことが重要である。登熟期を猛暑の時期からずらすのである。かつては10月に収穫したコメをその年の11月から翌年の10月に消費していた。米穀年度は11〜10月だった。

化学肥料や農薬が使用できなくなる状況に備えて、現在アメリカで普及している非耕法（不耕起栽培）やカバークロップ（土壌改良のための被覆作物）を今のうちから推進すべきである。化学肥料や農薬の使用を抑制する農法は、環境の改善のみならず、食料安全保障の確保にもつながる。

世界の農業資材のベースは化学から生物学に移行している。殺虫剤や除草剤、化学肥料に代わり、バイオ殺虫剤（bioinsecticide）、バイオ除草剤（bioherbicide）、バイオスティミュラント（biostimulants）が注目されている。バイオ殺虫剤やバイオ除草剤は、原生動物、細菌などの微生物を活用しようとするものである。

バイオスティミュラントとは「植物の健全さ、ストレスへの耐性、収量と品質、収穫後の状態および貯蔵などについて、植物に良好な影響を与えるもの」と定義される。高温や干害などの非生物的ストレスを緩和したり、栄養自体を供給する肥料ではなく植物が栄養素を取り込みやすくしたりすることで、植物が本来持っている能力を最大限引き出そうとする生産資材である。たとえば、稲の根圏を拡大し高温耐性を強化する有用微生物資材を用いることで、環境負荷を減らすために肥料を減少させても生産性は損なわれない。

これらを活用することができれば、農業生産資材の海外依存を減らすことができる。日本では、まだなじみがない分野だが、欧米では大手企業だけでなく、スタートアップ企業などが活発に活動している。日本にも研究者がいるしスタートアップ企業もあるが、日本で取り組もうとする農業者がいないので、アメリカで成果物を売り込んだりしている。従来型の化学肥料や農薬を生産するための資源に乏しいわが国こそ、この分野での研究や普及に本腰を入れるべきである。

単収増加のための技術革新に政府は積極的に取り組む必要がある。品種改良には時間がかかる。コメについては、減反の下で収量を増やす品種改良は忌避され、食味の良いコメの品種改良ばかりを行ってきた。しかも食味の良いコメはタンパク質含有量が少ない。危機に対応するためには、今から減反を廃止すると同時に、単収の大幅な増大を可能とする品種改良に真剣にかつ直ちに取り組む必要がある。

その際、階段を一歩ずつ上っていくようなスマート農業と比べ、ゲノム編集は収量を一気に倍増するなどのブレークスルー的な要素を持つ技術である。また、コストがかかるため大企業主体となる遺伝子組み換え技術に比べ、ゲノム編集は、小さな企業や大学の研究者たちでも応用できる。大きなコストをかける必要がないので容易に活用できるからである。だからこそスタートアップ企業などを支援すべきである。

最後に、ＡＩの活用である。そのためには、１人のデータよりも１００人、さらに１０００人のデータ、また気象条件や土壌条件などの異なる多数の地域や年のデータ、気象、土壌の成分や水分の状況など、さまざまなデータを蓄積するビッグデータを構築する必要がある。データの量や種類（説明変数）が多いほど適切な判断が可能となる。多数の変数を持つ関数で規定される現象を幾重にも反復積み重ねることによって、ＡＩの分析や予測の精度は向上していく。

個々の企業やグループがまちまちにデータをとっても、ビッグなものとはならないし、データの相互利用、互換性（interoperability）がなければ統合してビッグなものとすることはできない。ビッグデータを公共財と考えて、日本農業全体のデータを蓄積し、どの企業や農業経営体もこれにアクセスできるようなシステムを検討する必要がある。

気象と土壌だけではなく、農家の匿名性を前提として個々の農家に関する生産（気象、土壌、病虫害、単収）や経営（労働、資本）、市場情報など農家の生産や経営判断に必要な多種類の変数を統合したオープンなビッグデータを構築することができれば、どのような状況の場合にどのような生産方法を採用すべきかなどを判断することが容易になる。具体的には、個々の農家やコンサルタント会社がオープンビッグデータにアクセスし、個別の農家のデータを入力することで、農家の最適な意思決定を引き出すことができる。

図表9-3　AIとビッグ・データによる希少資源の有効活用と生産効率化

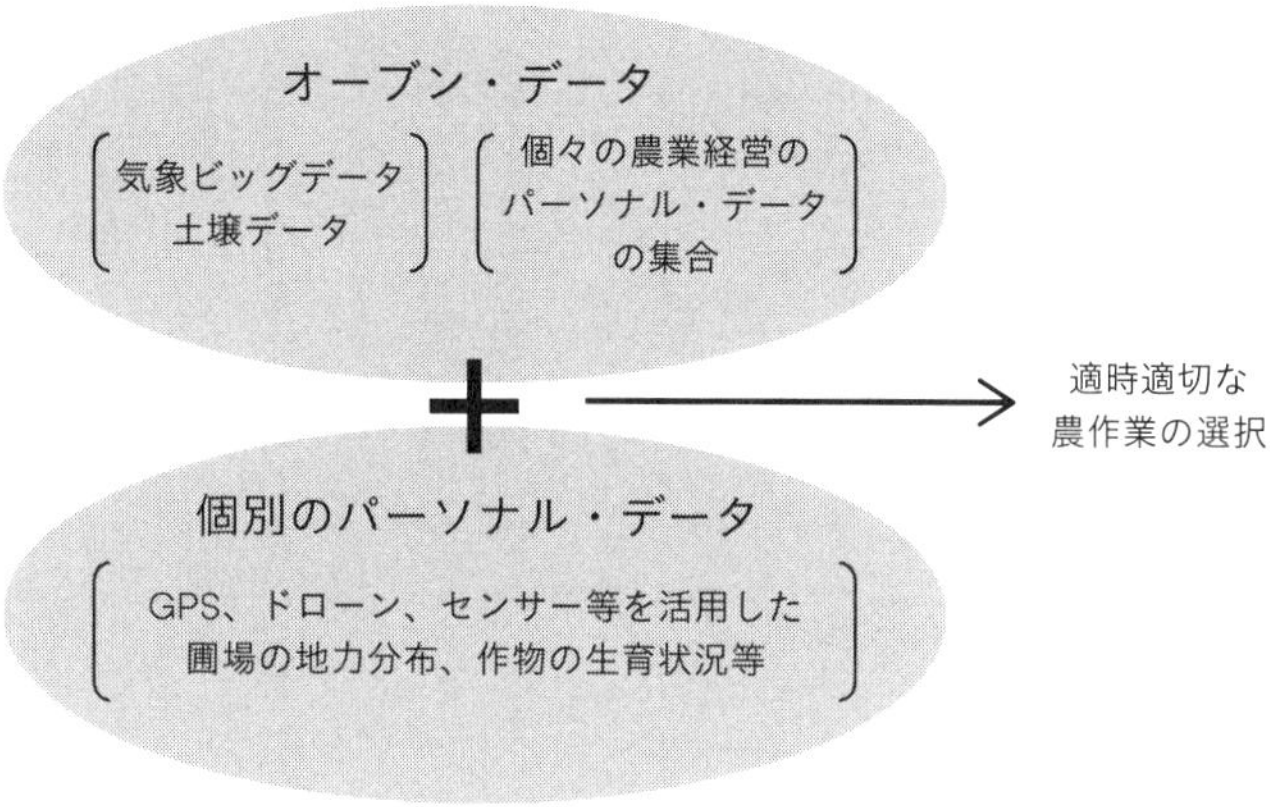

出所：筆者作成

私がRIETI（経済産業研究所）から発表した論文（山下〔2017〕）も参考にして、農林水産省は農業データ連携基盤（WAGRI）を立ち上げた。しかし、WAGRIのように個々の企業などが散発的に持っている情報を合わせてもビッグデータにはならない。また、データを持つ企業同士が市場で寡占的に競争している場合には、システムの共同研究開発や共有のビッグデータの実現は容易ではない。おそらく同省のWAGRIが私の論文にある農業IT協同組合構想を採用しなかったのは、これによるコンサルタント業務がJA農協の営農指導事業を代替し、JA農協に反対されることを忖度したからだろう。

情報を収集・分析・提供する機関として、全農家をカバーする「農業IT協同組合」の設立を支援すべきである。協同組合なら、データを出し渋るおそれはない。ここにはIT専門家を置き、農家への経営・技術コンサルタント業務による収入により運営する。

オランダは、政府による無償の農業改良普及事業（extension service）を廃止して民間のコンサルタントによる技術支援に移行した。技術の高い農家は、お金を払ってでもより高い技術指導を求める。オランダは高い技術で世界トップクラスの輸出国となった。農業ＩＴ協同組合が収集する情報の種類・用語・内容は政府が統一したうえで、これらの情報をまとめた農業ビッグデータを管理する独立した行政組織を設置する。現在さまざまな組織が持っている気象情報、地図情報、農地情報もここに集約する。

農業ＩＴ協同組合は、収量、地力、日々の気象条件と具体的な農作業など個々の農家から収集したパーソナルデータを一次処理（匿名性の確保を含む）して農業ビッグデータに提供する。農業ＩＴ協同組合は農業ビッグデータにアクセスし、それと個々の農家のその時々のパーソナルデータを組み合わせて、選択する作物、施肥、田植えや収穫のタイミングなどを農家に教示する。ビッグデータを前提にしたＡＩの活用によって、限られた資源を活用して農業生産を最大化することが可能となる。

4 農地資源の拡充

わが国は農地改革を行ったにもかかわらず、１９６１年の６０９万ヘクタールの農地の１７４万ヘクタールを失った。公共事業などで１５９万ヘクタールの農地を造成した一方で、３３３万ヘクタールの農地を転用と耕作放棄で喪失した。転用と耕作放棄がなければ768万ヘクタールの農地があったはずである。農業団体であるJA農協は転用利益をウォールストリートで運用して莫大な利益を上げた。農林水産省はヨーロッパのようなゾーニングを導入して食料安全保障のために農地資源を確保しなければならなかった。情けないことだが、失った農地はもう返ってこない。現在の農地では、国民に必要なカロリーの半分も供給できない。

現在でも、毎年公共事業などで0・9万ヘクタール造成しているのに、転用と耕作放棄で3・7万ヘクタールを失っている。公金を支出して農地を造成する傍らで、農家は農地を潰して大きな利益を得ているのである。ザル法と言われている農地法や農振法（農業振興地域の整備に関する法律）は廃止するとともに、農地の転用防止などに有効な手段を講じなかった農林水産省の農地政策担当部局は解体して、フランス並みの徹底した確固たるゾーニングを実施すべきである。

その中で、どうしても農地を転用したいのであれば、代替え農地の開発を転用者に要求すべきである。ただ同然で地主から農地を取り上げた農地改革が憲法に違反しないと判断された根拠は、憲法第29条第2項の〝公共の福祉〟（「財産権の内容は、公共の福祉に適合するように、法律でこれを定める」）である。この程度の規制は公共の福祉から正当化される。さらに、農地が農地として使われない場合にはフランスの土地整備農村建設会社（SAFER）と類似の組織を創設し、先買権（買いたい土地は必ず買え、その価格も裁判により下げさせられる）の行使による農地の取得および担い手農家への譲渡を行わせるべきである。農業を営まない農家の相続人が農地を相続しようとする際にも、この組織に先買権を行使させればよい。これは、農地改革の成果を維持するためにGHQが要請し、

図表9-4　農地のかい廃・拡張面積（累計）の差の推移

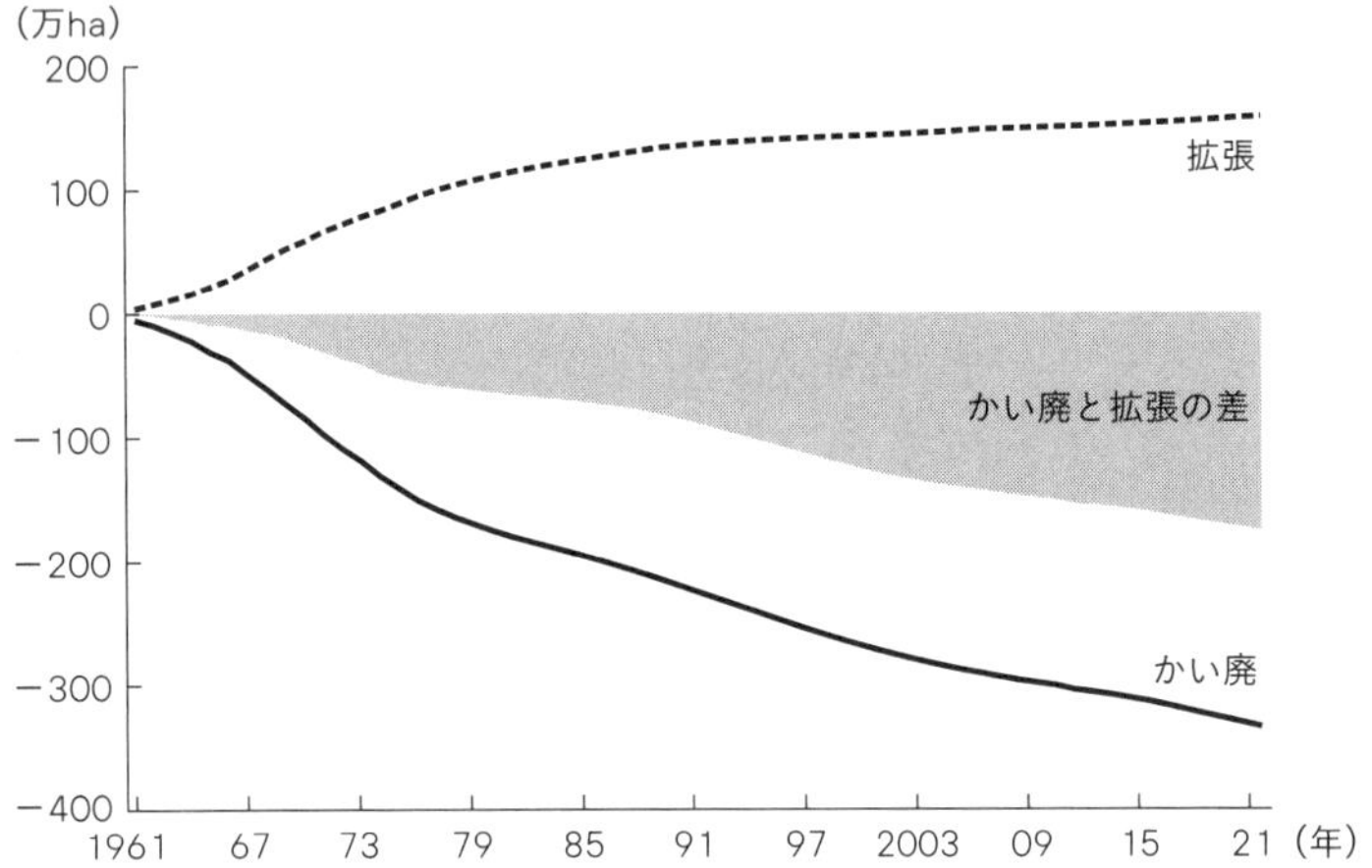

出所：農林水産省「作物統計」より筆者作成

その後農林省によって放棄された規定の復活・拡充である。

２０１４年に導入された農地中間管理機構（農地バンク）が機能しないのは、減反で米価が高く維持されているために農地が貸し出されないことに加え、強力なゾーニングを前提とした先買権を農地バンクが持たなかったためである。同時に戦後の開拓事業のように、できる限り農地資源を拡充する方策を検討すべきである。

その一方で、公園、校庭、河川敷、里山、ビルの屋上、ゴルフ場、一部の国有林など、農地として一時的に使用可能な土地や場所がどれくらいあるのか調査するとともに、これらを危機発生後速やかに農業に活用できるよう、登録しておく必要がある。さらに、危機が生じた場合に作物を生産できるよう、種もみ、堆肥など土壌改良剤、肥料などの準備を行わなければならない。

5 食料・石油・肥料の備蓄

石油などの農業生産資材が入手困難となる場合には、戦中・戦後の農法を採用するしかない。現在の農業技術とは全く異なる戦中・戦後の技術を習得して１９４３～１９４７年の平均単収（現状の半分程度）を達成できたと仮定しよう。

国民一人一日当たり１９００キロカロリーを供給するためには、①コメだけで達成しようとすると９６３万ヘクタールの水田、②コメで３分の２、イモで３分の１を達成しようとすると、６４２万ヘクタールの水田、２４５万ヘクタールの畑（合計８８７万ヘクタールの農地）、③コメで３分の１、イモで３分の２を達成しようとすると、３２１万ヘクタールの水田、４８９万ヘクタールの畑（合計８１０万ヘクタールの農地）が必要となる。しかし、現在、水田は２３２万ヘクタール、畑は１９５万ヘクタール、農地は合わせて４２７万ヘクタールしかない。

もし、石油や化学肥料などの生産資材を十分に備蓄していれば、現在の農地単収が維持できる。この時、①の場合５２６万ヘクタールの水田が必要となる。この場合でも、今の農地面積を上回る農地が必要となる。十分な農地が用意できないなら、単収向上のための品種改良に努めるしかない。石油などの農業生産資材は、農林水産省が自らの予算（減反廃止で浮いた財源）を活用して、少なくとも１年分の食料供給に必要な量を備蓄すべきである。

終戦直後の食糧難はアメリカの援助によって切り抜けた。シーレーンが破壊されてアメリカなどからの食料などの物資の供給が期待できない以上、危機が起きる前に小麦、トウモロコシ、大豆、さらには貯蔵可能な脱脂粉乳やハード系のチーズ、缶詰などを大量に輸入、備蓄しておくしかない。

6 配給制度の準備

配給制度の前提は、国民に必要な食料が確保されていることである。1700万トンのコメが必要なときに800万トンのコメしかなければ、どのような対策を講じても日本国民は生存できない。ここでは減反は廃止されていることを前提とする。また、配給制度はコメだけでなく、二毛作や畑で作られた麦や大豆も対象とする。

危機が生じてから配給制度を準備しても間に合わない。配給通帳は事前に印刷・配布しておく必要がある。市区町村は住民票と照合しながら、世帯ごとに配給通帳を交付する。この際、デジタル化すれば、交付のための印刷費や人員などを節約・簡素化できる。

卸売業者、小売業者、消費者がそれぞれ結び付くことにより、結び付いた業者以外からの配給食料の購入はできないものとする。卸売業者および小売業者は、農林水産大臣または都道府県知事に登録して配給業務を行う。

貧しい人にも供給する配給制度は、必然的に市場（ヤミ）価格より低くならざるを得ない。この時、政府に配給量が集まるように農家からの政府買い入れ価格は市場価格を上回り、かつ過剰や不足が生じないような水準に設定する。つまり、農家からの政府買い入れ価格を高く、卸売業者

図表9-5　危機時の政府買い入れ価格と売り渡し価格(不足払い)

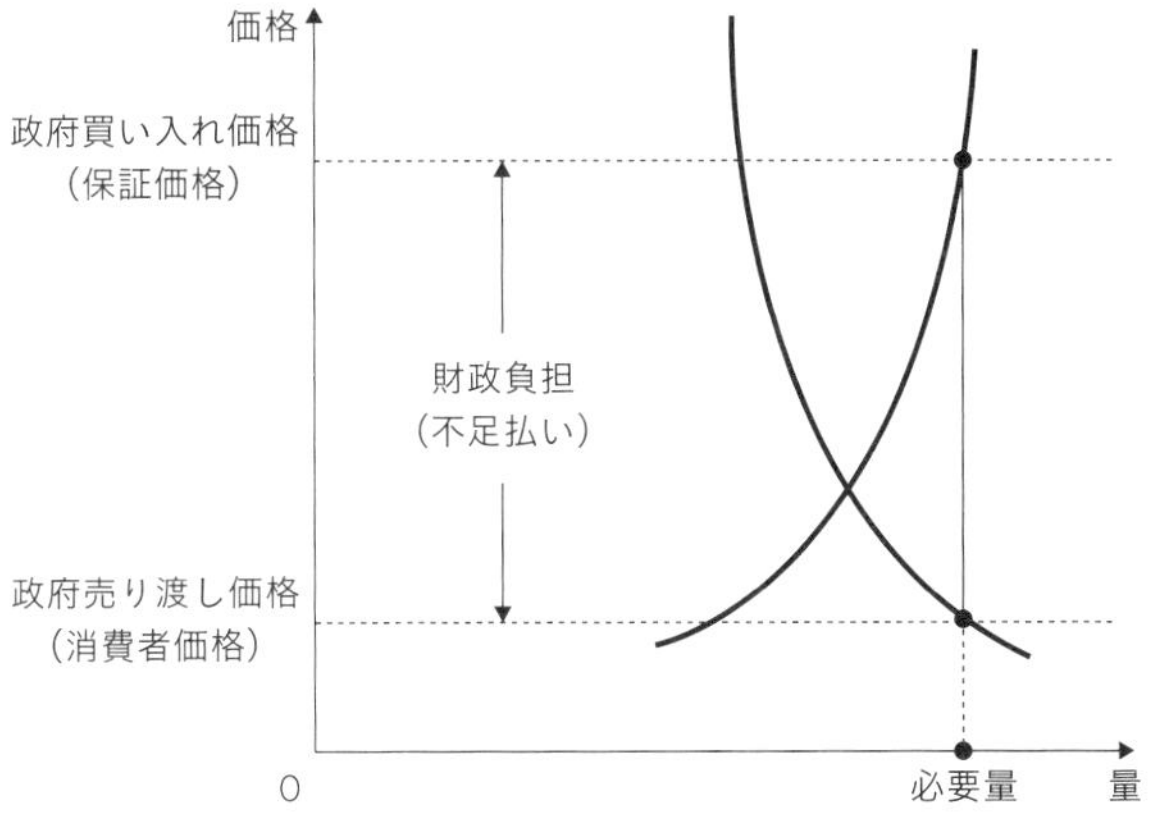

出所：筆者作成

への政府売り渡し価格を安く設定する二重価格制を採用する。これによって農家がヤミ市場に食料を横流しすることを防止できる。

価格算定の具体的な方法は次のようになる。コメだけでなく、麦や大豆の価格も同じ考え方で設定する。

まず、一人一日当たりの配給基準量2合3勺(子供は半分)に配給人口を乗じて総供給必要量を算出する。この量に見合うよう、推定された需要曲線から政府売り渡し価格を、推定された供給曲線から政府買い入れ価格を、それぞれ算定する。両価格の差に総配給必要量を乗じたものが必要な財政負担となる。

あるいは、食料不足の程度が厳しくなければ、市場を活用することで、配給制度を実施しなくてもよいかもしれない。前記の方法で算出された政府買い入れ価格を農家に対する保証価格とすると、これに見合った量(前記の総供給必要量に相当)が市場に供給される。政府は、保証価格と市場価格との差を農家に補塡（不足払い）すればよい。所得の高い層が多く購入することによって貧しい人たちが必要量を購入できなくなるのを防ぐためには、保証価格を引き上げて市場での供給量を増やすとともに、一定の所得以下の人に主要食糧購入券を発行すればよい。あるいは、低所得者用に政府が必要量を買い入れて直接交付することも考えられる。

7 減反補助金など不要となる財政負担の活用

コメについては、減反補助金をはじめ、コメ備蓄やミニマム・アクセスにかかる財政負担など公金の無駄遣いとしか言えないようなものが多い。これらは4500億円に上る。減反を廃止して内外価格差を逆転し、輸出できるようになれば、不要になる金である。また、輸入飼料が途絶すれば、畜産が維持できなくなるので、畜産振興に使用している財政負担約3000億円も不要になる。さらに、公共事業の見直しなどで、総額1兆円を石油や化学肥料などの生産資材および食料の備蓄や配給制度実施など食料安全保障関連の予算に利用できる。

8 農林水産省の解体

真に食料安全保障についての対策を講じようとするなら、減反は直ちに廃止しなければならない。農林水産省がJA農協などの既得権者の利益を優先し国民の生命を守ろうとしないなら、同省は解体・廃止すべきである。農林水産省は、柳田國男以来の農政本流の人たちが目指した経世済民という理念を放棄してしまった。今のままでは農林水産省が国を亡ぼすことになりかねない。農林水産省がなくなれば減反は廃止できる。これが最も効果的な食料安全保障政策かもしれない。

あとがき

昭和も遠くなった。柳田國男を知らない人もいる。農林水産省の中にも、東畑精一、小倉武一を知らない人が多い。

しかし、食料・農業政策の分野では、戦中・戦後に作られた食糧管理制度（高米価＝減反政策）、農協制度、農地制度から成るアンシャンレジーム（旧体制）が80年近く経った今も存続している。私は、これらを打破するため25年も活動してきたが、いまだに成果を上げられない。このアンシャンレジームは崩れそうにない。地主制が大日本帝国の敗北によって崩壊したように、とんでもない大きな力が必要となるのかもしれない。

食糧管理法は廃止されたが、減反政策は残り、高米価維持に使われている。減反政策は食糧管理制度と食糧庁を守るために農林省が始めたのに、これらがなくなった今も存続している。

農協法は、農地改革から農業改革に進むための立法として農林省が立案したが、GHQに何度も突き返されて、同省は不本意ながらGHQの意向に沿ったものを国会に提出した。起草者は准組合員と員外利用が併存するのはおかしいのでいずれ整理すべきだと考えていたのに、いまだに修正されていない。農地改革後の農家が均質だった時代に適合した一人一票制度は、農業者が多様化した今も見直されない。准組合員も員外利用も信用事業も共済事業も、JA農協が脱農業で成功する重要な手段となっている。ＪＡ農協は金融業と不動産業に立脚する〝農業〟協同組合となった。

農地法は、そもそも農業改革に進もうとした農林省自体が反対したのに、立法化された。その際、農地改革に思い入れがあった当時の事務次官が思い付きで第１条の目的規定に挿入した「農地はその耕作者みずからが所有することを最も適当であると認めて」という文言が自作農主義を体現する規定だとされ、これが農地法の基本原理だとされた。この文言は最近修正されたが、いまだに農林水産省は自作農主義の呪縛から逃れられない。株式会社の農地取得は認められていない。

このアンシャンレジームは優れているから残っているのではない。国民のためには廃止すべきなのに、維持すべきだとする強力な既得権が存在するから残っているのだ。

アカデミア、マスメディア、経済界だけでなく、農業界の中でも、私の主張は多くの人に支持していただいた。有力な政治家の中でも、かなりの人に理解していただいた。しかし、私の主張を実行していただけるかというと、そうではない。都市出身の議員でも党内の地方出身の議員の選挙に影響すると考えると提案には二の足を踏む。

私が初めて単著『ＷＴＯと農政改革』を農業基本法の生みの親である小倉武一氏が会長を務める食料・農業政策研究センターから出版したのは２０００年の暮れだった。減反廃止と直接支払いで構造改革を進めるという私の提案に、同センターに参集された紙谷貢、川野重任、佐伯尚美、土屋圭造、並木正吉、逸見謙三といったわが国農業経済学界を代表する諸先生方から支持と励ましをいただいた。25年もぶれないで主張を継続できたのも、諸先生方のおかげである。農林水産省の先輩の中にも、後藤康夫元農林水産事務次官、日出英輔元参議院議員などの理解者がいた。私はひとりではなかった。タイムスリップすると、柳田國男、東畑精一、小倉武一たちの著作に同志を見つけることができた。

私が主張をマスメディアなどに広く展開するようになったのは、2003年、青木昌彦経済産業研究所所長に招かれて同研究所の上席研究員になってからだった。当時同研究所の理事長だった及川耕造氏には多くの支援をいただいた。この時、畠山襄、渡辺修、林康夫、井出亜夫、今野秀洋、林良造など経済産業省OB各氏の知己を得ることができた。特に畠山氏には、同研究所から2004年に出版した『国民と消費者重視の農政改革』を「あれは名著です」と評価していただいた。2009年からは福井俊彦キヤノングローバル戦略研究所理事長に招かれて15年も食料・農業問題だけでなく、TPPなどの通商問題、林業政策などの分野で、さまざまな主張や情報を誰にも気兼ねすることなく発信することができた。二つの研究所の同僚や事務局の人をはじめ、さまざまな人にお世話になった。制度・規制改革学会の八代尚宏理事長には私の主張を同学会の政策提言として採用していただいた。

本書執筆にあたっては、経済安全保障については西川和見経済産業省貿易経済安全保障局総務課長に、台湾有事についてはキヤノングローバル戦略研究所の峯村健司主任研究員から、それぞれご教示を受けた。また、アメリカの対日海上封鎖の論文はテキサス大学政治学部のパトリシア・マクラクラン教授から紹介いただいた。データの整理については東京大学大学院農業生命科学研究科の山口敦大さんにお願いした。この場を借りて感謝したい。

私も遠くない将来引退する。ダグラス・マッカーサーが陸軍を退くときに引用した歌のように、「老兵は死せず、ただ消え去るのみ」（"Old soldiers never die; they just fade away"）である。ただし、マッカーサーは志をつなげたかもしれないが、私はそうではない。25年も主張し続けたのに、減反はより強化されている。残念だが、私が去ることで、農林水産省などの農業界の主張のファクト・チェックをする人もいなくなるだろう。批判者がいなくなった農政トライアングルは、自由に既得権者のための農政を展開できるだろう。

本書は、日経BP日経BOOKSユニットの田口恒雄さんのお誘いによって出版することになった。日本経済新聞出版から出版するのは5冊目、田口さんとのコンビでは4冊目となる。農林水産省は国家や国民に奉仕する組織ではなくなっている。多くの国民がこれらの本に目を留め、いつの日か農政のアンシャンレジームが解体されること。それが消え去ろうとする老兵の最後の望みである。

2024年冬

山下 一仁

参考文献

朝日新聞経済部編〔1994〕『苦悩する農協』朝日新聞出版
安達生恒〔1996〕『日本の農産物が異常に高い理由』ダイヤモンド社
伊藤淳史〔2020〕「PL480タイトルIIをめぐる日米交渉」『農業経済研究第』92巻第2号
岩澤信夫〔2003〕『不耕起でよみがえる』創森社
内村良英〔1950〕「わが國食糧需給の構成について」『農業綜合研究』
大内力〔1992〕「農業基本法30年―農政の軌跡」小倉武一〔1997〕所収
大和田啓気〔1981〕『秘史 日本の農地改革』日本経済新聞出版
小倉武一〔1987a〕『日本農業は活き残れるか』上 農山漁村文化協会
小倉武一〔1987b〕『日本農業は活き残れるか』中 農山漁村文化協会
小倉武一〔1987c〕『日本農業は活き残れるか』下 農山漁村文化協会
小倉武一〔1987d〕『誰がための食料生産か』家の光協会
小倉武一編著〔1995〕『ある門外漢の新農政試論』食料・農業政策研究センター
小倉武一編著〔1997〕『砂漠にバラを探せ』食料・農業政策研究センター
加古敏之〔2005〕「経済発展と米経済」泉田洋一編『近代経済学的農業・農村分析の50年』農林統計協会
河上肇〔1905〕「日本尊農論」(河上肇著作集・第一巻)
岸康彦〔1996〕『食と農の戦後史』日本経済新聞出版
木村茂光編〔2010〕『日本農業史』吉川弘文館
小島清〔1994〕『応用国際経済学』第2版 文眞堂
後藤康夫〔2006〕『現代農政の証言』農林統計協会
佐伯尚美〔1989〕『農業経済学講義』東京大学出版会
庄司俊作〔2003〕『近現代日本の農村』吉川弘文館
食糧庁〔1969a〕『食糧管理史』総論I(昭和20年代の上)
食糧庁〔1969b〕『食糧管理史』総論II(昭和20年代の下)
菅正治〔2020〕『平成農政の真実――キーマンが語る』筑波書房
戦後日本の食料・農業・農村編集委員会編〔2003〕『第1巻 戦時体制期』農林統計協会
戦後日本の食料・農業・農村編集委員会編〔2003〕『第2巻(I) 戦後改革・経済復興期I』農林統計協会
戦後日本の食料・農業・農村編集委員会編〔2014〕『第2巻(II) 戦後改革・経済復興期II』農林統計協会
瀧澤弘和、山下一仁他〔2016〕『経済政策論――日本と世界が直面する諸課題』慶応義塾大学出版会
土屋圭造〔1997〕『農業経済学 五訂版』東洋経済新報社
暉峻衆三編〔2003〕『日本の農業150年』有斐閣
東畑四郎・松浦龍雄〔1980〕『昭和農政談』家の光協会

東畑精一〔１９３６〕『日本農業の展開過程』岩波書店
東畑精一〔１９４０〕『米』中央公論社
東畑精一〔１９７３〕『農書に歴史あり』家の光協会
中西準子〔２００４〕『環境リスク学』日本評論社
中村広次〔２００２〕『検証・戦後日本の農地政策』全国農業会議所
並松信久〔２０１２〕『近代日本の農業政策論』昭和堂
21世紀政策研究所編〔２０１７〕『２０２５年　日本の農業ビジネス』講談社現代新書
日本農業研究所編著〔１９６９〕『石黒忠篤伝』岩波書店
『農林水産省百年史』編纂委員会編〔１９７９〕『農林水産省百年史』上『農林水産省百年史』刊行会
『農林水産省百年史』編纂委員会編〔１９８０〕『農林水産省百年史』中『農林水産省百年史』刊行会
『農林水産省百年史』編纂委員会編〔１９８１〕『農林水産省百年史』下『農林水産省百年史』刊行会
編集代表近藤康男〔１９７３〕『農協二五年―総括と展望』日本農業年報第22集、御茶の水書房
編集代表大内力〔１９８９〕『農協40年―期待と現実』日本農業年報第36集、御茶の水書房
農林水産省〔１９９６〕『農業基本法に関する研究会報告』
農林水産省退職者の会編〔２０１４〕『食糧危機の時代を生きて―戦後農政現場からの証言―』農林統計協会
久松達史〔２０２２〕『農家はもっと減っていい―農業の「常識」はウソだらけ』光文社新書
堀江武〔２００１〕「食糧・環境の近未来と作物生産技術の基本的な発展方向」渡部忠世編『日本農業への提言』農山漁村文化協会
富田登編〔１９９２〕「柳田國男対談集」ちくま学芸文庫
峯村健司〔２０２４〕『台湾有事と日本の危機』ＰＨＰ新書
柳田國男『定本柳田國男集』第28巻〔１９７０〕筑摩書房
柳田國男〔１９０４〕『中農養成策』柳田國男全集第29巻、ちくま文庫所収
柳田國男〔１９１０〕「時代ト農政」『定本柳田國男集』第16巻〔１９６９〕筑摩書房
山下一仁〔２０００〕『詳解　ＷＴＯと農政改革』農村漁村文化協会
山下一仁〔２００４〕『国民と消費者重視の農政改革』東洋経済新報社
山下一仁〔２００８〕『食の安全と貿易―ＷＴＯ・ＳＰＳ協定の法と経済分析』日本評論社
山下一仁〔２００９ａ〕『農協の大罪』宝島社新書
山下一仁〔２００９ｂ〕『フードセキュリティ』日本評論社
山下一仁〔２００９ｃ〕『「亡国農政」の終焉』ベスト新書
山下一仁〔２０１０〕『農業ビッグバンの経済学』日本経済新聞出版
山下一仁〔２０１１〕『農協の陰謀』宝島社新書
山下一仁〔２０１３〕『日本の農業を破壊したのは誰か―「農業立国」に舵を切れ』講談社

山下一仁〔2014〕『農協解体』宝島社

山下一仁〔2015〕『日本農業は世界に勝てる』日本経済新聞出版

山下一仁〔2016〕『TPPが日本農業を強くする』日本経済新聞出版

山下一仁〔2017〕「IT・AI技術と新しい農業経営学」RIETI Policy Discussion Paper Series 17-P-017

山下一仁〔2018a〕『いま蘇る柳田國男の農政改革』新潮選書

山下一仁〔2018b〕「IT・AI技術と新しい農業・フードチェーン」『情報化によるフードチェーン農業の構築』21世紀政策研究所

山下一仁〔2022a〕『国民のための「食と農」の授業』日本経済新聞出版

山下一仁〔2022b〕『日本が飢える！　世界食料危機の真実』幻冬舎新書

湯河元威〔1944〕「決戦下の食糧政策」『村と農村』6月号

和田博雄遺稿集刊行会〔1981〕『和田博雄遺稿集』農林統計協会

Murdoch University〔2016〕*Food Security, Trade and Partnerships: Towards resilient regional food systems in Asia.*

OECD〔2001〕"Multifunctionality:Towards an Analytical Framework."

OECD〔2002〕"Agricultural Policies in OECD Countries:A Positive Reform Agenda."

OECD〔2003〕"Multifunctionality:The Policy Implications."

Sheldon Garon〔2024〕"Operation STARVATION, 1945: A Transnational History of Blockades and the Defeat of Japan" *The International History Review*, Routledge.

著者紹介

山下一仁（やました・かずひと）

キヤノングローバル戦略研究所研究主幹、経済産業研究所上席研究員（特任）
1955年岡山県生まれ。東京大学法学部卒業、農林省入省。農林水産省ガット室長、欧州連合日本政府代表部参事官、農林水産省地域振興課長、農村振興局整備部長、同局次長などを歴任。2008年農林水産省退職。1982年ミシガン大学応用経済学修士、行政学修士。2005年東京大学博士（農学）。
主な著書:『食の安全と貿易』（日本評論社、2008年）、『農業ビッグバンの経済学』（日本経済新聞出版、2010年）、『日本農業は世界に勝てる』（同、2015年）、『TPPが日本農業を強くする』（同、2016年）、『国民のための「食と農」の授業』（同、2022年）、『いま蘇る柳田國男の農政改革』（新潮社、2018年）、『日本が飢える!』（幻冬舎、2022年）など。

食料安全保障の研究
襲い来る食料途絶にどう備えるか

2024年12月12日　　1版1刷

著者　山下一仁

発行者　中川ヒロミ
発行　株式会社日経BP
日本経済新聞出版
発売　株式会社日経BPマーケティング
〒105-8308　東京都港区虎ノ門4-3-12
装幀　三森健太（JUNGLE）
DTP　マーリンクレイン
印刷・製本　三松堂印刷株式会社

ISBN 978-4-296-12082-6

本書籍に関するお問い合わせ、ご連絡は下記にて承ります。
https://nkbp.jp/booksQA

Printed in Japan